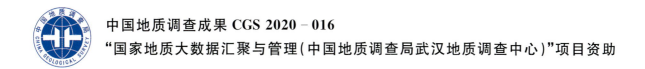

中国地质调查成果 CGS 2020-016

"国家地质大数据汇聚与管理（中国地质调查局武汉地质调查中心）"项目资助

中南地区
地质调查重要成果集（2016-2018）

ZHONGNAN DIQU DIZHI DIAOCHA ZHONGYAO CHENGGUO JI

万勇泉　李　珉　魏道芳　主编

中国地质大学出版社
ZHONGGUO DIZHI DAXUE CHUBANSHE

图书在版编目(CIP)数据

中南地区地质调查重要成果集(2016—2018)/万勇泉,李珉,魏道芳主编.—武汉:中国地质大学出版社,2020.11
ISBN 978-7-5625-4893-5

Ⅰ.①中…
Ⅱ.①万…②李…③魏…
Ⅲ.①区域地质调查-成果-汇编-中南地区-2016-2018
Ⅳ.①P562.6

中国版本图书馆 CIP 数据核字(2020)第 210493 号

中南地区地质调查重要成果集(2016-2018)		万勇泉　李　珉　魏道芳　主编
责任编辑:周　豪	选题策划:张晓红　周　豪	责任校对:徐蕾蕾

出版发行:中国地质大学出版社(武汉市洪山区鲁磨路388号)			邮编:430074
电　　话:(027)67883511	传　　真:(027)67883580		E-mail:cbb@cug.edu.cn
经　　销:全国新华书店			http://cugp.cug.edu.cn
开本:880 毫米×1230 毫米　1/16		字数:547 千字	印张:17.25
版次:2020 年 11 月第 1 版		印次:2020 年 11 月第 1 次印刷	
印刷:武汉中远印务有限公司			

ISBN 978-7-5625-4893-5　　　　　　　　　　　　　　　　　　　　　定价:158.00 元

如有印装质量问题请与印刷厂联系调换

前　言

2016—2018年，中国地质调查局在中南地区部署了43个地质调查项目，涉及16个调查工程、7项重大计划。工作内容涵盖南方页岩气战略选区调查、页岩气技术方法、页岩气理论研究、环境地质调查、水文地质调查、地质灾害调查、岩溶区水环调查、水质调查、土地地球化学调查、矿山地质环境调查、脱贫攻坚、区域地质调查、基础矿产调查、战略矿产调查、基础地质研究等方面。经过3年工作，这批项目取得了大量丰硕的成果。据不完全统计，主要成果如下。

在南方页岩气调查方面，完成了1∶25万页岩气地质调查96 000km²，二维地震勘探865km，非震物探780km。地质调查井钻探23口，进尺20 000多米。参数井钻探10口，进尺30 646m。页岩气预探井（水平井）4口，钻探和压裂改造水平段长5653m。全面查明了鄂西地区埃迪卡拉系和下古生界富有机质页岩的形成、分布和发育特点，页岩气储层的有机地球化学、储层物性和岩石力学性质、含气性特点以及页岩气勘探开发的地质、工程和产能评价参数，圈定了页岩气勘探目标区，实现了震旦系陡山沱组、寒武系水井沱组、奥陶系五峰组—志留系龙马溪组页岩气勘探的产能突破，获日产气量$22\times10^4 m^3$的高产工业气流，有力支撑服务了国家能源安全保障、长江经济带建设和自然资源部中心工作。

泛珠三角地区，以需求和问题为导向，开展粤港澳大湾区、北部湾城市群、珠江-西江经济带、琼东南经济规划建设区等重点地区1∶5万环境地质调查，完成29个图幅、11 152km² 水工环地质调查。在雷州半岛中北部发现连片清洁土壤$85\times10^4 hm^2$、富硒土壤$57\times10^4 hm^2$，该成果助力了区域绿色生态产业发展。

在长江经济带，基本查明了长江中游宜昌—荆州和武汉—黄石沿岸水文地质、工程地质条件和主要环境地质问题，以及京广、沪昆高铁沿线重点区岩溶地面塌陷分布状况和发育特征，在江汉平原建立的"JHP地球关键带监测网络"成功入选国际CZEN监测网络。在丹江口库区聚焦"保障长久性水质安全和工程的持续平稳运行"核心目标，开展地质环境综合调查，提出水质保护地学建议，支撑服务了汉江经济带绿色生态发展。

在岩溶地区，完成1∶5万水文地质调查面积$2\times10^4 km^2$，综合地球物理探测3.6万点，水文地质钻探$2.7\times10^4 m$。查明15个典型岩溶流域、48个图幅水资源开发利用条件，圈定富水块段600多处，成井107口，直接解决了岩溶石山严重缺水地区20万人饮用水困难的问题。

在支持脱贫攻坚方面，江西省赣州市赣县、于都、兴国、宁都等区县先后实施了97口探采结合井，为区内5万群众提供安全饮水水源；在大别山区完成探采结合井30口，出水量达7 466.38m³/d，解决了7.46万人饮水困难；为琼东南提供62口探采结合井，有效缓解了当地生活用水困难。

在地质灾害调查方面，完成湖南西部怀化-新化地区、湖北东部江夏地区、安徽北部淮南地区4875km² 共11个图幅岩溶塌陷1∶5万环境地质调查。在湖南雪峰山区完成了3个图幅地质灾害调查与评价，并建立了辰溪县监测预警示范区。在长江中游磷硫铁矿基地和湘南柿竹园-香花岭矿集区的环境地质调查，查明了其存在的矿山地质环境问题。

在三峡库区开展了地质灾害监测预警科学研究，解决了地质灾害监测预警关键技术问题，率先在三峡库区构建了以群测群防为基础、专业监测为重点以及信息系统为决策支持的区域性全覆盖的地质灾害监测预警网络体系,极大地降低了地质灾害风险及库区人民生命财产损失,保护了库区移民和长江航运安全。

在基础地质与矿产调查方面,进一步查明了三叠纪海生爬行动物群地层分布规律,建立了精细地层格架,重建了动物群古地理特征,完善了三叠纪海生爬行动物组合特征及环境背景等,分析了早期海生爬行动物的系统发育关系及生态学特征,为研究海生爬行动物的起源及三叠纪海洋生物复苏过程提供了重要线索。实现了扬子陆块东南锰矿找矿突破,圈定锰矿找矿靶区8处、矿产地6处,新发现国内石炭系最大锰矿床和多处有经济价值的矿(床)点,探获(333+334类)锰矿石资源量5620×10^4 t。

此次将中南地区各地质调查工程和项目形成的重要成果汇编成册,以便及时、准确、简明地向社会各界介绍2016—2018年中南地区地质调查工作取得的重要成果,促进地质调查成果转化利用,促进地质调查成果服务社会、服务国民经济、服务自然资源部中心工作、服务地质科技进步。本成果集是中南地区地质科技工作者集体智慧的结晶,从南方页岩气调查、地质环境综合调查、基础地质与矿产调查3个部分集成了2016—2018年中南地区地质调查工作的重要成果,内容翔实,资料丰富。

由于编者水平有限,书中疏漏和不足在所难免,敬请读者批评指正。

编　者

2020年9月

目 录

第一部分 南方页岩气调查 …………………………………………………………………… (1)

鄂西地区页岩气调查取得重大突破 ……… 陈孝红　陈科　王传尚　王玉芳　张保民　金春爽(2)

宜昌斜坡页岩气有利区战略调查 …………………………………………………………… 陈孝红(6)

中扬子地区基础地质调查夯实震旦系—古生界多层系页岩气资源基础 …………………………
……………………………………………………………… 王传尚　彭中勤　白云山(14)

长江经济带页岩气"三位一体"资源潜力评价 ……………………………… 郭天旭　包书景(18)

南方地区1∶5万页岩气基础地质调查填图试点 …………………………………………………
………………………………… 金春爽　葛佳　李昭　辛云路　王劲铸　张宏达(20)

川东-武陵地区页岩气基础地质调查进展 ………………………………… 王宗秀　张林炎(27)

页岩气地质调查实验测试技术方法及质量监控体系建设 ……… 汪双清　秦婧　徐学敏(31)

南方典型页岩气富集机理与综合评价参数体系 ……………… 解习农　陆永潮　何生(35)

湘中坳陷上古生界页岩气战略选区调查 …………………………………………… 张保民(40)

鄂西页岩气示范基地拓展区战略调查取得新进展 ………………………………… 周志(47)

第二部分 地质环境综合调查 …………………………………………………………………… (52)

创新驱动服务粤港澳大湾区和海南生态文明试验区规划 ……… 黄长生　叶林　易秤云(53)

西南岩溶地下水调查评价成果 ……………………………… 夏日元　曹建文　覃小群(58)

三峡库区地质灾害监测预警科技创新与应用报告 ……………… 付小林　叶润青　黄学斌(64)

长江中游城市群咸宁—岳阳和南昌—怀化段高铁沿线1∶5万环境地质调查 ……… 陈立德　王岑(74)

地质环境调查支撑服务长江中游国土空间规划和生态环境保护 ……………… 肖攀　彭轲(79)

水库区滑坡涌浪灾害研究取得关键突破 ……………………………………………… 谭建民(83)

岩溶塌陷综合地质调查为岩溶区城镇化和重大工程建设保驾护航 ……… 雷明堂　戴建玲(86)

江汉平原地球关键带监测网入选国际CZEN网 …………………………………………… 马腾(91)

丹江口库区环境地质调查支撑服务南水北调中线工程水源地保护 ……… 伏永朋　章昱(97)

北部湾等重点海岸带调查服务华南生态文明建设及沿海重大工程区规划 …………………
……………………………………………………………… 何海军　夏真　甘华阳(103)

理论与实践并重,公益性地质工作服务区域发展,支撑国家战略 ……… 刘广宁　黄长生(111)

服务环北部湾经济发展,环境地质调查成果显著 ……………… 刘怀庆　陈双喜　陈雯(118)

琼东南经济规划建设区1∶5万环境地质调查获得新认识 ……………………… 余绍文(124)

地质调查支撑服务粤港澳湾区规划建设 ……………………………… 赵信文　顾涛(129)

泛珠三角地区活动构造与地壳稳定性研究取得新进展 ……… 胡道功　马秀敏　贾丽云(135)

III

武陵山湘西北地区地质灾害调查服务山区城镇化建设……………………………徐勇　连志鹏(138)
雪峰山区地质灾害调查提升防灾体系建设……………………………………………王洪磊(146)
大别山连片贫困区1∶5万水文地质调查成果…………………………………………王清(148)
桂林漓江流域水资源调查评价取得新进展……………………………覃小群　黄奇波(154)
富锶矿泉水调查助力新田县精准扶贫………………………苏春田　罗飞　巴俊杰(157)
宜昌长江南岸岩溶水文地质环境地质调查服务脱贫攻坚　完善技术方法体系……周宏(159)
我国三大流域岩溶碳循环特征及通量………………………张春来　曹建华　于爽(162)
首次系统掌握珠江三角洲地区地下水水质污染时空演化规律和主控因素…………刘景涛(166)
土地质量地球化学调查创新重金属高背景区土地质量评价……………………………杨忠芳(172)
粤桂湘鄂土地质量地球化学调查成果………………………雷天赐　鲍波　姜华(177)
湖南柿竹园-香花岭矿产集中开采区主要矿山地质环境问题及其环境效应………胡俊良　刘劲松(181)
长江中游磷、硫铁矿基地矿山地质环境调查助力长江经济带生态保护………………刘军省(186)

第三部分　基础地质与矿产调查……………………………………………………………(190)

现代型海洋生态系统重建过程中的生物和环境事件记录………程龙　文芠　张启跃　阎春波(191)
扬子陆块东南缘铅锌锰找矿取得重大突破………………………段其发　张予杰　李朗田(197)
湘西-鄂西成矿带神农架-花垣地区地质矿产调查进展…………段其发　曹亮　周云(201)
武当-桐柏-大别成矿带武当-随枣地区地质矿产调查进展………彭练红　彭三国　邓新(215)
鄂东-湘东北地区地质矿产调查进展………………………龙文国　柯贤忠　田洋(222)
湘西-滇东地区矿产地质调查………………………………………李朗田　陈旭(227)
南岭成矿带中西段地质矿产调查进展………………………………付建明　卢友月(231)
桂西地区地质矿产调查取得新进展，提出沉积型铝土矿的四阶段成矿模式………黄圭成　李堃(244)
桂东-粤西成矿带云开-抱板地区地质矿产调查………………………徐德明　王磊(249)
珠三角阳江-珠海海岸带填图试点取得显著成果………………卜建军　吴俊　贾小辉(261)
华南"三稀"矿产调查为战略性新兴产业发展提供资源保障……………………………王成辉(266)

第一部分
南方页岩气调查

◇ 页岩气战略选区调查
◇ 页岩气技术方法
◇ 页岩气理论研究

鄂西地区页岩气调查取得重大突破

陈孝红　陈科　王传尚　王玉芳　张保民　金春爽

中国地质调查局武汉地质调查中心

摘　要：2014年习近平总书记在中央财经领导小组第六次会议上精辟分析了我国能源形势，提出要推动能源消费革命、能源供给革命、能源技术革命和能源体制革命。根据党的十九大报告关于推进能源生产和消费革命，构建清洁低碳、安全高效的能源体系的总体要求和国务院《能源发展战略行动计划（2014—2020年）》，为支撑服务国家油气体制改革和长江经济带建设，2015年以来中国地质调查局发挥基础地质调查的尖刀作用，在鄂西地区组织实施了一系列页岩气基础地质调查和资源评价工作，在不到4年的时间里，克服了鄂西地区页岩气地层时代老、储层改造难、地层压力低、采气难度大等多个世界级难题，实现了鄂西地区页岩气勘探的重大突破以及一系列地质理论和工程技术创新。

一、工作开展情况

鄂西地区在大地构造上隶属中扬子地区。根据石油地质条件，以天阳坪断裂为界，将鄂西地区划分为西部湘鄂西探区和东部江汉平原探区。鄂西地区是我国海相油气勘探中久攻未克的复杂构造地区，对这个地区的油气调查开始于1958年，但一直未取得重要突破。

对鄂西地区页岩气的调查评价开始于2009年，大致可以划分为早期（2009—2015年）预探阶段和后期（2016年以来）预探与评价并举阶段。在预探阶段，国土资源部油气资源战略中心先后实施的"中国重点地区页岩气资源潜力及有利区优选"（2009年）、"川渝黔鄂页岩气资源战略调查先导试验区"（2010年）、"全国页岩气资源潜力调查评价及有利区优选"（2011年）等项目初步查明了鄂西地区的页岩气地质条件和地质资源量。中国地质调查局武汉地质调查中心实施的"中南地区非常规油气形成地质背景与富集条件综合研究"（2013年）对鄂西地区页岩气地质条件进行了总结和有利区优选。"中南地区页岩气资源调查"（2014年）分别在建始和秭归地区获得了奥陶系—志留系以及震旦系—志留系页岩气显示，优选了恩施—建始、宜昌—保康两个页岩气有利区。"中扬子地区页岩气基础地质调查"（2015年）在宜昌地区部署实施二维地震勘探100km，地质调查井钻探3147m/2口，优选了宜昌斜坡区页岩气有利区，实现了鄂西宜昌地区寒武系—志留系页岩气的重大发现，坚定了鄂西地区页岩气勘探开发的信心。

2016年以来，中国地质调查局设置了能源矿产地质调查计划，加大了对鄂西地区页岩气调查工作的投入力度。以湘鄂西探区为重点，投入经费20 817.597万元，由中国地质调查局油气地质调查中心组织实施了"武陵山地区下古生界海相页岩气基础地质调查"（2016—2018年）、"南方地区1∶5万页岩气基础地质填图试点"（2016—2018年）、"湖北秭归-长阳页岩气有利区战略调查"（2017—2018年）项目。以江汉平原探区为重点，投入经费24 062万元，由中国地质调查局武汉地质调查中心组织实施了"中扬子地区古生界页岩气基础地质调查"（2016—2018年）、"湘中坳陷上古生界页岩气战略选区调查"（2016—2018年）和"宜昌斜坡带页岩气战略选区调查"（2017—2018年）等项目。在过去3年中，来自中国地质调查局武汉地质调查中心和油气地质调查中心的50余名科研人员，联合湖北省地质调查院、中国石化集团公司(中石化)江汉石油工程有限公司、华东石油工程有限公司、中石化地球物理公司江汉分公司以及中国石油集团公司(中石油)东方地球物理公司等数百名地质、工程技术人员在鄂西地区完成了1∶25万页岩气地质调查96 000km^2,二维地震勘探865km,非震物探780km。地质调查井钻探23口,进尺20 000多米。参数井钻探10口,进尺30 646m。页岩气预探井(水平井)4口,钻探和压裂改造水平段长5653m。通过上述工作,全面查明了鄂西地区埃迪卡拉系和下古生界富有机质页岩的形成、分布和发育特点,页岩气储层的有机地球化学、储层物性和岩石力学性质、含气性特点以及页岩气勘探开发的地质、工程和产能评价参数,圈定了页岩气勘探目标区,实现了震旦系陡山沱组、寒武系水井沱组、奥陶系五峰组—志留系龙马溪组页岩气勘探的产能突破。

二、主要成果与进展

1. 实现了震旦系、寒武系、志留系3个地质层系页岩气勘探重大突破

鄂西地区在震旦系、寒武系、志留系3个地质层系均获高产页岩气流,突破了我国页岩气勘查开发集中在长江上游龙马溪组一个层系的现状,大大拓展了勘查开发领域。一是下部震旦系陡山沱组鄂阳页2井获日产气量$5.53 \times 10^4 m^3$的高产工业气流,是迄今全球最古老页岩气藏,为创新页岩气成藏理论提供了宝贵资料;二是中部寒武系水井沱组鄂宜页1井获日产气量$6.02 \times 10^4 m^3$、无阻流量$12.38 \times 10^4 m^3$的高产工业气流,鄂阳页1井获日产气量$7.83 \times 10^4 m^3$的高产工业气流,确认水井沱组是我国南方又一页岩气勘探主力层系,开辟了勘查新层系;三是上部志留系龙马溪组鄂宜页2井500m水平井段获日产气量$3.15 \times 10^4 m^3$、无阻流量$5.76 \times 10^4 m^3$的工业气流,是首次在除四川盆地以外的该层系获得工业气流,开辟了勘查新区。

2. 获得了震旦系、寒武系礁滩相天然气勘探重大发现

鄂西地区震旦系—寒武系均获天然气重要显示,引领了中扬子天然气勘探。一是二维地震勘探和多口井钻探证实晋宁期古隆起控制宜昌地区震旦系、寒武系碳酸盐岩储层的分布发育特点;二是鄂宜参3井在礁滩相带的灯影组石板滩段直井压裂测试获得日产量1500m^{3}的天然气,获得了中扬子地区天然气勘探新区、新层系和新类型的重大发现,对中扬子复杂构造区油气勘探具有重要的引领作用;三是鄂宜地2井在寒武系天河板组获得天然气重要显示,为中扬子地区天然气勘探提供了一个新的思路。

3. 建立了宜昌地区下古生界页岩气储层划分及评价标准,圈定了勘探甜点目标区

查明了宜昌斜坡带页岩气地质特征,建立了宜昌斜坡带下古生界页岩气储层划分及评价标准,圈定了宜昌下古生界页岩气勘探甜点目标区,控制页岩气埋深1000~5000m地质储量$6836 \times 10^8 m^3$。其中寒武系水井沱组页岩气甜点目标区面积670km^2,储量$1955 \times 10^8 m^3$;五峰组—龙马溪组页岩气甜点目标区面积1590km^2,储量$4881 \times 10^8 m^3$。

4. 建立了地质条件、技术经济、生态环境"三位一体"页岩气选区评价与优选标准,系统评价了鄂西地区页岩气资源潜力

创新建立了目标区、有利区、远景区评价单元划分方法和三级资源序列,圈定黄陵隆起周缘等页岩气远景区8个,夷陵-点军等页岩气有利区9个和土城等页岩气目标区7个。按照地质条件、技术经济、生态环境"三位一体"的选区评价和优选标准,采用概率体积法确定远景区、有利区和目标区的生态地质

资源量分别为 $11.06\times10^{12}\,\mathrm{m}^3$、$3.19\times10^{12}\,\mathrm{m}^3$ 和 $0.85\times10^{12}\,\mathrm{m}^3$。有利区和目标区经济可采资源量分别为 $0.41\times10^{12}\,\mathrm{m}^3$、$0.13\times10^{12}\,\mathrm{m}^3$，分别具有支撑年产 $100\times10^8\,\mathrm{m}^3$ 和 $50\times10^8\,\mathrm{m}^3$ 产能目标的资源基础。

5. 提出了页岩气富集保存新认识，建立了古隆起边缘页岩气成藏模式

首次明确浅水台地内部凹陷盆地是页岩气勘探的有利相带，页岩的生排烃作用和原始页岩油气藏的调整富集决定页岩气富集方式和富集特点，提出古隆起边缘"台地凹陷是基础，有机质含量是保证，基底隆升与有机质热演化相匹配是关键"的页岩气富集成藏理论新认识，建立了基底控藏型和断裂控藏型等页岩气成藏模式。

6. 创建了低勘探区地质工程一体化工作模式，建立了常压页岩气勘探开发技术系列

创新提出以地质手段确定工程目标和配套的适应性工程技术参数与施工方案，配合一体化的高效管理和工程施工，动态开展地质工程综合评估，调整和优化工程技术参数，形成动态环路，持续不断优化工程技术方案，实现地质目标最大化的地质工程一体化工作模式。在最短的工作周期内，实现了储层时代最老、构造最复杂的油气勘探空白区页岩气的勘探突破。自主研发了低温压裂液体系，创新形成了基于二维地震勘探的大位移水平井钻探地质导向技术、高水平应力差储层"主缝＋复杂缝"改造技术和裂缝评价技术、常压页岩气排采技术等常压页岩气勘探开发技术系列。

三、成果转化与应用情况

1. 成果转化应用及服务效益

鄂西页岩气调查实现突破有力支撑服务了国家能源安全保障、长江经济带建设和自然资源部中心工作。一是全国政协人口资源环境委员会、国家能源局领导建议将鄂西页岩气的勘探开发列入国家规划，自然资源部和湖北省人民政府联合建设鄂西地区页岩气勘探开发综合示范区，鄂西将成为我国页岩气增产上储的新基地；二是优选并验证了湖北远安、点军、长阳、秭归、咸丰、南郑等页岩气勘探有利目标区，面积 7000 余平方千米，提交的湖北远安、点军、长阳、秭归、咸丰、南郑页岩气区块地质数据包获自然资源部认可使用；三是宜昌页岩气勘探突破拉动了鄂西地区油气区块勘探投入的快速增加，促进了鄂西地区页岩气从区域调查到勘探开发的跨越式发展。继鄂宜页 2 井在五峰组—龙马溪组页岩压裂试气获高产工业气流之后，中石化江汉油田工程有限公司在紧邻鄂宜页 2 井的南边枝江-当阳区块部署实施宜志页 1 井再获高产工业气流，拉开了枝江-当阳区块和湘鄂西页岩气区块全面评价与勘探开发的序幕。中石油加大了鄂宜页 2 井北部荆门-当阳区块的油气勘探力度，宜探 1 井压裂试气获高产工业气流，宜探 2 井、宜探 3 井和宜探 6 井稳步推进，并已部署实施了试验井组，建立了液化气站，迈开了商业化勘探开发的步伐。

2. 对地质科技进步的贡献

鄂西地区页岩气调查攻坚创新页岩气成藏理论和勘查技术，示范引领作用显著。一是创新形成的页岩气成藏理论新认识和古隆起边缘页岩气成藏模式，拓展了页岩气勘探领域，具有重要的理论指导意义；二是创新建立的"三位一体"页岩气选区评价与优选标准，示范引领绿色勘查；三是创新低勘探区地质工程一体化工作模式和常压页岩气勘探开发技术系列，示范引领复杂构造区常压页岩气勘探开发；四是确定台地凹陷是页岩气勘探开发的有利相带，中扬子地台寒武系水井沱组、震旦系陡山沱组是页岩气

勘探的新的主力层系,极大地拓展了页岩气勘探开发范围,对引导复杂构造区页岩气勘探开发、构建南方页岩气勘探开发新格局意义重大。

3. 对人才成长的贡献

培养自然资源部高层次地质科技人才 1 名、中国地质调查局卓越地质人才(李四光学者)1 名、杰出地质人才 1 名、优秀地质人才 4 名。武汉地质调查中心油气地质调查专业技术队伍得到壮大和成长,形成了多学科联合、专业搭配合理、技术特色鲜明的区域性油气地质团队。

四、工作建议

(1)发挥地质调查基础性、公益性工作定位,打造宜昌常压页岩气勘探开发示范基地。一方面,宜昌地区位于山区与平原过渡地带,页岩气勘探开发自然地理条件多样;另一方面,宜昌地区页岩气层系多,储层类型多样,且为典型的常压气藏,宜昌地区页岩气储层划分与评价标准、页岩气选区评价与优选标准、页岩气勘探开发技术标准对于盆外广大复杂构造区页岩气的调查评价和勘探开发均具有广泛的指导与引领作用。此外,示范基地建设还有利于推进鄂西页岩气勘探开发综合示范区建设,打造新的大型能源资源基地。

(2)支撑国家重大需要和自然资源部中心工作,积极拓展长江中游页岩气地质调查。一是加强江汉-洞庭盆地及周缘页岩气地质调查力度,扩大鄂西页岩气勘探开发综合示范区资源规模,支撑服务长江经济带建设;二是重点突破湘中地区页岩气,实现页岩气勘探新区、新层系的突破,寻找鄂西页岩气勘探开发综合示范区页岩气接替资源,提交新的页岩气勘查区块,支撑国家能源体制改革。

(3)支撑服务国家能源资源安全,突破长江中游天然气。一是开展中扬子天然气地质调查,精细刻画中扬子地区天然气成藏地质条件;二是开展古隆起边缘斜坡下部深层天然气成藏理论攻关和勘探实践,创新复杂构造区天然气成藏理论。

主要执笔人:陈孝红、陈科、王传尚、王玉芳、张保民、金春爽。

主要依托成果:"宜昌斜坡区页岩气有利区战略调查""秭归长阳页岩气有利区战略调查""中扬子地区古生界页岩气基础地质调查""武陵山地区下古生界海相页岩气基础地质调查""湘中坳陷上古生界页岩气战略选区调查""南方地区1:5万页岩气基础地质填图试点"等项目成果。

主要完成单位:中国地质调查局武汉地质调查中心、中国地质调查局油气资源调查中心、中石化江汉石油工程有限公司,中石化地球物理有限公司江汉分公司等。

主要完成人:陈孝红、翟刚毅、王传尚、陈科、王玉芳、张保民、李培军、张家政、李浩涵、罗胜元、康海霞、刘安、辛云路、周鹏、张昭、陈林、王超、王鹏、袁发勇、张忠坡、宋腾、周志、孟凡洋、李海、张国涛、王强、李旭兵、李飞、葛明娜、李娟、张云泉、薛宗安、周志、陈相霖、周惠、田玉昆、葛佳、王劲铸、张宏达、王都乐、王超、陈相霖、凡喻东等。

宜昌斜坡页岩气有利区战略调查

陈孝红

中国地质调查局武汉地质调查中心

摘　要：通过鄂西宜昌斜坡埃迪卡拉系陡山沱组、寒武系水井沱组、奥陶系五峰组和志留系龙马溪组页岩的地层学、岩石矿物学和地球化学特征研究与含气性调查，厘定了3套页岩的年代地层格架、古地理特点和成因，查明了页岩气储层的地球化学特征、储层物性和含气性特点，以及页岩气的地球化学特征和成因；分析了页岩气形成与富集的主控因素、富集机理和富集规律，提出了"台地凹陷是基础，有机质含量是保障，基底隆升和有机质热演化相匹配是关键"的页岩气成藏理论新认识。建立了宜昌地区页岩气储层划分评价标准、选区评价参数和资源评价方法，开展了宜昌地区3套页岩气有利目标区优选、目标评价和资源潜力评价，优选了寒武系—志留系页岩气勘探目标区和甜点层段，部署实施钻压一体化工程和压裂试气测试，获高产工业气流，实现了宜昌地区寒武系—志留系页岩气勘探的重大突破，全面揭示了宜昌地区寒武系—志留系页岩气地质工程评价参数和产能评价参数，初步形成了常压页岩气勘探技术系列。项目成果拉动了周边油气区块勘探投入，促进了鄂西页岩气勘探开发综合示范区建设，支撑服务了油气体制改革，培养了优秀地质人才，形成了中南地质科技创新中心油气页岩气地质团队。

一、项目概况

"宜昌斜坡区页岩气有利区战略调查"为地质矿产资源及环境调查专项一级项目"能源地质矿产调查"下设的二级项目之一，工作周期为2017—2018年，后根据任务调整延续到2019年，由中国地质调查局武汉地质调查中心承担。根据下达的目标任务，项目以宜昌斜坡页岩气有利区寒武系—志留系页岩气、震旦系灯影组天然气为重点，开展储层评价和目标优选，实施钻探工程和长井段分段含气性地层测试，获取储层评价参数，力争产能突破。共完成参数井定向钻探3口，进尺8 193.8 m；水平压裂井2口，36段；直井压裂1口，15层；试气测试3次。

二、成果简介

1. 基础地质调查进展

（1）重新厘定了宜昌地区震旦系陡山沱组地层多重划分对比系统，首次发现黄陵隆起东翼的陡山沱组仅与黄陵隆起西翼的陡山沱组二段相当，是新元古代末期Gaskiers冰期沉积产物，为分析震旦系陡山沱组页岩的成因和页岩气形成与富集的主控因素提供了新的依据。

研究发现黄陵隆起东翼黄花上洋的宜地5井、晓峰河剖面、牛坪剖面以及长阳聂家河钻孔04（ZK04）震旦系陡山沱组两次碳同位素的负异常与黄陵隆起西翼的秭归泗溪、青林口剖面陡山沱组一段和二段顶部的两次碳同位素负异常（EN1，EN2）特征相似，层位相当（图1）。EN1和EN2之间的碳同位素异常正值(EP1)地层中页岩的化学蚀变指数(CIA)小于65,且在宜昌晓峰宜地5井、宜都宜地4井同期地层见形成于冰点环境,指示寒冷气候的六水方解石,确认陡山沱组下部碳同位素正异常(EP1)地层是Gaskiers冰期的沉积产物,其下部和上部碳同位素负异常(EN1,EN2)的形成与Marinoan冰期和Gaskiers冰期的结束、气候转暖引起海底甲烷释放和生物大量繁盛有关。

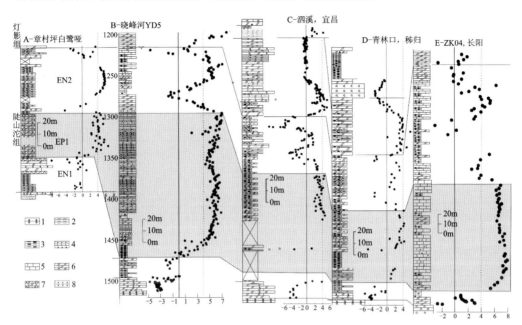

图1 宜昌地区震旦系陡山沱组地层多重划分对比

1.冰碛岩;2.页岩;3.碳质页岩;4.硅质岩;5.灰岩;6.泥质白云岩;7.含磷结核白云岩;8.角砾岩

(2)重新厘定了宜昌地区奥陶系五峰组—志留系龙马溪组笔石和几丁虫生物地层序列,首次发现宜昌地区志留系兰多维列统鲁丹阶—埃隆阶之间存在地层缺失,并发生古地理、古环境条件的重大转折。

宜地1井精细笔石生物地层研究结果表明,该井鲁丹阶笔石 *C. vesiculusus* 带直接被笔石 *L. convolutus* 带所覆盖,其间缺失鲁丹期晚期—特列奇期早期笔石 *C. cyphus* 带和 *D. triangularis* 带或几丁虫 *C. electa* 带和 *S. maennilli* 带的化石记录。虽然鲁丹期的CIA<65,且自下而上有逐步降低的趋势,显示出寒冷干燥的古气候特点,但该段自生Ni(Nixs)和Ni的富集系数(Nief)较高,证明当时海洋表层生物生产力较高(图2),与寒冷气候不利于生物繁盛的结论相矛盾。结合该段地层的化学成分变异指数(ICV)大于1,为构造活动时期的初始沉积产物,不排除宜昌地区志留纪早期鲁丹期地层是华夏板块向北挤压俯冲,凯迪期—赫南特早期冰期沉积产物因挤压隆升而遭受剥蚀再沉积的产物。此外,埃朗期地层中自生Mo(Moxs)含量相对较高,证明洋流活动较强,结合该期同属冈瓦纳的撒哈拉中部地区Tamadjertt组发育冰川沉积(Hambrey,1985),也不排除宜昌地区埃朗期硅泥质是冷水底流侵入,导致冷水地区硅泥质迁移而来的可能。

(3)首次揭示了宜昌地区水井沱组、五峰组—龙马溪组页岩沉积的水文地质条件,重新厘定了上述富有机质页岩形成的岩相古地理特点,首次提出台地凹陷盆地是页岩气勘探的有利相带。

宜昌地区寒武系水井沱组、奥陶系五峰组—志留系龙马溪组富有机质页岩的Mo-U共变关系指示其形成于弱局限到局限环境。在Mo/TOC变化趋势图上,寒武系水井沱组页岩Mo/TOC变化在21~24之间,沉积环境的水动力条件介于Saanich海湾与Carico盆地之间。而五峰组—龙马溪组页岩Mo/TOC变化于11~19之间,介于Carico盆地和Framvaren峡湾之间,表现出较陆棚盆地更为局限的环境(图3)。水井沱组、五峰组—龙马溪组两者页岩的TOC与V的含量相关性较差,与U、Ni、Mo含量的相关性明显。在纵向变化上,自下而上两者的U、V和Ni均具有先快速升高,然后缓慢下降的共同特点,表现为缺氧的沉积环境特点。从水井沱组下部,五峰组上部—龙马溪组底部出现V、Ni同步富集,但以V的富集更为明显的特点上来看,区内这一时期曾一度出现过短暂的硫化事件。结合区域构造背景和地层格架特点,认为水井沱组富有机质页岩沉积形成于台内洼陷盆地,而五峰组—龙马溪组页岩则沉积于台内坳陷盆地中。因此,台地凹陷是页岩气勘探的有利相带。

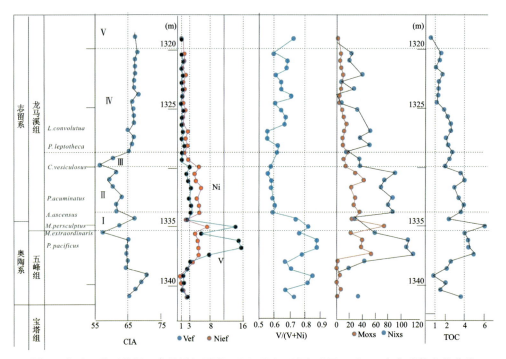

图2　宜地1井五峰组—龙马溪组页岩TOC、CIA、U/Th以及V和Ni富集系数变化曲线

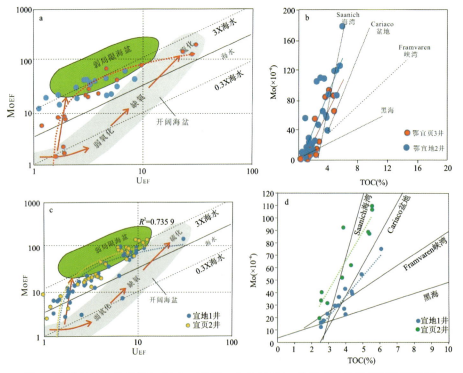

图3　宜昌斜坡水井沱组(a、b)和五峰组—龙马溪组(c、d)富有机质页岩环境判别图

2. 油气地质调查进展

(1) 宜昌寒武系水井沱组页岩压裂试气获高产工业气流,首次确立了寒武系水井沱组为页岩气勘查开发又一主力层系,实现了南方页岩气勘探新区、新层系的重大突破。部署在宜昌点军车溪的鄂宜页1HF井是长江中游第一口页岩气水平井,通过对寒武系水井沱组1800m水平井,分26段水力压裂改造,获得了日产气量$6.02 \times 10^4 m^3$、无阻流量$12.38 \times 10^4 m^3$的高产页岩气流。康玉柱、李阳等院士专家认为"鄂宜页1井页岩气调查的重大突破是历史性、开拓性、导向性、里程碑式的,填补了中扬子寒武系油气勘探的空白,首次确立了寒武系水井沱组为页岩气勘查开发新的主力层系,对广大南方复杂构造区块油气勘探具有示范引导作用,实现了我国页岩气勘查从长江上游向长江中游的战略拓展,对形成南方页岩气勘查开发新格局、支撑长江经济带战略和油气体制改革具有十分重大的意义"。

(2) 宜昌奥陶系五峰组—志留系龙马溪组页岩压裂试气获高产工业气流,首次证实中扬子复杂构造带发育超压页岩气藏,实现了中扬子志留系页岩勘探新区的重大突破。部署在宜昌夷陵龙泉的鄂宜页2HF井是长江中游第一口志留系页岩气水平井,通过对五峰组—龙马溪组500m水平段,分10段压裂改造,测试获得日产气量$3.15 \times 10^4 m^3$、无阻流量$5.76 \times 10^4 m^3$的工业气流,同时获得五峰组—龙马溪组页岩气储层的压力系数为1.39,实现了南方页岩气勘探主力层系新区的勘探突破,证实了中扬子复杂构造带局部地区页岩气储层具有超压的特点,对促进南方页岩气勘探从长江上游到长江中游的战略拓展具有十分重要的意义。

(3) 首次在震旦系灯影组获稳定天然气流,填补了中扬子海相天然气勘探的空白。部署在宜昌点军联棚的鄂宜参3井是长江中游地区第一口大斜度定向井,通过对震旦系灯影组礁滩相储层合计厚度240m,分6段进行压裂测试,获得灯影组日产气量$0.15 \times 10^4 m^3$,实现了中扬子地区天然气勘探新区、新层系和新类型的重大发现,对中扬子复杂构造区礁滩相油气勘探具有重要的引领作用。

(4) 建立了鄂西宜昌寒武系水井沱组、奥陶系五峰组—志留系龙马溪组页岩气储层综合柱状图以及储层划分和评价标准。基于鄂宜页1井水井沱组、鄂宜页2井五峰组—龙马溪组页岩气储层地球化学、有机地球化学、物性、含气性的岩矿分析测试、分析和测井系统解释,编制了鄂西宜昌水井沱组、五峰组—龙马溪组页岩气储层划分对比综合柱状图,结合邻井和国内成熟区块页岩气储层评价资料,建立了上述页岩气层储层划分和评价标准(表1、表2),为页岩气勘探甜点优选提供了依据。

表1 宜昌地区寒武系水井沱组页岩气储层评价标准

储层类型	划分依据
Ⅰ类页岩气层段	TOC≥5%,Φ≥3.0%,DEN≤2.55g/cm³;含气量≥4m³/t
Ⅱ类页岩气层段	3%≤TOC<5%,2.0≤Φ<3.0%,2.55g/cm³<DEN≤2.60g/cm³;3m³/t≤含气量<4m³/t
Ⅲ类页岩气层段	2%≤TOC<3%,1.0≤Φ<2.0%,2.60g/cm³<DEN≤2.65g/cm³;2m³/t≤含气量<3m³/t
Ⅳ类页岩气层段	TOC<2%,Φ<1%,DEN<2.65g/cm³;1m³/t≤含气量<2m³/t

表2 宜昌地区五峰组—龙马溪组页岩气储层评价标准

储层类型	划分依据
Ⅰ类页岩气层段	TOC≥4%,Φ≥3.5%,DEN≤2.45g/cm³;含气量≥3.5m³/t
Ⅱ类页岩气层段	2%≤TOC<4%,2.5≤Φ<3.5%,2.45g/cm³<DEN≤2.50g/cm³;2.5 m³/t≤含气量<3.5m³/t
Ⅲ类页岩气层段	1%≤TOC<2%,1.5≤Φ<2.5%,2.50g/cm³<DEN≤2.55g/cm³;1.5m³/t≤含气量<2.5m³/t
Ⅳ类页岩气层段	TOC<1%,Φ<1.5%,DEN<2.55g/cm³;含气量<1.5m³/t

（5）首次建立了页岩气勘查程度和资源/储量计算与评价相结合的页岩气选区方法和参数，优选了宜昌地区页岩气有利区和勘探目标区，建立了页岩气资源潜力计算方法，评价了宜昌地区页岩气资源潜力。根据自然资源部《页岩气调查评价技术要求》以及《页岩气资源/储量计算与评价技术规范》(DZ/T 0254—2014)，结合页岩气调查评价和勘探开发现状及最近鄂西页岩气资源潜力评价实践，首次建立了页岩气勘查程度和资源/储量计算与评价相结合的页岩气选区方法和参数(表3)，圈定了宜昌地区震旦系陡山沱组页岩气有利区面积1 290.08 km^2。采用概率体积法计算，预测震旦系陡山沱组页岩气地质储量为 $5 946.90 \times 10^8 m^3$，地质资源丰度为 $4.61 \times 10^8 m^3/km^2$。圈定寒武系水井沱组、奥陶系五峰组—志留系龙马溪组页岩气勘探目标区面积分别为 670km^2 和 1590km^2。采用静态法计算，目标区控制地质储量分别为 $1 955.1 \times 10^8 m^3$ 和 $4 880.5 \times 10^8 m^3$。

表3 页岩气选区评价参数体系

主要参数	远景区	有利区	目标区
工作程度	地质调查	选区评价	产能评价（预探）
页岩面积	≥500km^2	≥100km^2	≥50km^2
页岩品质	富有机质(TOC>1%)，页岩连续厚度≥20m，镜质体反射率(R_o)1.0%～3.0%		
泥页岩埋深	500～6000m	1000～5000m	1000～4500
总含气量	—	≥1.0m^3/t	≥1.5m^3/t 或测试获工业气流
资源评价方法	类比法或体积法	体积法	静态法
资源量/储量等级	地质资源量	预测地质储量	控制地质储量

3. 理论方法和技术进步

（1）查明了宜昌斜坡页岩气富集成藏的主控因素，形成了"有利相带是基础，有机质含量是保障，基底隆升与有机质热演化相配是关键"的页岩气成藏理论新认识。研究发现宜昌地区寒武系—志留系页岩气储层的含气量与TOC，以及储存的TOC与U/Th、Moxs、Nixs的含量成正比，证明TOC是页岩气富集成藏的保障，而贫氧—缺氧的有利相带是页岩气形成富集的基础。同时发现基底隆升与有机质热演化相匹配是页岩气富集成藏的关键，即基底的隆升一方面要与有机质生排烃时间匹配，既有利于有机质运移富集，又有利于有机质的充分热解；另一方面基底隆升要与有机质孔的形成发育相匹配，既有利于有机质孔的充分发育，又不能因为有机质热演化过高而导致有机孔塌陷(图4)。

（2）首次获得了宜昌地区下古生界含气页岩地层古流体活动证据，进一步明确了古隆起边缘斜坡页岩气富集机理，建立了古隆起边缘斜坡页岩气保存富集模式。研究发现，水井沱组、五峰组—龙马溪组页岩的产甲烷作用和页岩储层下部碳酸盐岩地层甲烷的硫酸盐还原反应共同引起了页岩中的有机流体的运移，导致甲烷与有机质向储层下部和古隆起斜坡上方运移、富集。二次富集的有机质裂解，进一步提升了页岩气储层下部和斜坡中上部页岩的含气量，造成页岩气的富集。由于寒武系水井沱组页岩排烃作用发生在黄陵隆起之前，页岩的品质和页岩内部流体活动主要受控于继承性基底构造格局，因此宜昌斜坡寒武系页岩气属于基底控藏型页岩气(图5)。而五峰组—龙马溪组页岩的生排烃作用发生在加里东晚期湘鄂西隆起之后，印支期黄陵基底快速隆起时期，因此五峰组—龙马溪组页岩的分布和有机流体活动除了受控于湘鄂西水下潜隆外，还与黄陵基底快速隆起产生的断裂封堵作用有关，因此，五峰组—龙马溪组页岩气属于"古隆起-断裂"联合控藏型页岩气。

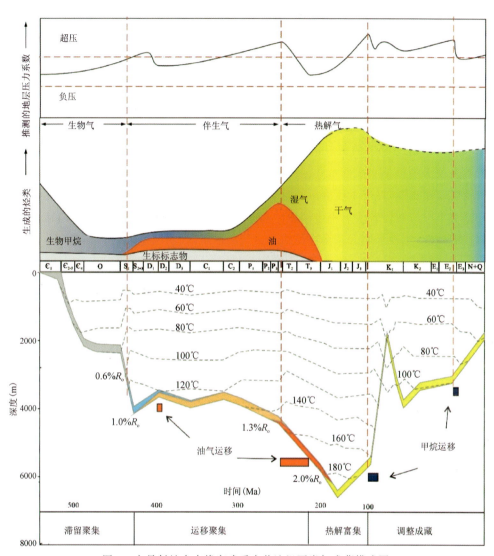

图 4 宜昌斜坡东南缘寒武系水井沱组页岩气成藏模式图

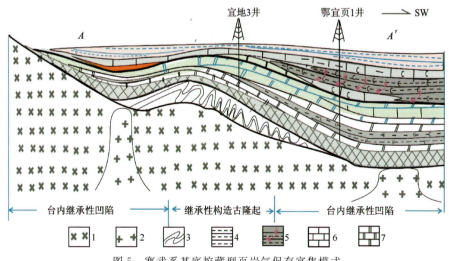

图 5 寒武系基底控藏型页岩气保存富集模式

1.花岗岩；2.基性岩；3.变质岩；4.页岩；5.页岩中流体活动特征；6.灰岩；7.白云岩

（3）创新形成低勘探程度区地质工程一体化页岩气勘探模式，初步形成低勘探程度区常压页岩气勘探开发技术系列。创新提出以地质手段确定工程目标和配套的适应性工程技术参数与施工方案，配合一体化的高效管理和工程施工，动态开展地质工程综合评估，调整和优化工程技术参数，形成动态环路，持续不断优化工程技术方案，实现地质目标最大化的地质工程一体化页岩气勘探模式。在最短的工作周期内，实现了储层时代最老、构造最复杂的油气勘探空白区页岩气的勘探突破。

通过鄂宜页1井地质工程一体化勘探实践，创新形成了基于二维地震勘探的长井段地质导向技术，实现优质储层穿行率超过90%的良好钻探效果，为低勘探程度和构造复杂区页岩气勘探提供了成功的范例。开发了适用于中扬子寒武系水井沱组的低伤害低温FLICK滑溜水体系和LOMO胶液体系，攻克了压裂液低温破胶难题，促进了压裂液的返排率。形成了高水平应力差储层"前置液阶段快提排量＋整体阶梯升排量＋中途液体转换＋中途携粉砂动态转向"的复杂裂缝形成技术，成功实现寒武系水井沱组页岩气储层的改造，实现了寒武系水井沱组页岩气勘探新区、新层系的重大突破。

三、成果意义

1. 拉动周边油气区块勘探投入大幅增加，服务战略找矿突破行动

随着2017年项目组在鄂宜页1井水井沱组，特别是在鄂宜页2井五峰组—龙马溪组页岩气的勘探突破，2018年中石化江汉油田分公司在紧邻鄂宜页2井南部的枝江-当阳油气区块投资1亿多元实施了以志留系页岩气产能评价为目的的三维地震100 km^{2}和水平探井宜志页1井。下一步将在宜志页1井井区部署3口试验井组，落实单井产能。在宜志页1井外围部署三维地震281 km^2，探井3口，全面评价探矿权区页岩气勘探开发潜力。中石油浙江油田分公司2017—2018年在紧邻鄂宜页2井的北部荆门-当阳区块投资3亿多元部署实施了二维地震150 km，三维地震200 km^2，预探井3口（宜探1井、宜探2井和宜探3井）。2019年投资2亿元，部署产能评价井1口，预探井2口，进一步获取探区志留系产能和资源状况。

2. 推动了湖北宜昌国家级页岩气勘探开发示范基地建设，打造鄂西大型能源资源基地

2017年6月13日，自然资源部党组成员、中国地质调查局局长钟自然赴宜昌调研、考察鄂宜页1井，湖北省委常委、宜昌市委书记周霁，宜昌市副市长卢军等亲自出席，商定由部、省、局、市、油公司共同打造，探索在鄂西地区创建页岩气勘探开发基地。2018年7月12—13日全国政协常务委员会、人口环境资源委员会副主任姜大明，国土资源部副部长汪民等一行考察鄂宜页1井和宜昌页岩气勘探开发工作，高度肯定了宜昌地区页岩气勘探工作取得的成绩，提出了建立宜昌-涟源页岩气勘探开发示范基地的建议，并获党中央、国务院的批示。2018年10月28—30日，2019年9月25—27日国家发展和改革委员会国家能源局油气司综合处处长何建宇和国家能源局副局长李凡荣等先后亲临宜昌页岩气勘探开发现场，充分肯定了宜昌地区页岩气勘探开发取得的突破性成就，进一步确定将宜昌页岩气的勘探开发列入国家"十四五"规划中。2019年10月30日自然资源部批准开展鄂西页岩气勘探开发综合示范区建设。

3. 提交页岩气勘探地质数据包，服务了国家油气体制改革

结合鄂宜页1井、鄂宜页2井和鄂宜参3井的钻压一体化工程，开展了湖北宜昌点军区块页岩气、天然气资源潜力评价，以及湖北宜昌夷陵-远安区块页岩气资源的潜力评价，编制湖北点军区块、湖北远

安区块页岩气地质数据包,并被自然资源部采纳,有力支撑和服务了国家油气体制改革。

4. 培养了地质科技人才

项目出版专著1部,发表论文19篇(其中EI、SCI 8篇),申报专利3项。培养硕士研究生2名,有1人获自然资源部"科技领军人才"称号,1人获中国地质调查局"卓越地质人才"(李四光学者)称号。1人获中国地质调查局"优秀地质人才"称号。1人被评为湖北省2018年度先进个人。提升了武汉地质调查中心油气地质队伍页岩气勘探能力,组建了中南地质科技创新中心油气地质团队。

本次地质调查显著提高了宜昌地区基础地质、页岩气地质调查工作程度和水平,并为油气体制改革和鄂西大型能源资源基地建设等提供了基础地质资料支撑及建议;有力地拉动了周边油气勘探区块的油气勘查投入,支撑了找矿突破战略行动;加强了油气、页岩气地质调查成果的集成和理论提升,促进了地质科技创新;建立了地质调查成果数据库,实现了地质资料信息基于"地质云"的共享服务。

陈孝红,男,1964年生,硕士,研究员,中国地质科学院硕士研究生导师。长期从事地层学及古生物学研究、页岩气地质调查和资源评价工作。现任中国地质学会非常规油气专业委员会委员,武汉地质调查中心副总工程师兼能源地质室主任,《地层学杂志》《地质论评》《地球学报》编委。在国内外期刊发表论文120余篇,出版专著10余部,6项成果获省、部级科技成果二等奖。

中扬子地区基础地质调查夯实震旦系—古生界多层系页岩气资源基础

王传尚　彭中勤　白云山

中国地质调查局武汉地质调查中心

摘　要：中扬子地区富有机质页岩层系多、分布广、厚度大、埋深适中。通过多学科交叉综合研究，以地质调查井钻探和二维地震勘探为主要工作手段，在宜昌地区震旦系、寒武系和志留系，雪峰山地区寒武系和湘中地区泥盆系均获得了页岩气的重要发现，表明区内页岩气勘探潜力巨大。

一、项目概况

中国地质调查局武汉地质调查中心在中扬子地区部署实施了"中扬子地区古生界页岩气基础地质调查"项目。该项目以中扬子宜昌地区、雪峰山地区和湘中地区为重点，通过开展1：25万页岩气基础地质调查，实施了地质调查井钻探工程，部署并完成了针对宜昌斜坡区和湘中涟源凹陷等重点工作区的二维地震勘探，获得了多层系页岩气的重要发现，优选了页岩气勘探有利区，并估算了资源量，有力支撑了该地区战略选区评价和页岩气勘探由四川盆地向盆外的战略转移。

二、成果简介

1. 多层系页岩气获得重要新发现，有力支撑了页岩气资源潜力评价

针对震旦系部署的地质调查井共有4口，分别为在宜昌斜坡区的鄂宜地3井和鄂宜地5井，以及湘中地区的湘新地2井和湘溆地1井。其中，鄂宜地3井油气页岩气调查获重大发现，钻获震旦系灯影组古老碳酸盐岩岩性气藏新类型、震旦系陡山沱组浅滩相优质储层新层系和震旦系灯影组溶孔白云岩优质储层，从而确认了岩溶高地的存在，为宜昌地区该时期的沉积古地理面貌的重建提供了直接的证据，并为宜昌地区震旦系天然气的探索提供了科学依据。

针对寒武系富有机质页岩层系部署的地质调查井有鄂宜地4井、鄂宜地5井、鄂松地1井、湘张地1井和湘吉地1井，均获得重要发现。其中，鄂宜地4井、鄂宜地5井和鄂松地1井进一步拓展了宜昌地区寒武系有利区范围，表明宜昌斜坡区以南仍然存在页岩气富集的有利相带。如鄂宜地4井寒武系水井沱组富有机质页岩累计厚度达80m，采用燃烧法测定解析气含量平均值为1.54m³/t，最大可达3.13m³/t（不含损失气和残余气）。鄂松地1井所在区域，寒武系牛蹄塘组黑色页岩厚度达300m，为深水滞留缺氧沉积环境，页岩气生烃物质基础好。

湘张地1井获雪峰山复杂构造区寒武系页岩气新区新层系重要发现。该井寒武系牛蹄塘组、清虚洞组下部和敖溪组均获得页岩气显示，其中牛蹄塘组泥页岩气测全烃值主要分布在1‰～7‰之间，从含气性现场解析测试来看，中段（1 909.2～1 982.4m）含气性最好，解析气含量0.12～1.59m³/t，为牛蹄塘组的主含气层，该层位湘吉地1井经燃烧法现场解析气含量平均为1.78m³/t，最高达4.92m³/t。

针对志留系的地质调查井均部署在构造复杂地区,鄂保地1井位于大巴山前陆冲断带,在井深426~460m罗惹坪组泥岩、粉砂质泥岩夹生屑灰岩中见录井全烃异常,全烃含量最大可达28%,有水涌,经气液分离后点火成功,表明该区具备发现页岩气和碳酸盐岩地层与构造复合圈闭气藏的巨大潜力。

鄂京地1井和鄂钟地1井部署于大别山前缘逆冲推覆构造带内,钻探结果显示,志留系龙马溪组黑色页岩厚度大,可见断层重复,页岩气形成和富集条件复杂,构造滑脱面之下保存条件相对较好,具有一定的勘探潜力。鄂钟地1井经燃烧法现场解析获得的最大含气量达到$1.0m^3/t$,提升了在大别山前缘逆冲推覆构造带龙马溪组实现页岩气突破的信心。

湘新地1井和湘新地3井,目的层为上泥盆统佘田桥组,富有机质泥页岩厚逾100m。两井均在富有机质页岩段出现气测录井异常,全烃值最大可达30%,现场解析含气量高,湘新地1井含气量分布于$0.31\sim2.44m^3/t$之间(不含残余气),实现了在涟源凹陷上泥盆统佘田桥组获页岩气首次重要发现,并由湘新地3井的勘探再次验证。湘中地区的泥盆系由于受大规模基底断裂的影响,呈现开阔台地和台内凹陷(台盆)相间的沉积格局。泥盆系富有机质页岩分布在区域上具有分带、分块的特征,沉积相横向变化大,有利相带表现出局限且不连续的特征,从而导致泥盆系页岩气勘探在湘中地区一直未获突破。上泥盆统佘田桥组页岩气在湘新地1井和湘新地3井相继发现,为圈定湘中地区泥盆系佘田桥组页岩气有利区提供了依据。

2. 二维地震勘探为有利区、甜点区的优选提供了依据

项目组充分利用2015年以来在宜昌斜坡区获得的地震资料和钻探资料(共490km/18条,钻井5口),对宜昌斜坡区各目标层段的厚度、埋深和展布规律进行精细刻画,在此基础上,参考沉积相、地震资料品质、断裂发育情况等进行综合评价,共评价Ⅰ类区492.9km²,Ⅱ类区420.2km²,Ⅲ类区701.4km²。其中Ⅰ类区主要分布在志留系龙马溪组页岩发育区、寒武系牛蹄塘组页岩发育区,进一步落实了宜昌斜坡区的地质甜点区。

项目组在涟源地区获得了泥盆系佘田桥组的构造、埋深、厚度等关键参数,识别了TD3s和TC1c两套反射层,前者为泥盆系佘田桥组底界面反射,分布稳定;后者为石炭系测水组底界面反射层,能量较强,频率低,连续性较好。通过构造解释,落实断层7条,明确了该区断裂展布规律以及对构造的控制作用,提出了彭家风向斜为有利的勘探目标区,有力地支撑了该地区泥盆系页岩气战略选区评价的开展。

3. 开展了页岩气有利区的优选,为宜昌页岩气勘查示范基地的建设提供了保障,为页岩气勘探向湘中地区、雪峰山地区的战略转移提供了依据

根据钻井和剖面露头资料,系统研究了震旦系陡山沱组、寒武系牛蹄塘组(水井沱组)、志留系龙马溪组和泥盆系佘田桥组的页岩展布规律,编制了本地区震旦系陡山沱组、寒武系牛蹄塘组(水井沱组)、志留系龙马溪组、泥盆系佘田桥组富有机质页岩厚度等值线图、TOC等值线图及R_o等值线图,刻画了区内页岩气评价关键参数的平面分布规律。

依据有机碳、有机质成熟度、埋深、盖层条件、断层发育情况等关键参数,在宜昌斜坡区、雪峰山地区及湘中地区优选震旦系陡山沱组、寒武系牛蹄塘组和上奥陶统五峰组—下志留统龙马溪组,以及泥盆系佘田桥组页岩气远景区13个,合计远景资源量达$61583.43\times10^8m^3$。各远景区P_{50}资源量统计见表1。在上述各远景区内,根据勘探工作程度,进一步优选有利区,4套层系共优选出9个有利区,合计有利区资源量达$23390.96\times10^8m^3$,各有利区及其资源量统计见表2。

表 1　中扬子地区各黑色页岩层系远景区及其资源量统计

层系	震旦系陡山沱组		寒武系牛蹄塘组（水井沱组）		奥陶系五峰组—志留系龙马溪组		泥盆系佘田桥组	
	评价单元	P_{50}资源量（$\times 10^8 m^3$）	评价单元	P_{50}资源量（$\times 10^8 m^3$）	评价单元	P_{50}资源量（$\times 10^8 m^3$）	评价单元	P_{50}资源量（$\times 10^8 m^3$）
各评价单元资源量	震旦系远景区	12 289.36	秭归盆地周缘远景区	5 491.61	沉湖-土地堂	2 990.12	涟源-坪上	369.32
			黄陵隆起东南缘远景区	7 761.25	巴洪冲断带	444.89	隆回司门前-武冈	10 376.8
			吉首-常德远景区	4 511.94	当阳复向斜	9 908.75	洪山殿-邵东	4958
			千工坪向斜远景区	121.32				
			辰溪凹陷北区远景区	442.58				
			辰溪凹陷南区远景区	1 917.49				
资源量统计	小计	12 289.36		20 246.19		13 343.76		15 704.12
	合计	61 583.34						

表 2　中扬子地区页岩气有利区及其资源量统计

层系	震旦系陡山沱组		寒武系牛蹄塘组（水井沱组）		奥陶系五峰组—志留系龙马溪组		泥盆系佘田桥组	
	评价单元	P_{50}资源量（$\times 10^8 m^3$）	评价单元	P_{50}资源量（$\times 10^8 m^3$）	评价单元	P_{50}资源量（$\times 10^8 m^3$）	评价单元	P_{50}资源量（$\times 10^8 m^3$）
各评价单元资源量	黄陵隆起周缘	4 374.51	黄陵隆起西缘	552.994	分乡-龙泉	926.09	涟源凹陷新化-白溪	6 581.85
	宜都-鹤峰	257.397	宜都-石门	5 012.31	南漳-远安	3 396.05		
			草堂凹陷	806.025				
			沅古坪-常德有利区	1 483.73				
资源量统计	小计	4 631.91		7 855.06		4 322.14		6 581.85
	合计	23 390.96						

上述成果为宜昌页岩气勘查示范基地的建设提供了保障，为宜昌页岩气勘查示范基地向南拓展及页岩气勘探向湘中及雪峰山地区的战略转移提供了依据。

三、成果意义

中扬子地区古生界页岩气基础地质调查分区、分层系系统研究了区内页岩气基础地质条件,在宜昌斜坡区、雪峰山地区和湘中地区均获得了震旦系、寒武系、志留系和泥盆系多层系页岩气的重要发现,查明了区内页岩气勘探的有利区,并估算了资源量,夯实了区内页岩气勘探的基础,有力地支撑了鄂西地区页岩气勘查示范基地建设和我国南方页岩气勘探从四川盆地向盆外的战略转移,推进了中石油浙江油田分公司、中石化江汉油田分公司在宜昌地区的勘探开发进程。

主要完成人: 王传尚、彭中勤、白云山、周鹏、王建坡、田巍、苗凤彬、危凯、王保忠、王强。

王传尚,男,1969年1月出生,博士,研究员,专业技术三级,地层古生物室主任、古生物与地质环境演化湖北省重点实验室副主任、湖北省地层古生物构造专业委员会主任委员、湖北省古生物学会理事、湖北省古生物化石专家委员会委员、湖北省自然保护地专家委员会委员、湖北省页岩气勘探开发专业委员会委员、《华南地质与矿产》编委。长期从事中南地区早古生代地层学、笔石生物地层学的研究工作,近年来主要从事页岩气基础地质调查及综合地质调查工作。获得国土资源部国土资源技术奖二等奖4项、湖北省科学技术奖二等奖1项,2018年获中国地质调查局"杰出地质人才"称号。

长江经济带页岩气"三位一体"资源潜力评价

郭天旭 包书景

中国地质调查局油气资源调查中心

摘　要：采用参数叠合法在长江经济带8套层系中优选了页岩气远景区和有利区，系统地开展了长江经济带8套层系页岩气资源潜力评价。在页岩气地质资源和技术可采资源评价结果的基础上，参照国内已开发页岩气田的地质参数和成本数据，采用勘探开发全成本方法对页岩气资源进行了经济性分析，同时对资源开发与自然保护地范围等生态环境方面的影响进行了评价。

一、项目概况

2012年以来，中国地质调查局组织实施南方页岩气地质调查，在贵州正安和湖北宜昌等地区获得了工业油气流，在安徽宣城、江西丰城、湖南新化、陕西汉中、四川华蓥、贵州金沙、云南大关和贵州紫云等地区获得了页岩气重要发现，这些为深入开展长江经济带页岩气资源评价提供了丰富的数据和资料。本项成果依托中国地质调查局"南方页岩气资源潜力评价"二级项目，系统地开展了长江经济带震旦系、寒武系、奥陶系—志留系、泥盆系、石炭系、二叠系、三叠系和侏罗系8套层系页岩气地质条件、技术经济、生态环境"三位一体"资源潜力评价。

二、成果简介

（1）建立"页岩气分级分类资源评价技术方法与参数体系"。针对长江经济带富有机质页岩类型多、构造活动强烈、页岩气形成富集条件差异性大、调查勘查程度不同等特点，以区域地质调查为基础，充分考虑富有机质页岩现今保存现状，分海相、陆相、海陆交互相3种页岩沉积类型，分高、中、低3个调查勘查程度级别，采用不同的评价参数和方法开展页岩气选区评价与潜力评价。

（2）在长江经济带采用地质条件、技术经济和生态环境"三位一体"资源综合评价方法开展页岩气资源潜力评价。在页岩气地质资源和技术可采资源评价结果的基础上，分析了页岩气资源的埋深、地理环境、水源条件、交通条件及市政管网条件对页岩气资源经济性的影响，参照国内已开发页岩气田的地质参数和成本数据，采用勘探开发全成本方法对长江经济带页岩气资源进行了经济性分析。对资源开发与自然保护地范围等生态环境方面的影响进行了评价。实现了资源调查、科技创新与绿色生态发展的深度融合（图1）。

（3）建立了长江经济带页岩气地质调查数据库系统，完成了已有页岩气数据和资料入库，实现了页岩气数据的一体化存储、管理和服务，为页岩气地质调查和信息服务提供了数据支撑。

三、成果意义

（1）提出了页岩气地质调查与战略选区的重点领域。长江经济带下游高邮-芜湖地区二叠系和皖北地区石炭系—二叠系，中游鄂西地区震旦系、寒武系和湘西北地区寒武系，上游川北-陕南地区寒武系和黔西紫云-威宁地区石炭系等有大面积页岩气远景区分布,可作为地质调查工作部署的重点领域。

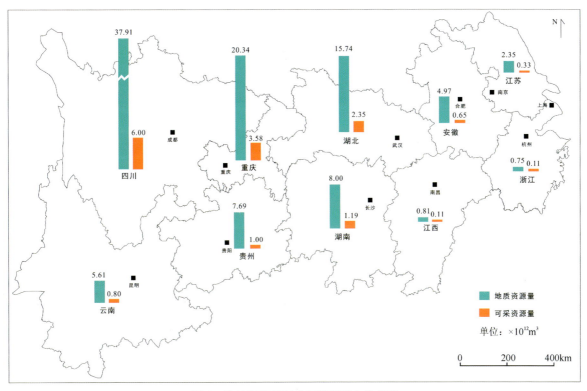

图1　长江经济带页岩气资源潜力分布图

(2)优选的页岩气有利区可供进一步招标出让。结合地质调查突破与发现成果,在矿权区外优选了页岩气有利区,可进一步提出区块设置方案,供自然资源部招标出让,拉动企业后续勘查开发。

郭天旭(1985—),男,高级工程师。从事页岩气调查与评价工作。近年来负责"全国页岩气资源动态评价及选区"和"南方页岩气资源潜力评价"等项目。

南方地区1∶5万页岩气基础地质调查填图试点

金春爽　葛佳　李昭　辛云路　王劲铸　张宏达

中国地质调查局油气资源调查中心

摘　要：项目在湖北秭归、贵州桐梓、重庆巫山、广西柳州、湖南桑植等15个工作区共13 400 km² 开展了1∶5万页岩气基础地质填图试点工作，涉及的页岩目的层系有7套，包括陡山沱组、牛蹄塘组、五峰组—龙马溪组、中泥盆统、下石炭统、中—上二叠统、上三叠统。项目查明了15个工作区的构造特征、沉积环境、富有机质页岩的分布、岩性组合、矿物组成、有机地球化学特征、储集性能和含气性等页岩气地质条件，建立综合评价剖面，优选有利层段和有利远景区等；综合对比总结认为深水滞留环境是页岩气富集的最有利相带，构造变形弱及热演化适中的古隆起周缘是页岩气富集的有利区；5口地质调查井获得重要发现，优选了33个页岩气有利远景区，编制了《1∶5万页岩气基础地质调查工作指南》。项目形成的基础资料和调查研究成果支撑了部、省页岩气区块招标和发展规划，为中—上扬子地区资源评价、战略选区参数井井位优选、宜昌页岩气基地建设提供了重要的支撑作用。

一、项目概况

"南方地区1∶5万页岩气基础地质调查填图试点"隶属于"南方页岩气基础地质调查"工程，为一级项目"油气基础性公益性地质调查"下设的二级项目之一，工作周期为2016—2018年，由中国地质调查局油气资源调查中心承担。根据下达的目标任务，开展南方重点地区1∶5万页岩气基础地质调查填图工作，查明调查区构造特征，主要目的层系沉积环境，富有机质泥页岩分布、有机地球化学、岩石矿物学、储集性能及含气性等特征；建立页岩层综合地质剖面，优选有利层段和远景区，为页岩气勘查提供基础资料。完成了15个重点工作区共13 400 km² 的页岩气基础地质填图试点工作，具体实物工作量主要包括地质路线调查6600 km，地质剖面测量73 km，二维地震采集598 km，广域电磁法采集140 km，重磁电测量1529 km，地质调查井钻探8口、计划单列项目完成地质调查井5口，样品测试分析13 200项次；完成地质图件200多幅；编制了相关成果报告和《1∶5万页岩气基础地质调查工作指南》等。

二、成果简介

1. 泥页岩地层分布、沉积和构造特征

（1）查明了15个工作区页岩（油）气目的层系的展布特征。通过野外剖面测量、路线地质调查、二维地震和重磁电剖面测量等资料查明了各工作区页岩（油）气目的层系的分布特征，并编制了富有机质泥页岩层系的等厚图和埋深图。

以湖北秭归工作区成果为例，成果显示：五峰组—龙马溪组富有机质泥页岩在工作区分布较广，仅在香龙山背斜、庙垭背斜、长阳背斜处有部分剥蚀。岩性为灰黑色—黑色含碳硅质页岩、含碳页岩、含碳粉砂质泥岩，为一套硅泥质深水陆棚—砂泥质浅水陆棚沉积。工作区南部秀峰桥剖面显示五峰组—龙马溪组富有机质泥页岩厚22 m，东南部碑坳剖面五峰组—龙马溪组富有机质泥页岩厚29 m，往北秭地3

井富有机质泥页岩厚30m,工作区西北部ZD1井五峰组—龙马溪组富有机质泥页岩厚度达38.8m。结合区内和邻区资料,区内残余五峰组—龙马溪组富有机质泥页岩整体由南往北逐渐增厚,厚度大部分在15~39m之间。工作区内五峰组—龙马溪组在香龙山背斜、庙垭背斜和长阳背斜周缘埋深较浅,背斜核部遭受剥蚀,翼部埋深在0~2000m之间;在云渡河向斜—云台荒向斜一带,五峰组—龙马溪组埋深主要分布在2000~3000m之间,局部超过3000m。总体上,工作区五峰组—龙马溪组大多分布在500~3000m之间,属于中浅埋深(图1)。

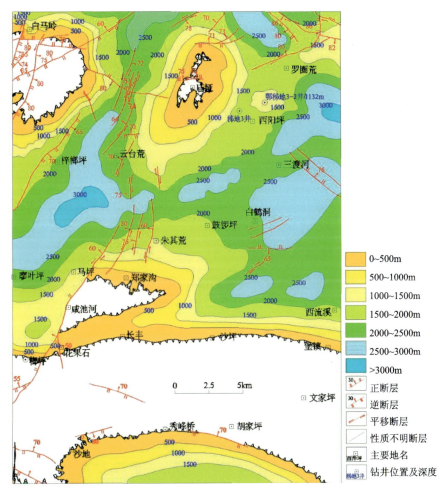

图1 湖北秭归2016年工作区五峰组—龙马溪组埋深等值线图

(2) 研究了15个工作区页岩(油)气目的层系的沉积和构造特征。通过路线地质调查、页岩地层剖面和单井分析、二维地震、重磁电成果并辅以样品测试结果,查明了富有机质泥页岩层段地层岩性组合、沉积构造、沉积厚度等特征,以目标层富有机质泥页岩层段岩性组合、沉积构造、沉积厚度为基础,进行了区域地层沉积相对比,划分了富有机质泥页岩层段沉积相,并编制了各工作区构造纲要图和页岩目的层系的沉积相图。

以贵州江口工作区为例,成果显示:工作区及周边主要发育了4个背斜、5个向斜;发育主要断层13条;构造均以北东向或北北东向展布为主,少量呈南北向、东西向和北西向。牛蹄塘组沉积时期水体自中部向东、西两侧逐渐变浅,岩性和岩相变化不大,其中海侵体系域时期工作区中部岩性主要为黑色碳质泥(页)岩夹硅质岩,东、西两侧岩性为碳质粉砂质泥岩、碳质泥岩,总体碳质含量高,水平层理发育,为深水陆棚相沉积(图2)。

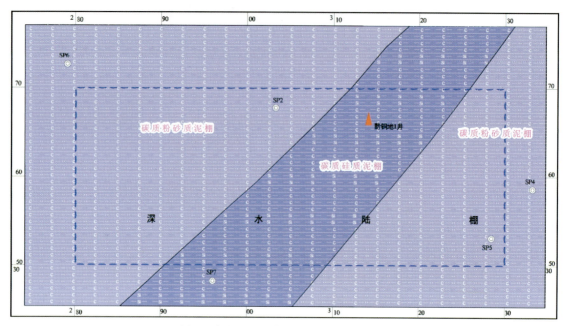

图 2 贵州江口工作区牛蹄塘组沉积相图

2. 富有机质泥页岩有机地球化学特征

（1）查明了各工作区富有机泥页岩的有机地球化学特征。烃源岩是油气成藏的物质基础，烃源岩的厚度、丰度、类型及演化程度，决定了源岩的生排烃特征、资源的结构和潜力。项目组针对每个工作区富有机质泥页岩的有机质丰度、类型和热演化程度进行了取样和综合分析工作，同时对7套富有机质泥页岩在南方不同地区的有机地球化学特征进行了对比研究。

整体分析结果显示，牛蹄塘组、五峰组—龙马溪组 TOC 较高，且比较集中，陡山沱组 TOC 较高，但很分散，可能与取样位置有关；上二叠统因主要为煤系地层，TOC 较为分散，煤层 TOC 非常高，但泥页层 TOC 偏低；中泥盆统和下石炭统 TOC 则相对低。陡山沱组、牛蹄塘组、五峰组—龙马溪组、中泥盆统、下石炭统干酪根类型均以Ⅰ型和$Ⅱ_1$型为主；中—上二叠统龙潭组、乐平组干酪根以$Ⅱ_2$型和Ⅲ型为主；孤峰组、大隆组主要为$Ⅱ_1$型和$Ⅱ_2$型有机质。五峰组—龙马溪组、牛蹄塘组和中—上二叠统有机质成熟度相对较低，更有利于页岩气形成。泥盆系、石炭系有机质成熟度较高，很多数据大于3.5%，达到了页岩气生气上限，贵州水城地区则较低，另外房县地区陡山沱组有机质成熟度也比较高。

（2）优选了富有机质泥页岩有利层段，研究了有机质丰度和热演化分布特征。通过对每个工作区泥页岩样品的有机地球化学采样和测试工作，优选了各工作区富有机质泥页岩有利层段，并分析了富有机质泥页岩有机质丰度和热演化在平面上的分布特征，编制了相应图件。

以贵州水城为例，石炭系打屋坝组一段页岩平均 TOC 一般在1.09%～1.54%之间，北部 TOC 等值线走向为北西-南东，具有从南西往北东 TOC 含量逐渐增高的明显特征，往南 TOC 等值线走向逐渐变为近南北向展布，趋势也变为从南西往北东逐渐增高，其中工作区北东部老鹰山一带 TOC 含量最高（图3）。打屋坝组三段页岩平均 TOC 一般在0.62%～1.42%之间，北部等值线走向为北西-南东，具有从北东往南西先增加后减少的特征，而往南等值线走向逐渐变为近南北向，具有从南西往北东先增加后减少的趋势。其中工作区中盐井—米罗一带 TOC 含量较高。工作区及周边打屋坝组平均有机质成熟度（R_o）在1.69%～2.54%之间，平面上具有从西往东逐渐增高趋势，工作区内中—东部地区，还具有从北向南逐渐增加趋势。高值区位于米罗—布寨一带，推测 R_o 值大于2.5%。工作区内打屋坝组处于高成熟—过成熟早期阶段。

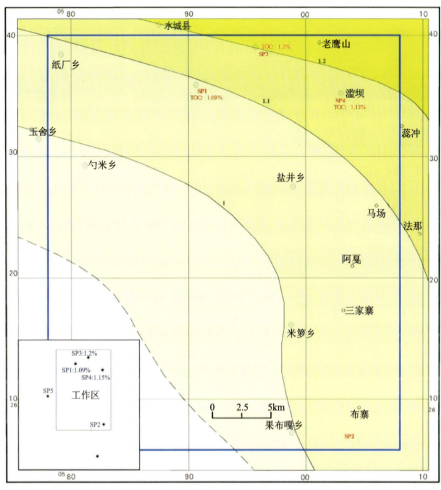

图3 贵州水城工作区石炭系打屋坝组一段TOC等值线图

3. 泥页岩储层特征

（1）对比分析了各泥页岩目的层系矿物组成特征。五峰组—龙马溪组地层矿物组成比较集中，脆性矿物以石英、长石为主，自生矿物含量很低；陡山沱组和牛蹄塘组脆性矿物以石英、长石和自生矿物为主，且地域性差别较大，湖北工作区以自生矿物为主，贵州工作区以石英、长石为主，黏土矿物含量较低，特别是陡山沱组黏土矿物含量更低；中泥盆统和下石炭统矿物成分比较相对复杂，自生矿物含量变化大；上二叠统则明显黏土矿物含量高，脆性矿物含量相对较低。

（2）对比研究了储层物性和有机质孔特征。泥页岩储层孔隙度主体位于低孔—超低孔范围，渗透率主体位于特低渗—超低渗范围，个别样品孔隙度达中孔—高孔级别。整体上，江西鄱阳地区二叠系乐平组孔隙度主体位于中孔—高孔范围，可能是地层内粉砂含量较高所致。孔隙度与渗透率总体呈正相关关系，但相关性不是很强。五峰组—龙马溪组、中泥盆统、上二叠统相关性强一些，其他层位可能受裂缝影响较大。

有机质孔隙作为泥页岩最重要的微观孔隙类型，是泥页岩中最重要的储集空间。泥页岩有机质孔隙的发育受有机质丰度、有机质类型和有机质热演化过程的影响。整体来看，五峰组—龙马溪组页岩有机质孔隙最为发育，牛蹄塘组、下—中二叠统和陡山沱组较为发育，而中泥盆统和下石炭统则不发育（图4）。页岩孔隙的比表面积和孔隙总体积与有机质丰度明显正相关，从侧面反映了有机质孔隙通常是最主要的孔隙类型，有机质丰度越高，有机质孔隙越发育。但对于一些特殊的有机质，如一些生物碎屑、丝质组有机质并不发育有机质孔隙。

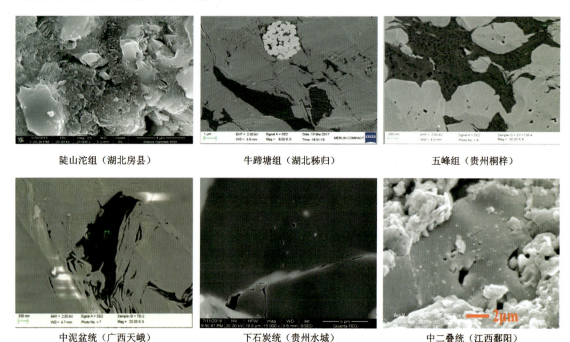

图 4　项目工作区主要页岩目的层有机质孔隙特征

（3）对比分析了几套泥页岩储层的含气性特征。中—上二叠统因主要发育煤系地层储层，泥页岩含气量最高，其次为五峰组—龙马溪组，牛蹄塘组、下石炭统和陡山沱组含气量较低，工作区内的中泥盆统和上三叠统则基本不含气。

黔金地1井龙潭组现场解析气量为0.009～6.883m³/t，平均含气量为1.16m³/t；总含气量为0.09～8.28m³/t，平均值为1.61 m³/t；秭地2井牛蹄塘组解析气含量最大2.52m³/t，平均值为1.16m³/t，主要集中于0.42～1.57m³/t；班竹1井五峰组—龙马溪组现场解析气含气量最大值位于五峰组中上部（1 117.64m），含气量为2.86m³/t。

4. 页岩气重要发现和有利远景区优选

自2016年以来，项目组在15个工作区共完成13口地质调查井钻探工作（含单列项目6口），其中5口井获得页岩气重要发现，黔铜地1井在贵州江口工作区的陡山沱组、牛蹄塘组，黔绥地1井、鄂秭地3井在贵州桐梓、湖北秭归工作区的五峰组—龙马溪组，黔普地1井、黔金地1井在贵州普安、贵州大方工作区的龙潭组均获得了重要的页岩气发现，开辟的新区新领域为页岩气战略选区和进一步地质调查工作提供了指向意义。

优选出33个页岩（油）气有利远景区，其中牛蹄塘组/水井沱组远景区4个，面积197km²；五峰组—龙马溪组远景区10个，面积1142km²；下石炭统远景区2个，面积318km²；中—上二叠统远景区17个，面积1240km²。

5. 理论方法和技术进步

1）沉积演化分析显示深水滞流环境是页岩气富集的最有利相带

在剖面、钻井沉积环境对比分析以及系统收集资料的基础上，提出形成于古隆起围限的滞留强还原性的低能静深水区域,因其沉降时间长或受古隆起的一定保护作用,构造相对稳定、页岩有利层段厚、地化指标优越、页岩保存条件好,致使深水滞留环境是页岩气富集的最有利相带。鄂西海槽陡山沱组—牛蹄塘组、黔北五峰组—龙马溪组是当前最有利的页岩沉积区;而长期处于深水沉积环境的巫山、巫溪地区的五峰组—龙马溪组是潜力巨大的地区。

2) 构造变形弱及热演化适中的古隆起周缘是页岩气富集的有利区

湖北秭归地区陡山沱组—牛蹄塘组的页岩气调查和研究表明,构造变形弱及热演化适中的古隆起周缘是页岩气富集的有利区。该区在南华纪—奥陶纪时期基本处于古地貌(构造)高地,区域上从工作区往区外呈现向南东方向缓倾斜坡地貌,不仅控制了该区陡山沱组、牛蹄塘组等富有机质泥页岩层系的分布,而且这一时期具有浅埋沉积特点,以致该区现今热演化程度总体较低。由于黄陵结晶硬基底(古隆起)的抗构造改造能力强,天阳坪断裂西北部为一较稳定的单斜构造且地层产状平缓,断裂不发育,属变形弱的构造稳定区,这已被该区后期完钻的鄂宜1井、鄂阳页1井等所证实。此外,调查研究表明,雪峰山隆起西缘也是页岩气富集的有利地区。项目组在贵州江口地区部署黔铜地1井获页岩气重要发现,综合研究显示,该区页岩热演化程度较低,牛蹄塘组TOC含量高,且灯影组在本区相变为老堡组的深水硅质-页岩沉积;相对于工作区周边地区,工作区褶皱相对宽缓,断裂相对不发育,对页岩气保存勘探较为有利,是下一步进行页岩气参数井钻探的有利地区。

3) 项目在广域电磁采集地下地质信息、笔石划分五峰组—龙马溪组有利层段技术方面有一定的创新性应用

利用广域电磁法调查黔北桐梓工作区富有机质页岩层系分布范围,结合其他方法研究页岩气调查区构造形态、断裂性质及展布特征,为后续页岩气调查评价工作提供地球物理成果及科学依据。

鉴于五峰组—龙马溪组笔石化石对于划分优质页岩层段、研究沉积演化等方面的重要作用,项目中有3个工作区对笔石化石分带性进行了大量采样和鉴定工作。结果显示,贵州桐梓、重庆巫溪工作区笔石化石带发育全,而湖南桑植工作区则显示缺失龙1~龙4段。从以往经验及本项目研究可见,笔石带的分布与TOC测试结果具有很强的一致性,二者在某种程度上可以互补,进而促进五峰组—龙马溪组的研究工作。

三、成果意义

(1) 支撑部、省页岩气区块招标和发展规划,编制并规范《1∶5万页岩气基础地质调查工作指南》。项目成果为湖北页岩气勘查区块资料包提供基础资料,并提交了黔北桐梓页岩气勘查区块,支撑国家页岩气商业化部署。项目成果为湖北省、贵州省、广西壮族自治区页岩气发展规划提供基础资料和地质依据。项目不断丰富和细化《1∶5万页岩气基础地质调查工作指南》,特别是对成果图件的包含内容和体现形式都进行了具体的规范,使承担调查任务的项目组有所依据。

(2) 项目成果为中—上扬子地区资源评价、战略选区参数井井位优选、宜昌页岩气基地建设提供了重要的支撑作用。

项目测量的73km地质剖面、13口地质调查井的基础资料为中—上扬子地区页岩气资源评价提供了重要参数。湖北秭归地区获得的陡山沱组—牛蹄塘组(秭地2井)、五峰组—龙马溪组(鄂秭地3井)页岩气重要发现,以及调查和研究成果为建立宜昌页岩气基地提供了重要的支撑。

部署的13口地质调查井中5口井获得页岩气重要发现,优选出33个页岩(油)气有利远景区,15个工作区的地质、地球物理资料、研究成果和综合图件,为战略选区参数井的井位优选提供基础资料和地质依据,如鄂秭页1井、湘龙地1井、黔水地1井的部署实施已经运用了项目的成果和资料;而鄂阳页1

井、安页1井、紫页1井、桂融页1井利用了项目2015年各自工作区的地质资料和地质成果。

此外,黔铜地1井在贵州江口的陡山沱组、牛蹄塘组,黔绥地1井、龚地1井(2015年)在贵州桐梓、重庆武隆的五峰组—龙马溪组,黔普地1井、黔金地1井在贵州普安、贵州大方工作区的龙潭组均获得了重要的页岩气发现,开辟的新区新领域,为下一步页岩气战略选区提供了重要的指向。

(3)项目在实施中培养中国地质调查局优秀地质人才1名,优秀骨干人才6名,多人获得高级工程师和工程师职称晋级,形成了一支经验丰富的页岩气调查队伍。发表科学论文19篇,科普论文2篇,获发明专利2项。

金春爽(1974—),女,博士,教授级高级工程师。长期从事油气、页岩气地质调查和战略选区工作。现任中国地质调查局油气资源调查中心页岩气室副主任。在国内外期刊发表论文20余篇,合作出版专著3部,获国土资源部科学技术一等奖2项,二等奖1项,湖北省地质局科学技术一等奖1项。

川东-武陵地区页岩气基础地质调查进展

王宗秀　张林炎

中国地质科学院地质力学研究所

摘　要：围绕中上扬子川东-武陵地区，开展下古生界牛蹄塘组、五峰组—龙马溪组页岩气基础地质调查，查明了川东-武陵地区构造演化过程与地质表现，厘定了构造改造单元，分析了不同构造改造特点对页岩气保存的影响。

一、项目概况

"南方地区构造演化控制页岩气形成与分布调查"二级项目隶属"南方页岩气基础地质调查"工程，由中国地质科学院地质力学研究所承担，项目周期为2016—2018年。本项目以构造改造为主线，详细厘定川东-武陵地区的构造改造过程、改造样式及改造单元，结合原型盆地、有利相带、页岩气地球化学特征、裂缝发育特征、页岩层系可压性等，分析构造改造对页岩气保存的影响及页岩气有利保存（富集）构造条件，评价川东-武陵地区页岩气的构造保存特征。

二、成果简介

（1）明确了川东-武陵地区古生代以来经历了5个阶段的构造演化过程。震旦纪—早、中志留世，研究区处于稳定的海相沉积环境，沉积了一套巨厚的碳酸盐岩和浅海相碎屑岩。到了晚志留世—中泥盆世时期，华南大陆受周缘板块的作用，开始了强烈的陆内造山。大致以张家界断裂带为界（雪峰山西侧的慈利—保靖—秀山一线），其西侧的川东-武陵地区主要表现为上泥盆统与中志留统的平行不整合，而其东侧的雪峰山及湘中地区，二者主要表现为角度不整合。位于雪峰山及湘中地区东南侧的华夏地块，则缺失了整个志留纪地层，不整合面之下的震旦纪—奥陶纪地层被强烈挤压变形，由此可以判断早古生代晚期的构造作用是从南东向北西逐渐减弱。此时的川东-武陵地区不发育褶皱-断裂构造，主要表现为区域整体的抬升（图1a）；晚泥盆世之后，研究区开始大规模海退，陆地面积扩大而海域面积缩小。到了石炭纪末，峨眉山大火成岩省喷发之前，地幔柱活动造成了区域大规模的抬升。剥蚀程度在空间上自西向东依次为从内带的深度剥蚀逐渐转变为外带的短暂沉积间断。川东-武陵地区处于峨眉山大火成岩省的外带边缘地区，石炭系与下二叠统之间的平行不整合很可能是地幔柱活动的沉积响应；二叠纪—中三叠世，研究区再次进入稳定的海相沉积环境。中、晚三叠世之交，华南大陆的南、北两侧分别受印支地块和华北地块的碰撞作用，发生了强烈的陆内造山作用。以鹤峰-龙山断裂带为界，东部发育中三叠统与上三叠统的角度不整合，西部则转为平行不整合。这次构造作用使得川东-武陵地区结束了海相沉积的历史。中、上三叠统之间的平行不整合指示了研究区不发育早中生代的褶皱，区域再次表现为整体的抬升作用（图1b）；晚三叠世—中、晚侏罗世，海水彻底退出中、上扬子地区，主要接受以陆相碎屑岩为主的沉积岩。晚侏罗世—早白垩世时期，川东-武陵地区受古太平洋板块向北西俯冲作用，在华南内部形成宽阔的弧背前陆变形带，前侏罗纪地层发生了强烈的褶皱-冲断变形，构造应力场方向为北西-南东向的挤压，形成了大量北东-南西向的褶皱和逆冲断层。随着挤压作用的持续，张家界断裂带和齐岳山断裂带可能发生大规模的左行走滑,致使二者围限的地区在平面上呈现出一个大型走滑断层系,在剖面上构成了一个多层次滑脱(双重构造)构造(图1c)。晚白垩世时期,区域构造背景转为大规模伸展,在局部地区(如恩施、来凤、黔江正阳镇等地)沉积了上白垩统红层,将早期形成的褶皱以角度不整合覆盖(图1d);进入新生代,四川盆地东缘只接受了少部分沉积,表明该阶段整体处于挤压隆升的构造环境。新生代晚期,由于印度大陆与欧亚大陆强烈的汇聚作用造成了川滇地体的南东向挤出,四川盆地发生大规模逆时针旋转,盆地周缘断裂带发生大规模右行走滑。右行走滑剪切作用将早期形成的北东-南西向褶皱改造,形成现今观察到的S型褶皱(图1e)。

(2)划分了川东-武陵地区构造单元及变形样式(图2)。本次以齐岳山断裂带和张家界断裂带为界,将川东-武陵地区分为3个一级构造单元,即由川东隔挡式褶皱组成的单层滑脱构造变形单元、武陵地区褶皱冲断变形单元和湘西北的基底冲断变形单元。依据不同构造变形特点,将武陵褶皱冲断变形单元进一步划分为8个二级变形单元,自西向东依次为利川复式向斜变形带、武隆箱式褶皱带、彭水扭动构造带、桑柘坪褶皱冲断带、恩施褶皱冲断带、咸丰扭动构造带、洛塔褶皱冲断带、桑植扭动变形带。

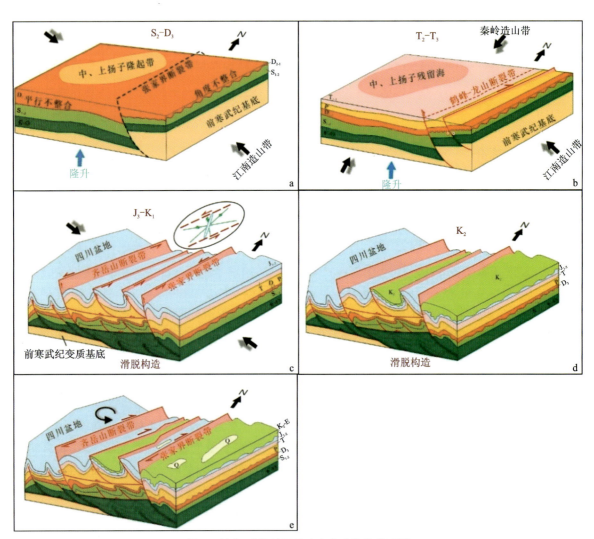

图1 川东-武陵地区显生宙构造演化模式图

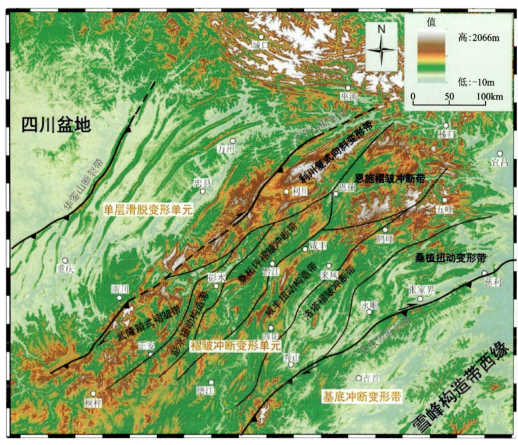

图 2　川东-武陵地区构造变形单元划分图

(3) 查明了不同构造改造单元对于页岩气保存的影响。川东隔挡式褶皱(浅层滑脱变形单元)下部具有统一的刚性变质基底,沿着下寒武统页岩层滑脱,增加了页岩储层的有效孔隙,上部盖层较厚且发育多套泥岩,抑制了页岩气的散失,保证了页岩圈闭的超压状态,特别向斜核部是页岩气有利保存区。武陵地区(褶皱冲断变形单元)中生代以来经历了多期构造变形,发育典型的厚皮构造,其下部不存在稳定的刚性基底。新生代以来发生的多期隆升事件,造成上覆盖层较薄,且盖层的岩性组合以碳酸盐岩和碎屑岩为主,四川盆地内部则很少发育泥岩盖层。背斜核部易发育断裂及裂隙构造,页岩气保存条件较差;两个背斜夹持的向斜不发育断裂带,且两侧多被逆冲断层围限,可以保证地层的高压状态,有利于页岩气的保存。

(4) 川东-武陵地区页岩气保存特点。将页岩气保存条件分为三大类、六小类,即保存良好型、残留型(剥蚀残留型、缺失残留型)和破坏型(底板破坏型、顶板破坏型、断裂破坏型),认为区域盖层、顶底板、页岩自封闭能力是页岩气保存的基础因素,构造改造强度(改造单元、断裂作用、剥蚀作用、地层产状、构造的完整性、裂缝发育、剪切改造强度、可压性等)、构造改造时间是页岩气保存的关键因素。根据研究区的构造改造特点、不同构造样式对页岩气保存和散失的影响,结合牛蹄塘组、龙马溪组优质相带、厚度、埋深、TOC、R_o 生气强度等特征,指出齐岳山断裂带西侧、利川复式向斜变形带和武隆箱式褶皱带的西部、鄂西(黄陵隆起周缘)地区(段)是寻找页岩气保存良好型的有利勘探区,武陵大部地区页岩气多为残留型。

三、成果意义

通过项目实施,系统梳理了中上扬子川东-武陵地区构造演化过程,根据不同改造特征划分出一级和二级构造单元,明确了不同构造改造特点对页岩气保存的影响,并优选了有利区(带),为南方复杂构造区页岩气评价与勘探提供重要的基础支持。

王宗秀(1959—),男,研究员,博士生导师。"南方地区构造演化控制页岩气形成与分布调查"二级项目负责人,中国地质科学院地质力学研究所能源研究室主任、中国地质科学院页岩油气调查评价重点实验室主任,长期从事构造地质、页岩气基础调查工作。

张林炎(1981—),男,高级工程师。"南方地区构造演化控制页岩气形成与分布调查"二级项目副负责人,长期从事石油地质、地质力学、裂缝特征预测和评价等调查工作。

页岩气地质调查实验测试技术方法及质量监控体系建设

汪双清　秦婧　徐学敏

国家地质实验测试中心

摘　要：配合页岩气资源评价工作，围绕我国页岩气地质勘查工作的现实需求，研制了65个页岩气地质测试质量监控样品，编制了2套测试质量监控管理制度与技术体系文件，为解决页岩气测试标准物质严重匮乏的问题，构建了页岩气地质调查样品测试质量监控体系，为我国页岩气地质分析测试质量提升提供了技术物质基础、管理办法与技术方案；自主研制了4台页岩气地质分析亟需测试仪器，建立、完善与规范了5类共7项页岩气地质分析关键技术方法，初步建立了一套页岩储层压裂效果评价化学示踪技术方案，全部得到实际应用，效果良好。项目初步形成了适用于我国地质特点的页岩气勘查评价技术及设备系列，初步建立了科学、完善、规范的页岩气地质调查实验测试技术方法及质量监控体系，培育与提高了页岩气实验测试技术能力和质量管理能力。项目还开展了页岩气地质调查样品测试质量监测，形成了2016年、2017年和2018年3个年度的页岩气地质调查样品测试质量监测报告，为评估当前页岩气资源评价质量和水平提供了直接的实验测试数据质量资料。

一、项目概况

"页岩气地质调查实验测试技术方法及质量监控体系建设"二级项目隶属于"南方页岩气基础地质调查工程"，由国家地质实验测试中心承担。项目周期为2016—2018年。项目配合页岩气资源评价工作的全面展开，围绕我国页岩气地质勘查工作的现实需求，以建立与完善页岩气勘查评价关键地质参数测试亟需的技术能力、提高地质勘查工作的质量和效率为目标，开展实验测试技术改进和新技术研发、关键实验测试设备研制、实验测试技术方法规范化研究、实验测试质量监控技术与方法研究，形成适用于我国地质特点的页岩气勘查评价技术及设备系列，建立科学、完善、规范的页岩气地质调查实验测试技术方法及质量监控体系，培育与提高页岩气实验测试技术能力和质量管理能力。

二、成果简介

（1）通过页岩气地质调查关键技术研究，建立、完善与规范了下古生界页岩有机质热演化程度评价方法、页岩含气量测试方法、页岩孔隙度和渗透率测试方法、页岩储层压裂液示踪剂检测方法（2项）、页岩流体饱和度测试方法6项页岩气地质分析关键技术方法。其中，厘定与校正后的沥青反射率测试方法更适合下古生界页岩有机质热演化程度评价，并得到系列实际剖面样品测试验证；对页岩含气性测试和页岩孔渗测试技术方法的重大技术内容进行了完善，首次测定了方法的精密度和准确度，明确了测试质量要求，形成了《页岩含气量测定恒温解析-气体体积法》地质行业标准报批稿和《岩石孔隙度和渗透率测定氮气注入法》操作规程；研究建立的页岩储层压裂改造效果评价示踪技术在柴页1井、松页油1井和松页油2井压裂中得到了成功应用，获得了良好的、对压裂效果评价具有有效价值、能够提供关键性信息的独家测试数据。

(2) 自主研制了高热解温度岩石热解仪、岩石总有机碳测试样品处理装置、页岩流体饱和度测试甄蒸装置、页岩演化模拟装置,为页岩气评价及研究提供了重要设备保障。岩石总有机碳测试样品自动前处理装置(图1a)可实现岩石总有机碳测定的自动前处理,大幅降低了岩石总有机碳分析的人工成本,在实际样品分析中起到了缓解工作量压力,提高样品分析及时率,保障分析数据质量的效果;页岩生烃热模拟装置(图1b)的温度和压力模拟能力(静岩压力300MPa,流体注入压力120MPa,温度800℃)为国内最高,可以对块状岩石样品进行模拟,为页岩气成藏机制研究提供了有效技术手段;页岩流体饱和度测试甄蒸装置(图1c)在传统干馏仪的基础上将最高干馏温度提升至750℃,并自动获取流体体积变化曲线,为获取页岩流体分布与有效空隙特征数据提供了有效设备手段;高热解温度岩石热解分析仪(图1d)将最高热解温度升温范围提升至800℃,其技术指标、仪器性能优于国外同类同级仪器ROCK EVAL Ⅵ型岩石热解仪,打破了技术垄断。所研制仪器已在实验室和野外现场测试技术研究中投入应用,取得了良好的效果。

a. 岩石总有机碳测试样品自动前处理装置

b. 页岩生烃热模拟装置

c. 页岩流体饱和度测试甄蒸装置

d. 高热解温度岩石热解分析仪

图1 自主研制的页岩气亟需的实验测试仪器

(3) 研制了65个系列质量监控样品(图2),包括总有机碳含量测定质量监控样品31件、岩石热解分析质量监控样品22件、干酪根元素分析与干酪根同位素分析质量监控样品共6件、镜质体反射率测定质量监控样品6件。所研制质量监控系列样品从沉积时代、沉积环境、岩性范围及监控指标值域范围等多个方面进行了覆盖,对我国页岩气地质条件具有良好的针对性和实用性。地层上涵盖蓟县系、寒武系、二叠系、三叠系、侏罗系、白垩系及新近系主要烃源岩层;岩性范围包括泥岩、泥页岩、灰岩、油页岩、煤等;沉积环境包括海相沉积和陆相沉积;监控指标的值域范围方面,岩石热解的 S_2 为1.05~120mg/g, T_{max} 为420~443℃及610~640℃,适用于中低成熟度及高演化程度泥页岩;岩石总有机碳值域范围为

0.37%～64.23%,覆盖了绝大多数地质调查目的层的总有机碳含量值;干酪根元素分析中碳元素含量为 54.94%～63.31%,氢元素含量为 4.07%～4.80%,氧元素含量为 5.52%～14.06%;镜质体反射率值域范围为 0.51%～2.52%,覆盖低—高演化的沉积岩样品;干酪根同位素值域范围为－23.14‰～32.21‰。所研制的质量监控样已在页岩气地质调查样品测试质量监控与实验室能力验证中实际应用,效果良好。其中两个样品正在申报国家一级标准物质;其余样品拟陆续申报国家一级和二级标准物质。

图 2　岩石热解质量监控样品

（4）通过实验测试质量监控技术方法研究,编纂了一套较完善的质量管理规范文件。针对页岩气地质调查分析测试,提出了一套综合密码样品监控、平行监控和对比实验多种质量监控手段的页岩气实验测试质量管理技术方法,形成了《页岩气地质调查样品测试质量管理办法》和《页岩气地质调查样品测试质量控制技术要求》质量管理文件建议稿,制定了页岩气地质调查样品测试质量监控的实施细则,规定了实验室资格准入条件及考评管理办法、实验室质量监控方法与技术要求。利用研制的质量监控样品和管理文件开展了 2016—2018 年 3 个年度实际地质调查样品质量监测,形成年度质量监测报告,成功组织一次 27 家行业内实验室的能力验证。

（5）形成了一支稳定的质量管理技术团队,并开展质量监测。实施了行业内承担油气地球化学分析测试检测机构的资格准入条件符合性现场考评,确认了首批 11 家检测机构。选择部分实验测试项目开展了测试质量监控,对 15 家检测机构开展了测试质量监控,发现测试数据质量问题是现实存在的（图 3）,质量管理缺位是主要原因。然而,大部分实验室的技术能力是具备的,只要施加必要的外部影响,实验室自身高度重视,是可以获得合格的数据质量的。

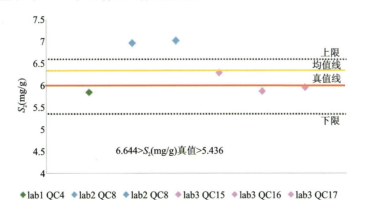

图 3　部分实验机构岩石热解测试样品测试结果

三、成果意义

（1）研制的系列质量监控样品，为解决页岩气测试标准物质严重匮乏的问题，构建页岩气地质调查样品测试质量监控体系，促进我国油气地质分析测试质量提升提供技术物质条件，为油气资源评价质量和水平保驾护航。

（2）形成的2套测试质量监控管理制度与技术体系文件，为页岩气地质调查样品分析测试质量监控提供管理办法与技术方案。

（3）自主研制的4台测试仪器解决了当前页岩气地质分析所亟需。其中：高热解温度岩石热解分析仪打破了国外技术垄断，为我国高演化页岩的岩石热解分析提供了有效的设备条件保障；岩石总有机碳测试样品自动前处理装置为国内首台，在实际样品分析中起到了缓解工作量压力，提高样品分析及时率，保障分析数据质量的效果；页岩流体饱和度测试甄蒸装置能够自动完成致密页岩样品流体饱和度测试，获取油、水实时体积变化曲线，为获取页岩流体分布和有效空隙特征数据提供了有效设备手段；页岩演化模拟装置的温度和压力模拟实验能力为国内最高，可以对块状岩石样品进行模拟，为页岩气成藏机制研究提供了技术手段。

（4）建立、完善与规范的页岩气地质调查技术方法全部得到实际应用，效果良好，有效提升了我国地质条件下页岩气地质调查关键参数获取的能力和质量。

（5）形成的页岩气地质调查样品分析测试质量管理技术团队，为全面实施页岩气地质调查样品分析质量监控管理提供了技术人才基础。

汪双清（1961—），男，研究员。
中国地质调查局"页岩气地质调查实验测试技术方法及质量监控体系建设"二级项目负责人。现任国家地质实验测试中心油气能源地球化学研究室主任。从事油气地球化学研究。先后承担和参与了地质调查和各类科研项目10余项。
E-mail：herr007@163.com

秦婧（1985—），女，助理研究员。
中国地质调查局"页岩气地质调查实验测试技术方法及质量监控体系建设"二级项目副负责人。从事油气地球化学研究。先后参与各类地质调查和科研项目近10项。
E-mail：qinjing1985@hotmail.com

徐学敏（1987—），女，助理研究员。
中国地质调查局"页岩气地质调查实验测试技术方法及质量监控体系建设"二级项目副负责人。从事油气地球化学研究。
E-mail：xueminxu_cup@126.com

南方典型页岩气富集机理与综合评价参数体系

解习农 陆永潮 何生

中国地质大学(武汉)

摘　要：南方典型页岩气研究在海相、海陆过渡相富有机质页岩方面取得一些突破，但还面临许多基础性问题亟待解决。针对我国南方富有机质页岩时空非均质明显、热成熟度高、构造演化历史复杂、页岩气富集和保存条件多样等特点，以中国南方古生界寒武系、志留系、泥盆系—石炭系、二叠系富有机质页岩为研究对象，通过不同类型典型页岩气精细解剖，探索页岩气评价参数体系及评价方法，最终深化了一个核心理论，形成了一批关键技术，培养了一个研究团队，发表了一批重要成果，为中国南方页岩气基础地质调查工程的顺利完成提供了重要支撑。

一、项目概况

我国南方多类型页岩具有分布不稳定、成熟度及脆性矿物变化较大等特征，其富集机理与综合评价方法是页岩气勘探开发的难点。中国地质大学(武汉)承担的"南方典型页岩气富集机理与综合评价参数体系"项目工作周期为2016—2018年。本项目以南方海相和海陆过渡相页岩气区为解剖区，经过3年的持续研究，在南方页岩气富集机理和综合评价方面取得了重要的认识，深化了一个核心理论，形成了一批关键技术，培养了一个研究团队，发表了一批重要成果，为中国南方页岩气基础地质调查工程的顺利完成提供了重要支撑。

二、成果简介

本项目针对我国南方富有机质页岩时空非均质明显、热成熟度高、构造演化历史复杂、页岩气富集和保存条件多样等特点，以中国南方古生界寒武系、志留系、泥盆系—石炭系、二叠系富有机质页岩为研究对象，通过古生界海相和海陆过渡相典型页岩气精细解剖，揭示了不同类型页岩气差异富集机理，提出了页岩气资源评价参数三级分类体系，形成海相和海陆过渡相页岩气资源分级评价流程。项目有效指导了南方页岩气资源调查工作。主要取得了以下5项创新成果。

1. 揭示了南方海相和海陆过渡相页岩气差异富集机理，丰富了海相页岩气富集理论

通过对我国南方古生界海相和海陆过渡相典型页岩气精细解剖，查明了中国南方扬子地区不同类型页岩优质岩相类型及发育特征，提出了海相、海陆过渡相富有机质页岩成因模式；揭示了不同层系页岩储集能力差异性及其发育机理；重建了中下扬子地区海相和海陆过渡相页岩的埋藏—抬升—热演化成熟生烃过程；查明了南方海相和海陆过渡相页岩吸附能力的差异性，建立了吸附气与游离气转换关系。海相页岩的甲烷吸附量明显大于海陆过渡相页岩，除温压因素外，有机碳含量、有机质类型和成熟度以及有机质微孔发育程度是影响页岩吸附气含量最主要的因素，海陆过渡相页岩黏土矿物含量与甲烷吸附气含量具有正相关性；构造抬升过程是页岩气保存或散失的关键阶段，页岩层构造抬升时间较晚且发育较少的高角度(或垂直)裂缝有利于页岩气的保存。在此基础上评价了南方页岩气的保存条件；

提出了页岩气资源评价参数三级分类体系,分层系建立了页岩气资源评价8种关键参数的统计规律和分布模型。研究成果已成功应用于鄂西北以及四川盆地周缘有利区带预测、井位部署、开发井段优选,特别是为中国地质调查局实现南方页岩气勘探重大突破及试采成功提供了重要的理论指导支撑。

2. 建立中国南方古生界富有机质页岩沉积模型,提出了优选页岩气"岩相甜点段"的方法

研究发现,富有机质页岩的多重非均质性是特定岩相的客观物质表现,从而预示了富有机质页岩岩相在页岩等时格架中的可预测性。本研究揭示了中国南方古生界页岩层序及沉积发育特征,提出了优质页岩类型及其沉积发育模式,采用泥质(黏土矿物)-灰质(碳酸盐矿物)-硅质(石英+长石)成分三端元图分类方案,在三级层序地层格架下,对富有机质页岩进行高频层序旋回划分,选取页岩气开发有利小层,在页岩岩相分类的基础上,划分有利岩相带级别,优选页岩气"岩相甜点段"。研究结果显示,富泥硅质页岩(S-3)和富泥/硅混合质页岩(M-2)是涪陵焦石坝地区页岩气勘探与开发最有利的岩相,该岩相厚度大于20m(平均厚度38m)、石英含量大于35%(平均52%)、黏土矿物含量小于40%,TOC含量大于2%(平均3%),含气量绝大多数大于3m³/t(图1)。因此,这一优质岩相及相关的关键参数评价标准也可推广到类似区域页岩气勘探,可有效指导中国南方页岩气调查的评价工作。

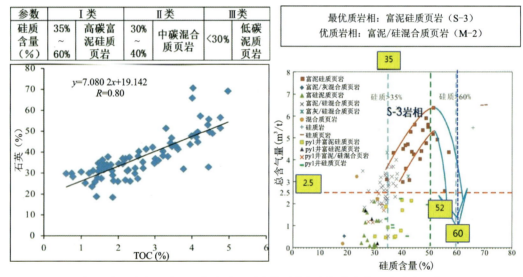

图 1 中国南方五峰组—龙马溪组页岩优质岩相的评价参数-硅质含量优选

3. 创新形成了基于流体注入的页岩孔隙全孔径表征技术

富含有机质页岩中广泛发育微—纳米孔隙,按IUPAC标准,孔径大于50nm的孔隙为宏孔,2～50nm的孔隙为中孔,小于2nm的孔隙为微孔(Boer et al,1964)。不同级别的孔隙定量表征方法不同,研究中采用流体注入法定量表征页岩微—纳米孔隙结构,即高压压汞定量表征宏孔,N_2吸附实验定量表征中孔,CO_2吸附试验定量表征微孔。此外,采用广视域扫描电镜孔隙成像拼接联合微区矿物分析手段,对孔隙结构进行镜下观察描述和定量识别,从而达到南方古生界海相页岩微—纳米孔隙结构及孔径分布定量表征。

在以上研究的基础上,应用双因素评价方法对储集能力进行定量评价(图2)。研究表明:储集能力与孔隙数量、孔径正相关且成互补关系;平均面孔率具有龙马溪组>牛蹄塘组、龙潭组>鹿寨组>罗富组的特点,近似比8∶4∶4∶2∶1;其中,龙马溪组R_o适宜,有机质孔发育,孔隙数量多且孔径大,储集

能力最高;罗富组 R_o 过高,有机质孔发育有限,孔隙数量少且孔径小,储集能力最低。通过孔体积表征游离气储集空间,孔比表面积表征吸附气储集空间,基于孔体积和孔比表面积等量化参数分析,借助 SPSS 软件和散点拟合等方式进行反推,最终即可获取不同区块游离气和吸附气储集空间的计算模型,从而达到定量评价储集能力的目的。

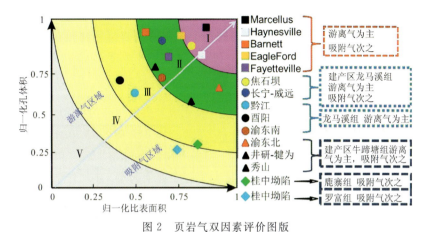

图 2　页岩气双因素评价图版

4. 创新提出了岩石热声发射法和沥青芳构化法确定高—过成熟海相页岩成熟度技术

成熟度是页岩气资源评价重要参数之一。针对南方下古生界海相页岩缺乏镜质组,常用镜质体反射率法确定页岩成熟度失效的问题,提出了岩石热声发射法和沥青芳构化法,结合热史模拟综合确定高—过成熟海相页岩成熟度的技术(图 3)。

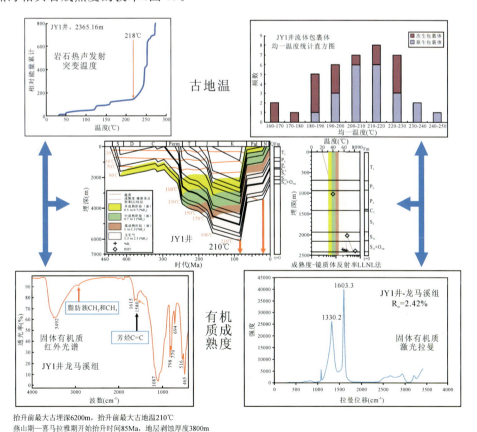

抬升前最大古埋深6200m,抬升前最大古地温210℃
燕山期—喜马拉雅期开始抬升时间85Ma,地层剥蚀厚度3800m
五峰组—龙马溪组页岩有机质热成熟度模拟R_o=2.6%

图 3　高—过成熟海相页岩热成熟度综合表征流程图

5. 建立了南方页岩气分级评价参数体系,提出了海相、过渡相页岩气评价参数标准

结合南方页岩气富集地质特征及南方资料积累程度,提出了选区参数制定的原则:①能够分层次对远景区、有利区、目标区进行分级评价;②无井或少井可以评价;③评价参数在较少资料条件下能够较准确获取。远景区主要评价是否属于富有机质页岩,有利区主要评价富有机质页岩是否含有页岩气,目标区主要评价是否包含具有工业价值页岩气。依据这3个原则及页岩气富集地质特征,选区参数主要涵盖在3个主要方面:①页岩生储能力,页岩厚度、TOC、成熟度和孔隙度;②保存条件,超压、构造背景(断裂裂缝、渗透率);③开发条件,地表条件、含气量、脆性度、埋深、区块面积(图4)。据此,提出了海相、海陆过渡相页岩气选区分级评价参数标准(表1)。

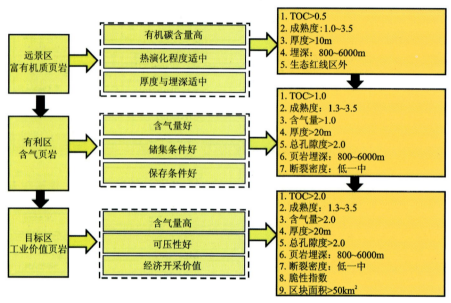

图4 南方页岩气分级评价参数体系及其内涵

表1 南方页岩气分级评价参数体系及其标准

评价参数		选区主要叠合参数	远景区	有利区	目标区
生储条件	页岩层厚度	是	页岩层系连续厚度≥10	页岩层系连续厚度≥10	页岩层系连续厚度≥20
	TOC	是	>1.0%	≥2.0%	≥2.0%
	R_o	是	R_o>1.3%	1.3%<R_o<3.5%	1.3%<R_o<3.5%
	总孔隙度	参考		>2%	>2%
保存条件	保存指数	参考	构造较稳定,断裂较少,高角度缝不发育		
	构造类型	参考	正向构造的构造高点区,或负向构造的低点区		
开采条件	页岩埋深	是	>800m	800m<埋深<6000m	800m<埋深<6000m
	脆性度	参考		生物成因硅含量高	生物成因硅含量高
	含气量	参考		>2.0m³/t	>3.0m³/t
	地表条件	是	生态红线区外、地形高差小且有一定的勘探开发纵深		
	区块面积	参考			能够实现盈利的最小面积

三、成果意义

研究成果分别发表在 AAPG、IJCG、MPG 等国际期刊,同时申请专利约 30 项,并在 2017 年第 7 期地球科学中文版出版页岩气富集机理专辑一期,研究成果获得国内外同行的高度认可;3 年期间,研究团队多次开展与页岩气相关地学科普活动,制作相关科普视频,并出版页岩气专著 1 本,取得了很好的社会效应。

研究团队研发了基于毛细管原理的页岩气高精度含气量现场解吸仪,将样品罐与集气量筒直接对接,避免了由于橡胶管子连接造成的误差,可以大大提高解吸精度;提出了基于双因素进行页岩储层储集能力评价法,即以孔体积预测页岩储层游离气含气能力,以比表面积预测页岩储层吸附气含量,获得生产单位认可;自行研发了野外自动成图软件(Easy Profile V 1.0),该软件可根据野外所测剖面参数自动成图,输入剖面的起点和终点坐标、导线号、导线长度、导线方位、坡角、分层斜距、分层号、产状、岩性等参数,即可自动生成野外剖面图;基于人造岩心模拟实验室,成功制作了页岩人造岩心,并建立了人造岩心单参数表征模板,建立了页岩总孔隙度的表征方程。这些创新技术和方法为南方页岩气选区评价提供了有效的技术支撑。研究成果直接应用于南方页岩气资源调查,为"南方页岩气基础地质调查"工程提供理论和方法支持,取得了良好的经济和社会效益。

主要完成人:解习农 陆永潮 何生 石万忠 姜振学 张金川 黄传炎 徐尚 胡海燕 刘占红
　　　　　　陈平 熊永强 王芙蓉 侯宇光 尚飞

解习农(1963—),男,教授,博士生导师,自然资源部中国地质调查局"南方典型页岩气富集机理与综合评价参数体系"项目负责人。就职于中国地质大学(武汉)海洋学院。主要从事能源地质研究和教学工作。

湘中坳陷上古生界页岩气战略选区调查

张保民

中国地质调查局武汉地质调查中心

摘　要：湘中涟源凹陷与宜昌斜坡带是已经被证实具较大页岩气勘探潜力的地区。选择以宜昌斜坡带龙泉镇、涟源凹陷车田江向斜作为工作区，重点针对奥陶系五峰组—志留系龙马溪组、石炭系测水组2个页岩层系部署实施参数井3口，实现了宜昌斜坡带五峰组—龙马溪组页岩气重大发现，为中扬子地区志留系页岩气重大突破奠定了坚实的基础，获取了页岩气详细评价参数，有力地支撑了宜昌页岩气示范基地的建设，并且带动了周边油田页岩气勘探。

一、项目概况

"湘中坳陷上古生界页岩气战略选区调查"系中国地质调查局武汉地质调查中心实施的二级项目，所属一级项目为"油气基础性公益性地质调查"，所属工程为"全国油气资源战略选区调查"。总体目标任务是在涟源凹陷与宜昌斜坡带部署实施页岩气参数井工程，以期实现页岩气资源调查战略突破，获取资源评价参数，开展石炭系和志留系页岩气形成富集主控因素研究，评价页岩气资源潜力，查明页岩气富集主控因素。项目实施过程中，为贯彻落实中国地质调查局党组关于"调整优化页岩气油气调查部署，加大宜昌地区联合攻坚力度"的精神，支撑"鄂西地区油气页岩气地质调查联合攻坚"，完成2017年"在宜昌先导区查明支撑$100×10^8 m^3/a$产能的页岩气资源基础"的目标，项目将工作投入向宜昌地区进行部分调整与聚焦，力争将宜昌页岩气项目成果拓展夯实。

二、成果简介

（1）鄂宜页2井取得了中扬子地区志留系页岩气调查重大发现，为宜昌地区志留系页岩气重大突破奠定了基础，开拓了长江中游油气勘探新领域。

2016年在宜昌龙泉镇双泉村实施的鄂宜页2井钻获奥陶系五峰组—志留系龙马溪组含气页岩38.5m，TOC大于2%的优质页岩16.7m，现场解析总含气量为$1.03\sim3.33m^3/t$，平均$1.97m^3/t$（图1），水浸试验气泡剧烈，取得了中扬子地区志留系页岩气调查的重大发现。

通过综合钻井、常规测井、目的层特殊测井和样品分析测试，开展储层综合评价，指出含气页岩底部10m具有"三高二低"的电性特征和高TOC、孔隙度、含气性和硅含量的特点，是页岩气富集的最优质的储层。2017年，对鄂宜页2井最优质储层开展500m水平段压裂试气，获气产量$3.15×10^4 m^3/d$，无阻流量为$5.76×10^4 m^3/d$的工业气流，实现了中扬子地区志留系页岩气调查的重大突破，开拓了长江中游油气勘探新领域。

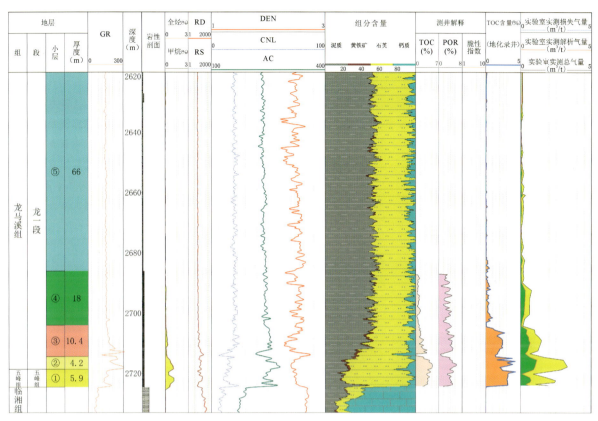

图 1　鄂宜页 2 井奥陶系五峰组—志留系龙马溪组页岩储层综合评价图

(2)鄂宜页 3 井钻获志留系、寒武系页岩气层,进一步巩固了鄂西地区页岩气资源基础。

2017 年部署在黄陵隆起东缘的鄂宜页 3 井从井深 1 411.6m 时见气测异常,全烃值由 0.110% 上升至 3.208%,甲烷含量由 0.066 4% 上升至 1.922 0%,共计钻获奥陶系五峰组—志留系龙马溪组含气页岩 38m(1414~1452m),其中底部 22m(1430~1452m)为页岩气层段,总含气量主要分布于 0.88~2.48m³/t 之间,最高可达 3.86m³/t,平均为 1.78m³/t,浸水试验气泡剧烈(图 2)。

图 2　鄂宜页 3 井龙马溪组岩心水浸实验与层面照片

鄂宜页 3 井钻至井深 2968m 寒武系水井沱组时见气测异常,全烃值从 0.20% 上升至 1.83%,共计钻获含气层段 85m/2 层,页岩 47m,其中底部 15m 为优质页岩段,岩性为黑色碳质页岩,富含黄铁矿,水浸试验气泡显示较好。

鄂宜页 3 井志留系龙马溪组页岩气的发现,将龙马溪组页岩气目标区向西南拓展,结合二维地震勘探成果,采用井-震结合的方法,开展了志留系页岩气储层的甜点识别。此外,该井钻遇寒武系水井沱组富有机质泥页岩47m,证实了黄陵隆起东南缘存在一个台内凹陷,二维地震资料解释,此台内凹陷沉积的富有机质泥页岩厚度最大可达60m,台内凹陷面积可达270km²。鄂宜页3井钻遇寒武系水井沱组页岩气的发现证实了台内凹陷亦具有含气潜力,根据二维地震处理解释和综合评价结果,该新区页岩气Ⅰ类、Ⅱ类和Ⅲ类有利区面积分别为74.3km²、46.2km²和79.5km²,进一步拓展了寒武系页岩气勘探区范围(图3)。

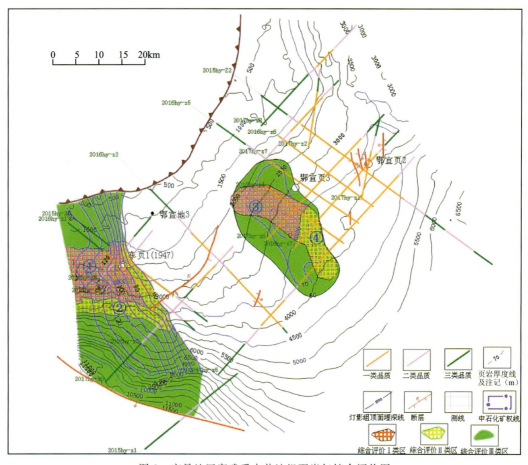

图3 宜昌地区寒武系水井沱组页岩气综合评价图

(3)湘涟页1井钻获石炭系海陆过渡相"三气"显示,为湘中地区下一步石炭系油气勘探奠定基础。

2018年,在湘中凹陷部署的湘涟页1井钻获测水组含气页岩段51m,其中碳质页岩21.8m,煤层7.2m,含碳质泥质粉砂岩16.9m,全烃值从0.11%上升到最大1.83%,甲烷含量则从0.1%上升至1.6%,现场解析实验结果显示总含气量为0.11~0.38m³/t,平均为0.15m³/t,水浸实验发现明显气泡。另外,湘涟页1井钻获石磴子组含气层共71m,气测全烃介于0.12%~1.67%之间,甲烷值介于0.06%~1.37%之间,现场含气量为0.15~0.70m³/t,平均为0.21m³/t(图4),水浸实验气泡较为剧烈。

(4)建立了宜昌地区古生界和湘中地区上古生界地层序列,为该区域性地层划分对比研究提供重要的标尺。

宜昌地区南华系—二叠系发育完整,白垩系自东向西依次不整合于寒武系—三叠系之上,鄂宜页2井、鄂宜页3井以及鄂宜页1井3口井开孔层位均为白垩系五龙组,鄂宜页2井揭示了志留系—三叠系地层序列,鄂宜页1井揭示了震旦系—奥陶系地层序列,鄂宜页3井连接鄂宜页1井和鄂宜页2井,揭示了寒武系—奥陶系地层序列,3口页岩气参数井建立了埃迪卡拉系—古生界地层序列,为宜昌地区、甚至中扬子地区区域地层划分对比研究提供重要的标尺;湘中坳陷为早古生代变质岩基底基础上发育的一个晚古生代沉积坳陷区,湘涟页1井开孔层位为三叠系大冶组,揭示了下石炭统—二叠系地层序列,正在实施的湘新页1井,开孔层位为下石炭统测水组,将揭示泥盆系—下石炭统地层序列,2口页岩气参数井建立了湘中坳陷上古生界地层序列(图5),湘中坳陷构造复杂,地表露头差,湘涟页1井和湘新页1井建立的地层序列为湘中地区区域地层划分对比研究提供重要的标尺。

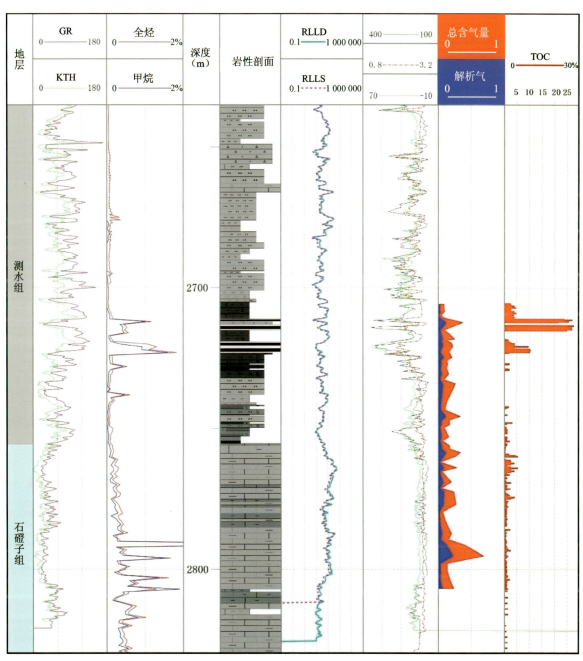

图4　湘涟页1井石炭系测水组、石磴子组储层评价综合柱状图

界	系	组	厚度（m）			界	系	组	厚度（m）	
			鄂宜页2井	鄂宜页3井	鄂宜页1井				湘涟页1井	湘新页1井
中生界	白垩系		192	485	55	中生界	三叠系	大冶组	199.3	
	三叠系	嘉陵江组	60			上古生界	二叠系	大隆组	173	
		大冶组	563					龙潭组	30	
古生界	二叠系	大隆组	26					茅口组	455.5	
		下窑组	27					小江边组	76	
		龙潭组	2					栖霞组	226.5	
		茅口组	171					梁山组	110.6	
		栖霞组	257				石炭系	船山组	235.4	
		梁山组	9					黄龙组	570.5	
	石炭系	黄龙组	44					大埔组	215.5	
		大埔组	18					梓门桥组	336	
	泥盆系	黄家蹬组						测水组	119.26	50
		云台观组	42					石磴子组	未钻穿	200
	志留系	纱帽组	437	85			泥盆系	天鹅坪组		60
		罗惹坪组	227.4	222.5				马栏边组		100
		龙马溪组	633.2	644.5				孟公坳组		310
	奥陶系	五峰组	5.8	5				欧家冲组		100
		临湘组	17.6	18				锡矿山组		630
		宝塔组	10	10.5				佘田桥组		1300
		庙坡组		3				棋子桥组		200
		牯牛潭组	17.5	19.5				跳马涧组		未钻穿
		大湾组	未钻穿	41						
		红花园组		26						
		分乡组		19						
		南津关组		132	136					
	寒武系	娄山关组		520	594					
		覃家庙组		486	484					
		石龙洞组		73.5	148					
		天河板组		82.5	103					
		石牌组		86	271					
		水井沱组		85	137					
		岩家河组		3	76					
元古界	埃迪卡拉系	灯影组		未钻穿	235					
		陡山沱组			206					
	南华系	南沱组			未钻穿					

图 5　宜昌地区页岩气参数井和湘中地区页岩气参数井钻遇地层表

（5）完成了宜昌地区志留系和湘中地区石炭系页岩气资源潜力评价，优选 6 个有利区，1 个目标区。

通过井-震结合的方法，开展了页岩气储层的甜点识别，并参考沉积相、地震预测成果、埋深、地震资料品质、断裂发育情况进行综合评价，进一步圈定了页岩气有利区范围，共划分出有利区 6 个，目标区 1 个。其中在宜昌斜坡带志留系划分出分乡-龙泉有利区、南漳-远安有利区和龙泉目标区，有利区面积 1 703.4 km²，估算地质资源量 4 275.19×10⁸ m³；龙泉目标区面积 632.8 km²，估算地质资源量 1 452.1×10⁸ m³。在湘中涟源凹陷划分出车田江向斜、桥头河向斜、斗笠山向斜、洪山殿向斜共 4 个有利区，面积共计 877.9 km²，资源量合计可达 1 317×10⁸ m³。

（6）查明了宜昌地区志留系页岩气形成富集主控因素。

通过古生物、有机-无机地球化学、含气性、储集物性等综合研究，对比宜昌斜坡地区志留系页岩气井，综合分析页岩气成藏的主控因素，指出 WF1-LM3 笔石带（优质储层段）发育完整是宜昌地区志留系页岩气形成的基础，宜昌斜坡带稳定的构造保存是页岩气富集的关键，古地理、古气候、古环境造成 LM5-LM6 笔石带的缺失（图 6），是宜昌地区志留系黑色页岩厚度和含气性差于焦石坝地区的主要原因。基于鄂宜页 2 井、鄂宜页 3 井勘探发现，早先形成的逆断层在区域水平应力的作用下发生了一定程度的旋转，对志留系页岩气构成封闭作用，结合二维地质资料分析，确定黄陵基底隆升所派生的压扭性断裂对志留系的储层有重要的封堵作用，以此为依据建立"逆冲走滑断裂控藏型"页岩气成藏模式。

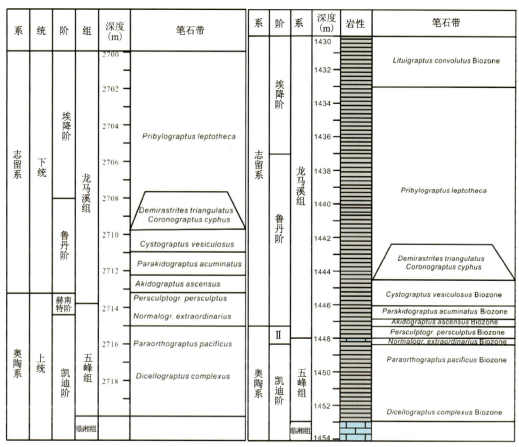

图 6　鄂宜页 2 井(左)和鄂宜页 3 井(右)五峰组—龙马溪组黑色页岩笔石序列

(7) 探索了涟源凹陷石炭系测水组页岩气富集主控因素,初步建立了成藏模式。

基于涟参 1 井、湘涟页 1 井及 2015H－D6 井页岩气勘探发现,可以判定涟源凹陷页岩气含气量主控因素不是有机碳,而是成熟度、保存条件。潟湖沼泽相煤层和碳质页岩发育是页岩气形成的基础,但页岩演化程度过高造成有机质孔隙坍塌收缩,储集物性较差,而后期构造运动(滑脱层)破坏了部分区域保存条件进一步导致页岩含气量变差。向斜内相对稳定的构造特征,以及测水组碳质页岩之上广泛发育的煤层和梓门桥组膏岩层与印支-燕山期形成的逆冲断层共同作用下,在向斜内形成一定范围的压力封闭,有利于原地页岩生气并就近成藏,而向斜中心受滑脱层显著的影响,气体自核部向两翼运移聚集成藏(图 7)。

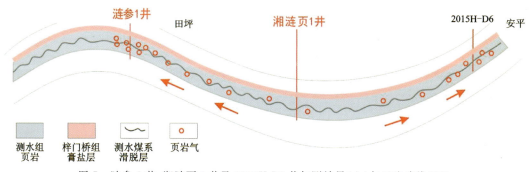

图 7　涟参 1 井、湘涟页 1 井及 2015H-D6 井气测效果(上)与运聚路线(下)

三、成果意义

(1) 取得了宜昌斜坡带五峰组—龙马溪组页岩气重大发现,为中扬子地区志留系页岩气重大突破奠定了坚实的基础,获取了页岩气详细评价参数。通过蒙托卡洛法估算了页岩气资源量,有力地支撑了宜昌页岩气示范基地的建设。

(2) 提出 WF1-LM3 笔石带发育完整和宜昌斜坡带稳定的构造背景是页岩气形成富集的主控因素,建立宜昌斜坡带断裂控藏页岩气成藏模式,指导了宜昌地区下一步页岩气勘探。

(3) 在原鄂宜页 2 井基础上部署实施的水平井——鄂宜页 2HF 井,通过水力压裂获得气产量 $3.15 \times 10^4 \mathrm{m}^3/\mathrm{d}$,无阻工业气流 $5.76 \times 10^4 \mathrm{m}^3/\mathrm{d}$,取得了宜昌斜坡区五峰组—龙马溪组的页岩气突破,极大地提振了页岩气勘探信心。

(4) 宜昌斜坡区五峰组—龙马溪组的重大发现与突破有效地带动了中石油和中石化两大油公司在宜昌地区的页岩气勘探开发工作。

张保民,高级工程师,先后发表论文 20 多篇,有 2 项成果获省部科技成果二等奖(排名第四)。2018 获中国地质调查局"优秀地质人才"称号。近年来先后主持并组织实施了地质调查项目"扬子地块西南缘志留纪—泥盆纪古地理演化与沉积成矿作用"(2014 年)、"湘中坳陷上古生界页岩气战略选区调查"(2018 年)和"湘鄂地区页岩气战略选区调查"(2019—2021 年)项目,熟悉中扬子地区古生代基础地质特征,并在地层古生物、地球化学和地球物理等方面积累了丰富的资料与油气调查评价经验。在二级项目中主要承担 2017—2018 年战略选区工作。

鄂西页岩气示范基地拓展区战略调查取得新进展

周志

中国地质调查局油气资源调查中心

摘 要：通过野外地质调查、老井复查、参数井钻探和分析化验等工作手段，基于等时格架下圈定奥陶纪—志留纪交界湘鄂水下高地范围，落实 WF2-LM4 笔石带富有机质页岩分布，解决湘鄂西地区志留系页岩气成藏生烃物质基础地质问题。总结提出 WF2-LM4 笔石带富有机质页岩、稳定的构造保存是湘鄂西地区志留系页岩气富集高产的关键因素；优选湖北秭归Ⅰ类五峰组—龙马溪组页岩气有利区，部署实施的参数井在志留系钻获高压页岩气藏，取得新区页岩气调查战略性重大发现，向西拓展了鄂西页岩气示范基地范围，进一步夯实了鄂西 $100\times10^8\,\mathrm{m}^3$ 天然气产能资源基础。

一、项目概况

"鄂西页岩气示范基地拓展区战略调查"为"地质矿产资源及环境调查"专项一级项目"公益性基础地质调查"下设的二级项目之一，工作周期为 2018 年，由中国地质调查局油气资源调查中心承担。根据下达的目标任务，项目以鄂西地区下古生界为主要勘探目的层系，查明重点地区页岩气成藏主控因素与富集规律，优选有利目标区，部署实施参数井钻探，力争页岩气调查取得重大发现或突破。

为贯彻落实中国地质调查局党组关于"调整优化页岩气油气调查部署，加大宜昌地区联合攻坚力度"的精神，支撑"鄂西地区油气页岩气地质调查联合攻坚"完成"在鄂西页岩气示范区查明支撑 $100\times10^8\,\mathrm{m}^3/\mathrm{a}$ 产能的页岩气资源基础"的目标，项目组以鄂西宜昌地区为中心，按照"北上、西进、南下"拓展宜昌页岩气勘查开发示范基地的部署思路，以湘鄂西地区志留系富有机质页岩为重点研究对象，总结页岩气富集成藏主控因素，优选勘查有利区；在鄂西秭归地区部署实施的鄂秭页 1 井在志留系钻获高压页岩气藏，取得新区页岩气调查战略性重大发现，实现仙女山断裂以西地区页岩气、油气勘查突破，向西拓展了宜昌页岩气勘查示范基地范围。

二、成果简介

（1）根据笔石带编制基于等时格架下圈定奥陶纪—志留纪交界湘鄂水下高地范围，落实 WF2-LM4 笔石带富有机质页岩分布，解决志留系页岩气成藏生烃物质基础地质问题。勘探开发实践证实，WF2-LM4 笔石带页岩是中—上扬子地区上奥陶统五峰组和下志留统龙马溪组（以下简称五峰组—龙马溪组）页岩气勘探开发的核心层段。五峰组—龙马溪组沉积时期，受广西运动以及冈瓦纳大陆冰川消融引发的全球海平面上升影响，在湖北、湖南、重庆交界地区发育一水下高地——湘鄂水下高地。水下高地范围内普遍缺失 WF2-LM4 至少 2 个笔石带页岩，大部分地区缺失 LM1-LM3 笔石带页岩，造成页岩气勘查效果不理想。如何准确圈定奥陶纪—志留纪之交湘鄂水下高地范围，对于在湘鄂西地区开展志留系页岩气勘查开发具有关键指导作用。基于古生物地层学研究，系统调研、采集湘鄂渝地区大量穿越奥陶系和志留系界线地层剖面点、化石资料,以及6口钻井岩心资料(图1),通过对比五峰组和龙马溪组剖面笔石序列,较为准确地圈定了奥陶纪—志留纪交界湘鄂水下高地的展布范围(图2);指出其受控于冈瓦纳大陆冰川凝聚与消融引起的全球海平面变化和广西运动双重作用,整体呈现凯迪期至鲁丹早期处于不断隆升、影响范围逐渐扩大,鲁丹中晚期再逐渐回缩的演化模式,湘鄂水下高地范围内普遍缺失WF2-LM4部分笔石带地层,使得该区域富有机质页岩厚度薄,页岩气藏抗构造破坏能力差。

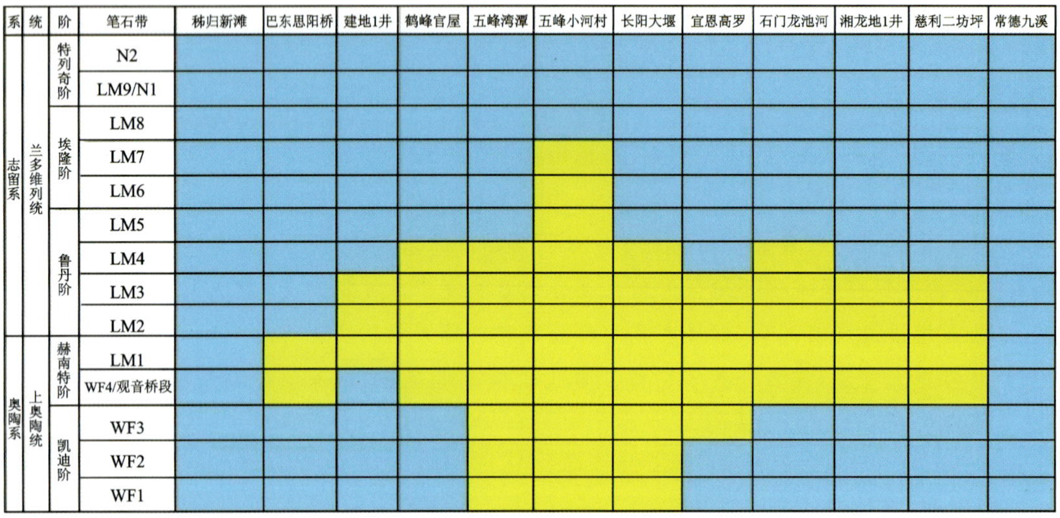

图1 湘鄂西地区地质剖面与钻井五峰组和龙马溪组页岩笔石序列对比图(备注:黄色代表地层缺失)

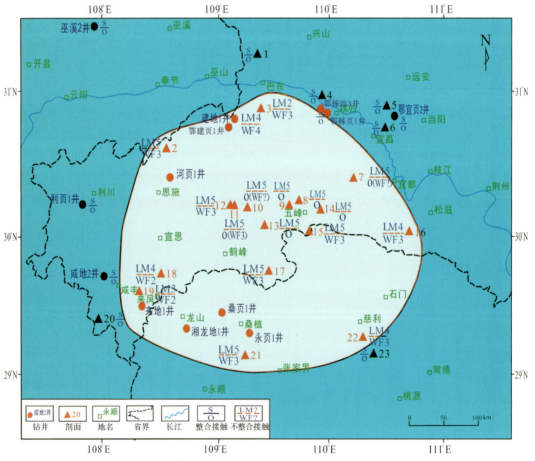

图2 湘鄂水下高地奥陶纪—志留纪交界期间范围(据陈旭等,2018修编)

（2）总结提出 WF2-LM4 笔石带富有机质页岩、断裂欠发育的稳定构造是湘鄂西地区志留系页岩气富集高产的关键要素。WF2-LM4 笔石带页岩形成于深水陆棚沉积环境之中，具有沉积速率低、有机质类型好、有机质丰度高等特点，具备良好的生烃物质基础；页岩的储层孔隙类型以有机质孔为主、无机孔为辅，天然气以吸附态赋存为主、游离态为辅。在相似的破坏程度下，以吸附态为主的页岩气藏比以游离态为主的页岩气藏的抗破坏能力强。保存条件是页岩气富集高产的关键要素。稳定的构造保存是页岩气富集高产的关键。与北美地区稳定构造相比，我国南方地区构造演化和构造叠加改造复杂，特别是湘鄂西地区自下古生界沉积以来，先后经历了加里东期、印支期、燕山期和喜马拉雅期多期构造运动改造，尤其是印支期以来的构造运动，一方面造成研究区褶皱和断裂、裂缝构造发育，另一方面是大部分地区抬升、遭受剥蚀。断裂是构造运动积累的应力释放而破裂的结果，常与裂缝相伴而生。裂缝的发育使得页岩渗透率增大，页岩气以渗流的方式快速向断裂运移。如果开启断裂，尤其是"通天"的断裂开启，将对页岩气保存非常不利。重庆涪陵地区五峰组—龙马溪组页岩气勘查开发实践证实，气田主体构造稳定区与断裂、裂缝发育带保存条件差异明显，靠近断裂发育带压力系数明显降低，产气量降低明显。

（3）优选鄂西秭归 I 类志留系页岩气勘查有利区，在仙女山断裂以西的黄陵背斜西南缘论证部署了鄂秭页 1 井。鄂西地区受印支期、燕山期和喜马拉雅期多期构造运动改造，区域构造复杂，抬升幅度大，白垩系以上地层多剥蚀殆尽，保存条件差，传统油气地质理论认为油气难以在该区域聚集成藏。基于"WF2-LM4 笔石带富有机质页岩、断裂欠发育的稳定构造"是湘鄂西地区志留系页岩气富集高产的关键因素这一认识，评价了鄂西秭归、巴东、建始和湘西龙山等志留系页岩气远景区，按照"北上、西进、南下"拓展宜昌页岩气勘查开发示范基地的部署思路，在湘鄂水下高地范围外、矿权空白区内评价优选出 WF2-LM4 笔石带深水陆棚相富有机质页岩发育，且构造相对稳定的鄂西秭归页岩气勘查有利区（表1）。综合富有机质页岩发育特征与埋深、地震资料品质及方差属性、地层压力等因素进行了页岩气甜点区识别，兼顾地表地形条件，在仙女山断裂以西的黄陵背斜西南缘论证部署了鄂秭页 1 井（图3）。钻探目的是主探五峰组—龙马溪组页岩气，兼探下志留统新滩组致密砂岩气，力争实现天然气和页岩气重要发现。

表 1　湘鄂西地区五峰组—龙马溪组页岩气勘查远景区

参数	鄂西秭归	鄂西巴东	鄂西建始	湘西龙山
目的层	上奥陶统五峰组—下志留统龙马溪组			
厚度 / m	25	30	25	15
WF2-LM4 发育完整性	完整	完整	缺失 LM1-LM3	缺失 WF4-LM3
TOC / %	2.0～4.0	2.0～4.0	2.0～4.0	2.0～4.0
页岩分布面积/km²	>500	>500	>500	300～500
断裂发育程度	较少	较多	较多	较少
距离通天断裂/km	>10	>10	<5	5～10
距露头距离/m	>15	>15	>15	5～10
出露地层	三叠系	三叠系	三叠系	二叠系

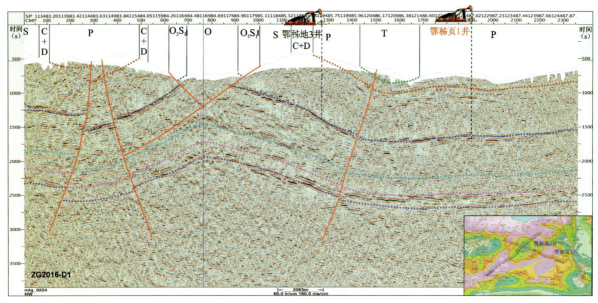

图 3 过鄂秭页 1 井二维地震地震剖面

（4）鄂秭页 1 井在下志留统新滩组、龙马溪组和上奥陶统五峰组钻获天然气和页岩气。在五峰组—龙马溪组钻遇厚层富有机质页岩，气测异常 34.6m/2 层。五峰组—龙马溪组泥页岩现场测试 TOC 介于 0.75%～4.60% 之间，平均 2.04%（35）；TOC>2.0% 的富有机质页岩厚 19.50m，集中分布在龙马溪组底部和五峰组（图 4）。侧钻取心钻进过程中气测显示活跃，全烃含量最高 12.17%（平均 4.51%），甲烷含量 11.61%（平均 4.20%）；全烃含量大于 2.0% 页岩层段 22m，后效气测明显（钻井液相对密度 1.48）。岩心浸水试验剧烈起泡且持续时间长，页岩现场解析含气量最高 2.1m³/t（平均 1.6m³/t，不含损失气和残余气）（图 4），解析气点火呈淡蓝色火焰。五峰组—龙马溪组录井综合解释页岩气层 20.4m/1 层，泥页岩含气层 14.2m/1 层。在下志留统新滩组钻遇气测异常 44.2m/7 层（图 4），气测后效全烃含量最高 62.19%，甲烷含量 49.22%；气侵明显，钻井液相对密度 1.08～1.11，槽面见米粒状气泡，揭示新滩组有望成为鄂西地区天然气勘查突破的新层系。

三、成果意义

（1）鄂秭页 1 井部署实施是贯彻落实局党组"积极拓展中扬子"油气战略部署的重要举措。该井志留系页岩气重要发现证实湖北秭归地区五峰组—龙马溪组具有良好的页岩气勘探潜力，向西拓展了宜昌页岩气勘查开发示范基地范围，夯实 $100×10^8 m^3$ 天然气产能资源基础。新滩组天然气发现揭示该层位有望成为鄂西地区天然气勘查突破新层系，开辟了南方油气勘查新区新层系。

（2）鄂秭页 1 井志留系天然气和页岩气的重要发现，证实了鄂西秭归地区为志留系页岩气有效勘查区块。根据页岩气成藏地质条件，五峰组—龙马溪组黑色页岩岩相古地理特征，计算鄂西秭归、巴东地区志留系有效页岩气有效勘查面积近 $2000 km^2$，其中 3500m 以浅的区域面积近 $1000 km^2$。未来，秭归页岩气勘查区块出让必将吸引包括民营企业在内的社会资本竞争投入，引领和带动鄂西地区页岩气勘查开发，有效支撑中央油气体制改革。

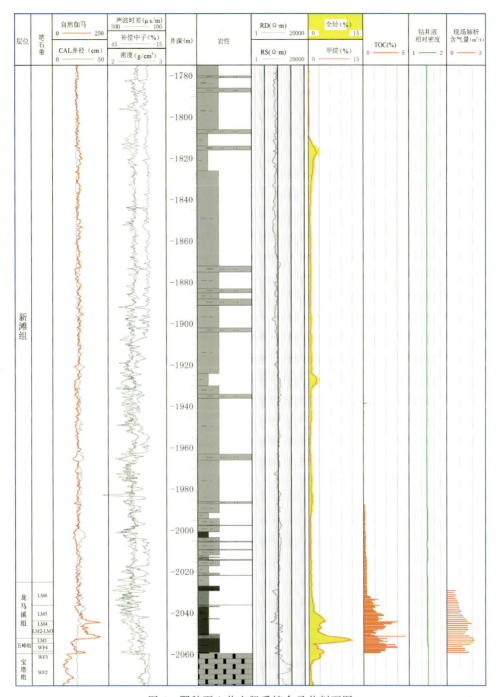

图 4　鄂秭页 1 井志留系综合录井剖面图

周志（1983—），男，安徽桐城人，石油地质专业，高级工程师，主要从事页岩气基础地质调查及选区评价工作。自参加工作以来，主持或参与完成全国油气资源战略选区调查、南方页岩气基础地质调查等项目 10 个，在研项目 2 个。成果先后入选中国地质调查局 2013 年、2015 年、2016 年度"十大进展"，获中国地质调查局地质科技奖特等奖（R08）、一等奖（R04）和中国专利优秀奖（R05）各 1 次；发表论文 39 篇（其中 SCI 3 篇，EI 5 篇）。

_# 第二部分
地质环境综合调查

◇ 环境地质调查

◇ 水文地质调查   ◇ 水质调查

◇ 地质灾害调查   ◇ 土地地球化学调查

◇ 岩溶区水文环境调查 ◇ 矿山地质环境调查

◇ 脱贫攻坚

创新驱动服务粤港澳大湾区和海南生态文明试验区规划

黄长生　叶林　易秤云

中国地质调查局武汉地质调查中心

摘　要：泛珠三角地区不仅是我国重点开发建设的区域合作经济圈,也是我国生态文明建设的示范区和实验区。近年来,国务院先后批复了《关于深化泛珠三角区域合作的指导意见》《粤港澳大湾区发展规划纲要》《北部湾城市群发展规划》《国家生态文明试验区（海南）实施方案》等。随着我国经济向高质量发展,泛珠三角地区面临新一轮的发展浪潮,产业转型升级、生态文明建设、新型城镇化、重大工程建设等都对地质工作提出了新的要求。自然资源部中国地质调查局高度重视泛珠三角地区的地质工作,2009年以来投入中央财政资金2.1亿元,以"泛珠三角地区地质环境综合调查工程"为龙头,以"三区一带"为重点区,完成了60多项水工环地质调查项目工作。工作过程中,建立了"央地结合"和"地质—规划联合"的新工作机制；加强科学理论、技术方法和应用服务的创新,显著提高地质调查工作效率和服务能力。编制图集5套、报告12份、建议26份,系统梳理了泛珠三角地区资源优势和环境条件,阐明了主要地质环境问题。有效转化和应用地质调查成果,支撑服务国家战略、地区民生和自然资源部门中心工作,主动对接规划和重大工程布局,为泛珠三角经济圈的建设和发展提供服务。

一、工作开展情况

泛珠三角地区地质环境调查工作主要分为以下阶段：2009年至2012年分别开展粤港澳大湾区和北部湾地区的地质环境调查计划项目,重点研究区域水文地质和工程地质条件。2013年至2014年,开展珠三角-北部湾经济区的地质环境调查计划项目；2015年提升为泛珠三角地区地质环境综合调查工程。2016年至2018年,以需求和问题为导向,开展粤港澳大湾区、北部湾城市群、珠江-西江经济带、琼东南经济规划建设区等重点地区1∶5万环境地质调查,完成29个图幅、11 152 km² 水工环地质调查。建立了"央地结合"和"地质-规划联合"等新工作机制,调查经济区的地质环境背景条件,梳理区内优势地质资源和重要地质环境问题,开展资源环境承载能力评价,形成一系列调查评价成果,有效支撑服务粤港澳大湾区规划建设和海南生态文明试验区规划。

二、主要成果与进展

（1）创新地质工作机制,精准对接需求,创新成果表达形式和成果服务模式,提高地质调查成果应用服务水平。

创新地质工作机制。组织协调局直属有关单位和广东省地质局、广州市国土规划委等单位,建立跨行业工作机制,通过地质、规划、管理、互联网等行业的有机融合,在广州建立"地质-规划联合"工作机制,探索地质调查支撑国土空间规划成果表达与集成,形成支撑服务区域发展的编图模式,围绕区域实际的"问题和需求",通过大量应用服务性图集及对策建议报告的编写,实现地质工作精准对接规划建设需求,打通成果服务最后"一公里"。联合海南省地质局,建立中央-地方协调联动新机制,按照统筹资金、统一部署、相互补充、成果共享的机制,探索新时代地质调查"中央引领,地方跟进"的转型升级新模式。

创新成果表达形式。贯彻落实"绿色发展"理念,编制《支撑服务广州市规划建设与绿色发展的地球科学建议》《粤港澳大湾区自然资源与环境综合图集》,图集中包含国土空间开发利用的地质适宜性评价类图件,城市规划建设应关注的重大地质安全问题类图件,产业发展可以充分利用的优势资源类图件,生态环境保护需要重视的资源环境状况类图件,可为土地规划、国土空间开发、生态文明建设和重大工程建设、地质灾害防治提供科学依据。提出了富硒土地、地质遗迹、地热水等资源的开发保护建议,成果提交广州市政府使用,有力支撑了广州市国土空间规划编制实施和合理开发利用,服务宜居宜业宜游优质生活圈规划建设。编制《支撑服务海口江东新区概念性规划地质环境图集与建议》,提交海口市政府使用,为江东新区概念性规划提供支撑,服务海南生态文明试验区规划建设。

创新成果服务模式。按照"互联网+"的理念,依托信息技术,共建共享,跨界融合,成功开发广州地质随身行App。基于云计算、移动互联网、数据库、GIS地图服务技术,集成基础、水文、工程、环境、灾害等地质调查成果,共有钻孔30多万个,图件160多张。应用移动终端(App),具有野外实时定位,地质资料实地搜索、查询、显示等功能,使用方便快捷。满足随身携带、移动办公的需求。实现了广州市地质大数据集成,为国土管理、"三防"应急、地质勘查和公众提供基础支撑,实现了地质调查成果高效便捷、大众化服务。

(2)初步查明泛珠三角地区地热、富硒土壤、地下水及海岸带资源丰富,地质遗迹、矿产资源特色鲜明,优势明显,开发潜力大,适宜绿色生态农业、清洁能源和旅游产业发展。

一是泛珠三角地区地热资源丰富,可开采量较大,开发利用程度低、模式单一。泛珠三角地区水热型地热出露点多面广,共发现地热点数量达406处,最高温度达118℃。可分为隆起山地型和沉积盆地型地热,主要分布于广东潮州—韶关、中山—阳江一带及雷州半岛,广西南部和东部,海南中部、南部及沿海地区。区内地热资源丰富,仅粤桂地区地热能资源总量合计约$4.9×10^{20}$ J,折合标准煤$168×10^8$ t。全区可采地热总量$9.7×10^{18}$ J,折合标准煤$3.3×10^8$ t。目前区内地热资源开发利用程度不一,广东25%的地热点已开发,但资源利用率低,海南开发利用仅占可采资源量的5%。开发利用模式单一,大部分仅用于洗浴疗养、旅游服务。地热资源综合开发利用潜力大,建议进一步推动和支持地热发电技术研发,促进地热能梯级开发利用。在广东珠海、中山,海南三亚、保亭,广西合浦盆地等典型地区开展集约化地热能综合利用示范;在广东潮汕地区-惠州、海南陵水开展干热岩勘查,为泛珠三角经济区清洁能源产业发展提供基础支撑。

二是泛珠三角地区富硒土壤资源、优质耕地资源丰富。已查明富硒土壤4250万亩(1亩≈$666.7m^2$),主要分布在广东肇庆、江门、化州、中山、惠东、台山、普宁等地,广西南宁武鸣和西乡塘区西部、钦州钦南区中东部、北海合浦县西部和南康盆地中部、桂平和玉林中部等地及海南文昌—琼海—万宁—琼中—澄迈一带。查明优质耕地1858万亩,圈定富硒优质耕地875万亩,主要分布在广州市、江门市、南宁市、北海市、海口市、琼海市等地。其中珠三角地区每克土壤硒含量最高值为$2.209\mu g$,平均值$0.55\mu g$,高于我国表层土壤硒含量平均值。富硒土壤是发展特色农业的珍贵资源,建议加强保护,合理开发利用广东江门,广西南宁武鸣、西乡塘区和海南定安、文昌地区富硒土壤资源,推动泛珠三角地区绿色生态农业发展。

三是泛珠三角地区地下水资源丰富,水质总体优良,开发潜力大。泛珠三角地区地下水天然资源量为每年$1431×10^8 m^3$,可开采资源量为每年$817×10^8 m^3$,水质总体优良。主要分布在广东的珠三角、韩三角平原区、雷州半岛、茂名盆地;广西的中、西部岩溶地区,合浦盆地、南康盆地;海南的琼北盆地及滨海平原区。区内已圈定后备/应急地下水水源地54处,允许开采量为每天$627\times10^4\,\mathrm{m}^3$。地下水开发利用程度总体较低,具有较大的开采潜力。建议优化珠三角地区水资源供给结构,加快广州、海口、三亚、北海海绵城市建设,发挥地下水的调蓄作用,配套和完善文昌航天城应急水源地的采供水设施建设,并在开采过程中注重环境保护。

四是泛珠三角地区海岸带资源禀赋优越,开发利用潜力大。大陆海岸线全长7866 km,占全国大陆岸线总长的43%。初步查明广东、海南湿地资源总面积$108\times10^4\,\mathrm{hm}^2$,拥有210多处优质港湾资源。同时,区内近年来有人工岸带增加、自然岸带减少的趋势,局部地段存在海岸侵蚀、航道及港湾淤积、海水入侵、生态退化等环境地质问题。海岸带资源是支撑海上丝绸之路战略的重要基础,建议:①加强海岸带资源本底调查评价,如湿地、滩涂、海砂等,为海岸带资源科学规划提供依据;②加强临港工业区工程地质调查评价,如港口、码头、跨海工程等,为海岸带资源合理开发利用提供支撑;③加强海岸带生态环境保护与监测,如红树林、旅游海滩、生态海岛等,为生态文明建设提供保障。

五是泛珠三角地区地质遗迹资源丰富,类型较多,特色鲜明。已查明世界级地质遗迹6处,国家级47处,特色鲜明,开发潜力大。区内地质遗迹资源丰富,拥有省级以上地质遗迹187处,其中世界级6处,国家级47处,广东158处,广西22处,海南7处。主要集中分布在珠江三角洲、桂东北及海南环岛地区。特色地质遗迹主要有丹霞地貌及岩溶、火山、海岛等。地质遗迹资源是支撑旅游产业的重要基础,如广东丹霞山地质公园建成后,游客数增长近5倍,极大拉动了经济发展。但目前区内地质遗迹资源开发程度总体较低,已建成地质公园35个,矿山公园25个,仅占已查明地质遗迹的1/3,仍有大量资源有待进一步开发。地质遗迹资源是不可再生资源,开发利用应遵循开发与保护相结合的原则,避免遭受破坏。建议重点开发潜力较大的地质遗迹,努力打造一批新的国家地质公园,并注意在开发中保护,如广东佛山南海古脊椎动物化石产地、紫洞火山岩地貌、黄圃和七星岗海蚀遗迹,广西北海、防城港江山半岛、钦州龙门群岛、南宁伊岭岩,海南儋州石花水洞、峨蔓湾、观音洞、保亭七仙岭、万宁东、东方猕猴洞等。

六是泛珠三角地区矿产资源丰富,区域特色明显,海上能源资源开发潜力大。目前共发现矿产150余种,区内拥有广东韶关铅锌矿、桂西南锰矿、桂西南铝土矿、广西河池钨锡锑多金属矿、贺州稀土矿5个能源资源基地,已探明资源储量铅锌矿$1000\times10^4\,\mathrm{t}$、锰矿$4\times10^8\,\mathrm{t}$、铝土矿$10\times10^8\,\mathrm{t}$、锡矿$72\times10^4\,\mathrm{t}$、稀土矿$17\times10^4\,\mathrm{t}$。此外,区内海域天然气水合物、石油等战略性能源资源潜力大。建议加快海上战略性资源勘查开发,推动海洋关键技术转化应用和产业化,提高资源探测、开发和利用能力;加强五大能源基地建设,注重矿山环境保护,为泛珠三角经济发展提供能源资源安全保障。

(3)基本查明泛珠三角地区地质环境条件和主要地质环境问题。

区内区域工程地质条件总体良好,适宜基础设施建设,但崩滑流地质灾害点多面广,粤、桂两省岩溶塌陷较发育,局部地区存在地面沉降、胀缩土和水土污染等问题。

泛珠三角地区区域地壳稳定性与城镇基础设施建设适宜性总体良好。区内区域地壳稳定性整体良好,稳定、次稳定区占全区面积的93%;次不稳定区13处,面积3万多平方千米;不稳定区面积1454 km²。泛珠三角工程地质条件较好,总体适宜城镇与基础设施建设。受可溶岩层、高陡斜坡、软土、胀缩土等不良地质条件影响,局部工程地质条件较差。在粤港澳大湾区、北部湾经济区和海南国际旅游岛共有4720 km²地区城镇与基础设施建设适宜性差。

泛珠三角地区是我国崩滑流地质灾害多发区,粤、桂两省岩溶塌陷发育。此外,在泛珠三角局部地区存在不同程度的水土污染,在珠江三角洲、韩江三角洲和雷州半岛局部存在地面沉降,在南宁市存在膨胀土等问题。

(4)创新研发,显著提高了地质调查工作效率,提升了对泛珠三角地区地质环境的认识水平,获得6

项专利和6项理论研究成果。

围绕地质工作提质增效,积极开发地质环境调查监测新技术,已获得专利6项。一是分立式量程可调式双环入渗装置,兼具测试量程更广和测试总时间有效缩短的优越功能,提供适用于低渗条件的全量程高精度解决方案;二是宽量程地下水流速流向测试装置,基于热扰动技术和基于流体力学模型的两个地下水流速测定模块,可实现量程宽、测试精度高、技术兼容性好的新型地下水流速流向监测装置,应用于水文地质、环境地质、水资源调查、地下水长时序原位监测等领域;三是一种便携式流体定深分层采样装置,能同时实现多个层位的定深取样功能,取样层数和各层位的取样深度均可依据技术人员选择而设定,显著提升分层取样速度;四是一种土壤元素野外快速检测方法及手摇压片机,能迅速采集到调查点、区的地球化学数据,实现现场快速追踪异常,有效地寻找"热点",更快、更经济地实现野外现场调查追踪;五是一种野外水样采集-过滤装置,集采集、过滤、收集于一体,结构简单,可通过简单步骤,完成水样的采集过滤过程,减少了人为操作误差,提高了水样采集的实时性和精度;六是一种简易钻孔地下水水位测量装置,轻便小巧,易于携带,不需要额外提供电源,水位测量准确。

探索地质科学理论创新,取得6点科技理论创新。一是通过对地下水水质及动态特征进行长时间序列的监测,完成了环北部湾海岸带含水层水流系统的划分及地下水溶质运移数值模拟,应用水文地球化学与数值模拟方法识别高位海水养殖影响下的地下水咸化过程,建立了北海大冠沙地下水咸化模式,为高位养殖选址提出对策建议。二是建立了高精度的土壤汞元素形态Tessier五步提取法,通过土壤在淹水状态下自由基对甲基汞的去甲基化过程研究,发现二价铁对甲基汞迁移转化的影响十分显著,这种非生物去甲基化过程,对区域水土污染防治具有重要指导意义。三是研究区重金属含量较低,受污染较小,硒含量相对较高,主要富集在土壤中的淋积层,富硒大米从水、稻根、茎叶、稻壳至大米依次递减。四是揭示资源环境空间配置格局对泛珠城市群经济社会发展激励与约束的作用机理,通过泛珠三角地区与国内外典型城市群的经济、社会、地质资源环境协调关系对比研究,揭示了泛珠三角地区城市群形成过程中经济社会在空间集聚与扩散规律以及资源环境响应特征。根据资源环境空间配置格局对经济社会发展的影响机制,预判了未来泛珠三角城市群资源环境与经济协调度发展的趋势,提出泛珠城市群资源环境与经济社会协调发展的中国特色路径。五是总结了岩石破裂、储水空间和压性构造带蓄水构造,初步建立了现代构造应力场与地下水流场的关系,进一步丰富了构造带找水理论。六是建立泛珠三角地区多尺度资源环境承载能力评价指标体系,对粤港澳大湾区、海南岛、北海市、粤桂先行试验区开展的基础资源环境条件调查及重大环境地质问题的深入分析表明,随着经济社会的发展,城市面临的资源环境约束也持续加剧,经济建设过程中引发的水资源问题、海岸带地区环境工程地质问题等日益凸显,对地质环境安全保障的需求将明显上升。评价结果为区域经济社会发展及国土空间规划提供了科学依据。

三、结论

泛珠三角地区地质环境综合调查工程创新地质工作机制,建立了"地质-规划联合"工作机制和"中央引领,地方跟进"的新时代地质调查转型升级新模式,精准对接需求。初步查明了泛珠三角地区地热、富硒土壤、地下水及海岸带资源丰富,地质遗迹、矿产资源特色鲜明,优势明显,开发潜力大,适宜富硒有机食品、清洁能源开发和旅游产业发展。基本查明了泛珠三角地区地质环境条件和主要地质环境问题,区域工程地质条件总体良好,适宜基础设施建设,但崩滑流地质灾害点多面广,粤、桂两省岩溶塌陷较发育,局部地区存在地面沉降、胀缩土和水土污染等问题。创新研发获得6项专利和6项理论研究成果,显著提高了地质调查工作效率,提升了对泛珠三角地区地质环境的认识水平。创新成果表达形式,编制的《支撑服务广州市规划建设与绿色发展的地球科学建议》《支撑服务海口江东新区概念性规划地质环境图集与建议》已提交广州市政府、海口市政府使用,服务粤港澳大湾区、海南生态文明试验区规划建设。创新成果服务模式,开发广州地质随身行App,实现了广州市地质大数据集成和地质调查成果高效便捷服务。

主要执笔人:黄长生、叶林、易秤云。

主要依托成果:"珠江-西江经济带梧州-肇庆先行试验区1∶5万环境地质调查""粤港澳湾区1∶5万环境地质调查""琼东南经济规划建设区1∶5万环境地质调查""环北部湾南宁、北海、湛江1∶5万环境地质调查"。

主要完成单位:中国地质调查局武汉地质调查中心、中国地质科学院地质力学研究所、中国地质科学院岩溶地质研究所、中国地质调查局广州海洋地质调查局。

主要完成人员:黄长生、彭华、雷明堂、夏真、黎清华、赵信文、刘广宁、余绍文、刘怀庆、陈双喜、刘凤梅。

西南岩溶地下水调查评价成果

夏日元　曹建文　覃小群

中国地质调查局岩溶地质研究所

摘　要：西南岩溶分布于云南、贵州、广西、湖南、湖北、重庆、四川和广东等省（区、市），面积 $78\times10^4\,km^2$。受岩溶特殊地质条件、全球气候变化和人类工程活动影响，干旱缺水等问题异常突出，区内缺水人口达 1700 万，占总人口的 12%；受旱耕地近亿亩，占总耕地面积的 10%。上述问题制约了社会经济的发展。2016—2018 年，中国地质调查局岩溶地质研究所组织 8 省（区、市）地矿局、有关科研院所和高等院校等 20 多家单位，开展了水文地质环境地质综合调查和地下水开发利用示范，查明地下水资源开发利用条件，建立了岩溶地下水富水模式和有效开发利用模式，为 300 万人提供了饮用水源保障，带动了经济发展、生态恢复和脱贫致富。

一、工作开展情况

"岩溶地区水文地质环境地质调查"工程隶属于中国地质调查局十大计划之一的"地质灾害隐患和水文地质环境地质调查计划"。主要实施了"红水河上游岩溶流域 1∶5 万水文地质环境地质调查""西江中下游峰林区 1∶5 万水文地质环境地质调查""川渝鄂峡谷区 1∶5 万水文地质环境地质调查""湘江上游流域 1∶5 万水文地质环境地质调查""长江南岸 1∶5 万水文地质环境地质调查"9 个二级项目，其核心目标是查明岩溶地区水资源赋存分布规律，揭示岩溶作用对地下水资源和环境地质问题的控制机制。通过开展典型岩溶流域 1∶5 万水文地质环境地质综合调查，查明岩溶水文地质条件和干旱缺水、石漠化等环境地质问题；进行岩溶水资源开发利用潜力和地质环境承载力评价，论证岩溶地下水开发利用条件，进行地下水开发利用区划。累计投入经费 1.6 亿元，完成 1∶5 万水文地质调查面积 $2\times10^4\,km^2$，综合地球物理探测 3.6 万点，水文地质钻探 $2.7\times10^4\,m$。查明 15 个典型岩溶流域 48 个图幅水资源开发利用条件，圈定富水块段 600 多处，成井 107 口，直接解决了岩溶石山严重缺水地区 20 万人饮用水困难。

二、主要成果与进展

1. 开展 1∶5 万水文地质调查，解决岩溶地下水资源有效开发利用关键技术问题

在岩溶生态脆弱区完成 1∶5 万水文地质调查面积 $2\times10^4\,km^2$，查明了岩溶形成条件、区域岩溶发育分布规律、地下水系统特征、地下水资源量与开发利用潜力、地下水开发利用条件以及与地下水有关的重大环境地质问题。调查岩溶地下河 3000 多条，15 个典型岩溶流域 48 个图幅水资源开发利用条件，圈定富水块段 600 多处。调查表明，我国云南、贵州、广西、湖南、湖北、重庆、四川、广东等西南 8 省（区、市）岩溶地下水资源可开发利用水量为 $534\times10^8\,m^3/a$，现状开采量 $66\times10^8\,m^3/a$，开发利用潜力巨大（图 1、图 2）。

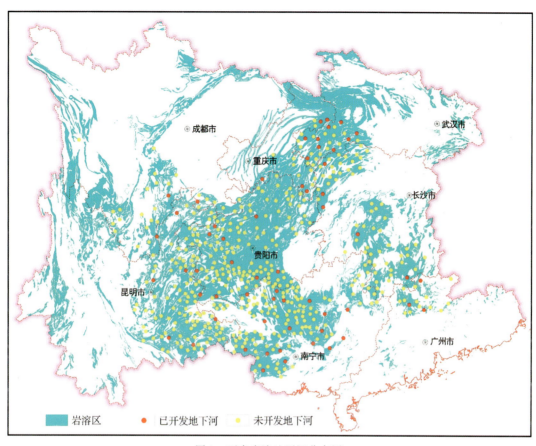

图 1　西南岩溶地下河分布图

总结了南方岩溶地区水文地质环境地质条件特点,建立了岩溶水文地质"调查-探测-评价"技术方法体系,为复杂岩溶含水介质地下水资源开发利用条件论证提供了科学依据。相对于非岩溶区而言,岩溶地下水具有含水介质的多重性、分布的非均一性、水流的多相性、动态变化的剧变性等 10 个方面特性,调查评价时采取以下技术要点:①准确开展碳酸盐岩层组结构类型划分,系统调查碳酸盐岩与非碳酸盐岩、纯碳酸盐岩与不纯碳酸盐岩、灰岩与白云岩、碳酸盐岩与碎屑岩层等组合关系;②分析构造演化与岩溶发育期次和地下水循环关系;③对宏观的—微观的、裸露的—埋藏的、溶蚀的—充填的岩溶形态进行成因组合分析,研究岩溶发育区域上分区差异性、垂向上分带性、时代分期性,综合建立岩溶发育成因模式和结构模式;④注意研究表层岩溶带调蓄功能和生态环境效应;⑤正确进行岩溶地下水系统划分,掌握表层带岩溶水系统、岩溶地下河系统、岩溶管道流系统、岩溶大泉系统、分散排泄岩溶水系统特征;⑥采用野外追踪调查法识别岩溶地下河系统,研究水循环转化规律;⑦重点调查岩溶干旱灾害、岩溶洪涝灾害、岩溶石漠化,及水土流失、地下水污染、矿山、岩溶塌陷等环境地质问题的分布特征、造成的危害、形成原因、发展趋势和防治现状;⑧以地表流域为单元、流域集中排泄的水体为基准,进行"五水"(大气降水、地表水、管道水、裂隙水、孔隙水)转换全程的水均衡分析,通过系统的量化分析,准确评价地下水资源潜力;⑨在查明含水介质结构和地下水运动规律的基础上,分类制订岩溶地下水开发利用区划和工程方案,建立岩溶地下水有效开发利用模式。

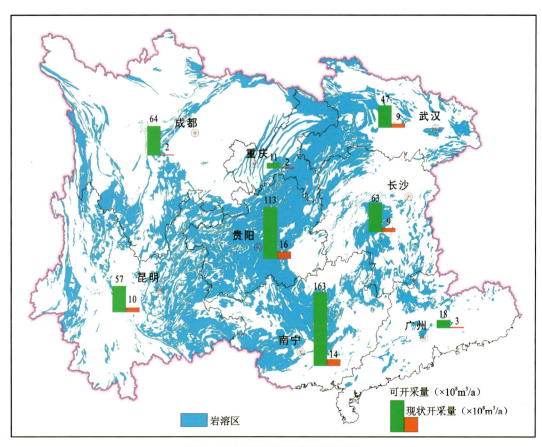

图 2 西南岩溶地下水资源状况图

岩溶地下水多赋存于地下岩溶管道和洞穴中，分布极不均匀，它的准确探测是世界级难题。针对岩溶发育的极不均匀性和非各向同性的突出特点，在地下河上方开展了"四维"阵列自然电位新技术新方法监测试验，总结了地下河自然电位随时间变化的动态变化规律，开发了相应的定位处理解释软件。探索复杂岩溶地下水调查与勘探技术，提出了地球物理有效探测"三定"组合方法。一是定位，确定岩溶地下水异常的平面位置；二是定深，确定异常的埋藏深度；三是定性，确定地下异常的充填情况与含水性。通过在红水河上游高原斜坡岩溶区开展大量调查与对比试验，有效的"三定"组合方法为：定位以联合剖面法、音频大地电场法和充电法组合效果较好；定深以对称四极/三极电测深法、音频大地电磁法和激发极化法效果较好；定性以放射性法、充电法、微动法、自然电位法和激发极化法效果较好。通过实施该组合方法，提高了岩溶地下水探测精度，应用于抗旱找水打井，定井成功率由30%提高到70%。大功率充电法技术对地下河的连续追踪探测能力最长可达7000m，对充水洞穴的探测深度可达500m以上。

构建高原斜坡岩溶区水资源评价概念模型，建立了深切河谷型岩溶地下河系统水资源评价数值模型。一是采用MODFLOW-CFP模型建立"五水"循环转化模式；二是利用BCF模块和CFP模块对岩溶地下水三重介质同时概化处理，并用折算渗透系数将三重介质统一计算；三是从补给项和排泄项二者出发，用RCH、EVT、GHB、CHD、WELL、CFP、RIV等模块系统反映补径排条件。该评价模型在大小井地下河系统、云南革香河流域、贵州打邦河流域和广西海洋寨底岩溶地下河系统水资源评价中得到了有效应用。

通过总结西南典型岩溶流域实施的200多处岩溶水资源开发利用示范工程经验，探索了水资源利用与生态恢复和经济发展协同途径。岩溶地区含水介质结构和地下水运动规律复杂，水资源环境类型多样，决定了开发利用形式的多样性。建立了岩溶地下水富水模式、成井模式和有效开发利用模式：岩溶丘陵洼地区,堵洞形成地表-地下联合水库,发展生态经济;深切割峰丛洼地区,建设调蓄水柜,发展立体生态农业;岩溶峰林平原和丘陵谷地区,建设抽水型地下调节水库,发展节水生态农业;断陷盆地区,周边地下水径流带堵洞蓄水,水资源联合调度,盆地内发展果粮基地。贵州省巨木地下河拦蓄提引工程,通过解决水电问题提高了粮食产量和居民收入。广西三只羊表层岩溶泉串联调蓄工程,恢复了岩溶洼地生态,形成了生态经济示范区;广西黎塘表层岩溶系统抽水调节工程,建成了高效农业基地。云南皮家寨岩溶大泉束流调压壅水工程,促进了种植业和养殖业的发展。

2. 寻找优质地下水源,为发展特色产业、精准扶贫提供有效服务

寻找优质地下水源,建立了"调查地质背景—调整产业结构,开发岩溶水源—解决缺水问题,评价特色资源—发展特色产业,发现环境问题—制订治理规划"岩溶地质调查扶贫模式,为国家脱贫攻坚战略提供了有效服务。在湖南省新田县发现了大型富锶矿泉水田,为该县打造富锶矿泉水产业、脱贫致富提供了重要技术支撑。通过1∶5万水文地质调查和钻探试验,查明了富锶地下水主要分布于泥盆系佘田桥组中薄层泥灰岩中,面积176 km^2,允许开采量725.55×$10^4 m^3$/a。地下水锶元素平均含量1.42mg/L,是国家饮用天然矿泉水锶元素限值的7.1倍,年可开采资源量725.55×$10^4 m^3$,经济效益283.3亿元。引进亚洲资源控股有限公司,投资2亿元,建设年产5×10^4 t富锶天然矿泉水,年产值3.6亿元,实现利税4000万元。

对贵州打邦河流域283处地下水点进行了富锶调查评价,发现锶含量大于0.20mg/L的有195组,最大锶浓度值为23.78mg/L。富锶地下水主要出露地层为中三叠统关岭组二段、三段等,富锶地下水资源量39.31×$10^4 m^3$/d,具有较大的开发利用前景。

3. 调查岩溶石漠化等重大环境地质问题,开展综合治理示范

创建岩溶生态系统、石漠化、水土漏失理论和研究方法,揭示石漠化演变趋势与水土资源和生态经济变化的相关性,奠定了针对西南岩溶特点的石漠化区水土调蓄与生态重建理论基础。首次提出岩溶生态系统概念和结构特征,揭示岩溶动力过程对特殊岩溶生境的制约,由此造成特殊的生物区系,开辟了岩溶生态系统重建的科学道路。首次明确石漠化是热带、亚热带岩溶区的土地退化过程和石漠化分级标准,创立石漠化理论和调查评价方法,率先查明西南石漠化时空演变规律及其危害,为石漠化治理提供科学依据。

调查发现西南岩溶石漠化演变历经3个阶段。1990—2000年,石漠化面积由9.12×$10^4 km^2$增加到11.35×$10^4 km^2$,年均增加2%,增加面积主要在纯灰岩和灰岩夹碎屑岩区,属于缓慢增长阶段;2000—2005年,石漠化面积由11.35×$10^4 km^2$增加到12.96×$10^4 km^2$,年均增加3%,增加面积主要在纯灰岩区,属于快速增长阶段;2005—2015年,石漠化面积由12.96×$10^4 km^2$减少到9.2×$10^4 km^2$,年均减少3%,减少面积主要在纯灰岩区,属于逐步改善阶段。石漠化治理效果为总体改善,局部恶化。

对岩溶石漠化分布特征、造成的危害、形成原因、发展趋势和防治现状进行了系统研究,实施了典型石漠化区综合治理和示范推广,在广西平果县、马山县、贵州普定县、平塘县和云南泸西县等地建立了10处石漠化综合治理示范区,在示范区建立了火龙果、苏木、金银花、苦丁茶、砂糖橘、旱藕、种草养畜、生态旅游等生态产业,仅在广西就推广300万亩,已在60多个县成功推广应用,年经济效益约600亿元。总结出地表水-地下水联合调度、土地整理与生态产业协调、土地流转与生态旅游和流域尺度综合治理4种石漠化综合治理模式,形成的技术、经验、产业和模式在我国西南地区的300多个石漠化县得到应用。

4. 研究岩溶地下河系统污染机制，为地下水资源保护提供依据

揭示岩溶地下河系统水污染机制，建立地下河污染模式，提出了PISAB污染模式识别方法，为岩溶地下河污染评价及治理提供科学依据。总结了地下河系统污染特点：首先通过落水洞、天窗、洼地等灌入式污染，或长期堆放污染源；其次污染沿地下河管道系统向下游快速远距离传输；最后地下溶洞及沉积物吸附、富集污染物，成为二次污染源。PISAB污染模式识别方法由"Preliminary""Investigation""Seek""Analysis""Build"5个单词首字母构成，分别代表了"基本条件核查""地下河野外追踪调查""污染参数获取""污染要素分析""污染模式构建"5个步骤。

调查得出，地下水质量总体良好，可直接作为饮用水源点占87.1%，经过处理后可作为饮用水源点占9.0%，不宜作为饮用水源点占3.9%；但城市及周边地区地下水质量相对较差，可直接作为饮用水源点占55.4%，经过处理后可作为饮用水源点占40.3%，不宜作为饮用水源点占4.2%。其中，在所调查的1208条大中型地下河中，有172条已受到不同程度的污染，占全部污染水点的86%。南方岩溶区地下水超标指标多达29项，主要包括铝、铁、锰、铅、砷、碘、亚硝酸盐氮、氨氮、苯并(a)芘、总六六六、总滴滴涕、六氯苯、四氯化碳等。常规指标污染贡献率最大，达到了75.9%；毒理指标为22.9%，微量有机指标为1.2%。单指标中以铝、铁、锰、铅、砷、"三氮"的贡献率最高。铝、铁、锰超标主要由原生环境造成；铅、砷超标主要与矿业有关；大气干湿沉降是南方岩溶水有机污染的主要来源之一。

调查发现，人工合成"三致"有机物在局部地表、地下水体中大量存在。在漓江、柳江等多条河流中共检出27种微量有机物，其中增塑剂类在局部地段超标，多氯联苯、农药类等人工合成有机物也均有不同程度检出。因垃圾填埋场渗漏、生活污水直接排放而受到污染的"下水道式"地下河中，除了大量检出抗生素、(类)激素等新型污染物外，还大量检出多氯联苯、苯并(a)芘等"三致"有机物。贵州开阳县响水洞地下河内共检出35种高浓度微量有机物，包括挥发性有机物和多氯联苯各1种，半挥发性有机物8种，抗生素类新型污染物25种。

南方岩溶区地下水污染正在由中心城区向城近郊区转移。在区域上，岩溶地下水劣化明显，主要表现为铁、锰、铝等引起的总硬度、溶解性总固体等呈上升趋势，与区域性酸雨频率和酸雨量的增加有直接关系。调查发现，各城市中心城区地下水水质近20年来逐步趋于好转，尤其是"三氮"、总硬度和溶解性总固体浓度下降并趋于稳定；城乡结合部地下水水质恶化明显，主要表现为生活污水排放引起的氨氮污染、工矿业固废和废水污染。

5. 开展流域岩溶地质综合调查，支撑可持续发展创新示范区建设

2018年5月，与桂林市签订了岩溶科技创新支撑国家可持续发展议程创新示范区建设协议。在桂林市开展了区域地质调查和岩溶地质基础研究、1∶5万岩溶水文地质调查和地下水资源开发利用潜力评价、1∶5万环境地质调查与岩溶塌陷风险评估、岩溶地貌和洞穴自然景观资源调查研究、岩溶生态研究与石漠化治理示范、漓江流域水土资源调查与综合整治示范等一系列调查研究工作，调查岩溶塌陷853处和地质灾害隐患点630处，圈定地质灾害和岩溶塌陷高易发区面积3870km^2。指导建设了13处洞穴旅游开发，2014年桂林漓江峰林和峰丛"中国南方喀斯特Ⅱ期"世界自然遗产地申报成功。2018年10月，编制提交了《桂林市自然资源图集》，包括自然地理与地质背景、矿产资源与地质灾害、水资源、土地资源、林地和草地资源、地质遗迹和旅游资源6类29幅图，展示了资源环境数量、质量、开发利用状况和可持续利用潜力，为桂林市自然资源综合管理、国土空间规划、生态保护与修复提供了基础资料。

6. 开展科技攻关，支撑国际岩溶研究中心等科技平台建设

完善和发展岩溶动力学理论，为有效解决岩溶水资源环境问题提供理论指导。组织实施"岩溶动力

系统资源环境效应"国际大科学计划,开展了广泛的国际岩溶对比研究与合作交流。建成了"岩溶动力系统与全球变化"国家级国际联合研究中心以及"岩溶动力学"和"岩溶生态系统与石漠化治理"省部级重点实验室。"岩溶水文地质—广西桂林丫吉试验场""岩溶石漠化—广西果化野外基地""岩溶地下河系统—广西海洋寨底试验基地""岩溶生态与水生态—广西会仙野外基地"成为部级野外科学试验基地。2016年5月,联合国教科文组织国际岩溶研究中心二期协定顺利签署。2018年6月,获批成立我国地质领域首个国际标准化组织技术委员会——ISO/TC 319 岩溶技术委员会,负责组织编制和批准发布全球岩溶技术标准。

三、结 论

西南岩溶地下水资源丰富,但赋存分布规律复杂,开发利用难度大,现状开发利用率低。"岩溶地区水文地质环境地质调查工程"通过开展典型岩溶流域1∶5万水文地质环境地质综合调查,查明了西南岩溶地下水赋存条件和干旱缺水、石漠化等环境地质问题,进行了岩溶水资源开发利用潜力评价,论证了岩溶地下水开发利用条件。西南岩溶地下水资源的合理开发利用与当地经济社会可持续发展息息相关,该区岩溶流域类型小型多样,宜分类开展调查评价,因地制宜选择合适的开发利用方式。本项目建立的不同类型地下水富水模式和有效开发利用模式取得了较好的示范效果,可在西南岩溶地区推广应用。

主要执笔人:夏日元、曹建文、覃小群、邹胜章、苏春田、周宏。
主要依托成果:"红水河上游岩溶流域1∶5万水文地质环境地质调查""西江中下游峰林区1∶5万水文地质环境地质调查""川渝鄂峡谷区1∶5万水文地质环境地质调查""湘江上游流域1∶5万水文地质环境地质调查""长江南岸1∶5万水文地质环境地质调查"。
主要完成单位:中国地质调查局岩溶地质研究所、中国地质大学(武汉)。
主要完成人:夏日元、曹建文、覃小群、邹胜章、苏春田、周宏、张庆玉、黄奇波、樊连杰、罗飞。

三峡库区地质灾害监测预警科技创新与应用报告

付小林　叶润青　黄学斌

中国地质调查局武汉地质调查中心

摘　要：三峡库区地质条件复杂，暴雨洪水频繁，自古以来是地质灾害高发、频发区。据史料记载，长江水道曾多次因崩塌、滑坡堵江断航，最长一次阻断长江达82年，造成人员伤亡和经济损失。三峡工程建设以来，库区大规模的移民迁建，以及水库蓄水及水位的大幅波动，一定程度上改变了库岸地质环境条件，加剧了地质灾害发生，库区面临着地质灾害的严峻考验。

党中央和国务院高度重视三峡库区地质灾害防治。从20世纪90年代开始，持续开展了地质灾害防治工作，完成了前期重大地质灾害防治工程和二期、三期地质灾害规模性集中防治，正在实施的三峡后续工作库区地质灾害防治，对三峡库区数以千计的地质灾害分别采取了工程治理、搬迁避让以及监测预警等措施，开创了我国区域性地质灾害规模性集中防治的先河，构建了三峡库区全覆盖，集专业监测、群测群防和信息系统为一体的地质灾害监测预警和应急响应技术体系，形成了水库型地质灾害监测预警理论与技术方法体系，取得了地质灾害防治方面的诸多创新与突破，提升了我国地质灾害监测预警及其科学研究水平，经受住了135m、156m、175m蓄水和库水位周期性大幅升降以及超百年一遇的暴雨考验，成效显著，在我国地质灾害防治方面起到了良好的示范作用。

一、工作开展情况

三峡库区地质灾害监测预警工作始于20世纪70年代的新滩滑坡专业监测，并于1985年成功预报新滩滑坡，震惊全国。1998年至2000年，国土资源部分别设立了2个科技专项，在三峡库区开展地质灾害监测与预警预报试验示范研究。自2001年国家投入专项资金实施地质灾害监测预警工程建设，于2003年初步建立了三峡库区地质灾害监测预警体系并投入运行，并在2007年和2016年对监测预警体系进行了补充完善和升级改造。具体工作开展情况如下。

1. 开展了地质灾害监测预警工程建设，建成了三峡库区全覆盖的地质灾害监测预警网络，并已正常运行16年

（1）开展了三峡库区地质灾害监测预警工程建设规划，科学部署和分步实施了三峡库区地质灾害监测预警工作。编制了《长江三峡工程库区地质灾害监测预警工程建设规划》以及二期、三期和后续地质灾害监测预警分期规划。

（2）完成了三峡库区二期、三期地质灾害监测预警工程建设和运行，建立了集全球定位系统（GPS）、综合立体监测（CS）和遥感动态监测（RS）于一体的"3S"专业监测系统（图1）及"区县-乡镇-村组"三级群测群防监测预警体系，对255处重大地质灾害实施了专业监测和3082处地质灾害实施群测群防监测。

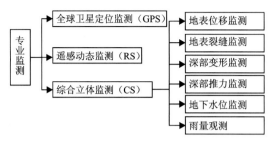

图 1　三峡库区地质灾害"3S"专业监测系统

(3) 完成了三峡后续工作地质灾害监测预警工程建设，对二期、三期地质灾害监测预警体系进行了优化和升级，建成了三峡库区192处重大地质灾害专业监测和4796处地质灾害群测群防监测网络，实现了地质灾害专业监测自动化和群测群防网格化。

2. 开展了多期三峡库区地质灾害防治科学研究，形成了水库型地质灾害监测预警理论与技术方法体系

(1) 完成了三峡库区地质灾害监测实验示范，建立了链子崖危岩体、黄腊石滑坡等重大地质灾害综合立体专业监测网，开展了高精度GPS解算等监测新技术新方法的应用，以及钻孔倾斜仪等监测仪器的研发，为库区地质灾害监测预警网络体系建设奠定了基础。

(2) 开展了二期、三期地质灾害防治科学研究，针对三峡工程建设和运行中面临的地质灾害重大实际难题，设立55个科研课题项目，涉及蓄水引发的地质灾害形成机理、监测预警技术方法、监测仪器研制、信息化建设等多个方面，取得了一系列创新成果。

(3) 开展了三峡库区地质灾害监测预警集成总结研究，建立了三峡库区地质灾害监测预警技术规范体系以及监测预警建设与运行相关制度和技术规范，统一和规范了三峡库区地质灾害监测预警工作。

3. 开展了地质灾害防治信息化建设，建成了三峡库区地质灾害防治信息数据库及监测预警信息系统

(1) 采用云计算、物联网、大数据等先进的技术方法，率先建成了国内区域性的大数据地质灾害防治信息数据库及信息系统，为库区地质灾害监测预警及灾险情处置提供了数据和技术支撑平台。

(2) 建立了三峡库区地质灾害防治档案资料库，系统和完整地汇集、整理与入库了自链子崖危岩体和黄腊石滑坡地质灾害防治工程建设以来的20余年的三峡库区地质灾害防治档案资料近4万卷。

二、科技创新与成果应用

（一）科技创新

1. 构建了集专业监测、群测群防和信息系统"三位一体"的地质灾害监测预警体系

(1) 三峡库区地质灾害监测预警工程体系（图2）是以专业监测为重点，对重点地质灾害隐患实施立体综合监测；以群测群防为基础，组织、培训和技术指导群众对所有已知隐患点开展巡查与简易监测；以信息系统为决策支持，在出现重大地质灾害灾情、险情时为应急处置提供地质灾害相关信息资料和分析计算功能，为科学决策提供支撑和依据。三者互为补充支撑，缺一不可，是地质灾害监测预警方法的创新。

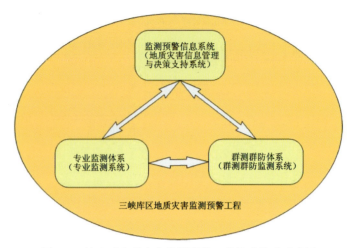

图 2　三峡库区地质灾害监测预警工程构成体系示意图

（2）实现了"群专结合"监测预警技术体系，是一种在专业技术单位和专家队伍为技术支撑与指导，以广大群众为主体监测所有已知隐患的群众性防灾减灾模式。这种"群专结合"的防灾减灾模式，主要特点体现在专业监测单位监测重点隐患的同时，也发挥了对群测群防的技术支持和指导，很好地做到了点与面的结合，宏观与微观的结合，定性与定量的结合，也普遍提升了社会和群众的防灾减灾意识与水平，是地质灾害监测预警模式的创新。

（3）不断创新群测群防监测运行和管理，实现群测群防信息化和网格化管理，率先研发了地质灾害群测群防信息管理系统。集成应用离线处理技术、Webservice 技术、缓存技术、多线程技术、图像压缩传输技术、GPS 定位技术和 Service GIS 技术等，实现灾害点信息、监测数据采集和及时传输、监测数据分析和预警、灾险情速报、预警信息发布和移动办公等，提高了地质灾害预防领域群测群防工作的效率、监测质量和管理水平，在本行业本系统乃至在国内属首创。

2. 形成了水库型地质灾害监测预警科学理论与技术方法

（1）形成了三峡库区水库型地质灾害监测预警理论与技术方法研究体系，涵盖了蓄水引发的地质灾害形成机理、分析评价方法、监测预警预报技术方法、监测仪器研制、信息化建设等多个方面，解决了全库区范围实施地质灾害监测预警工程中的理论及技术难题，丰富了我国地质灾害监测预警理论、技术与方法体系（图 3），提升了我国地质灾害监测预警科学研究水平。

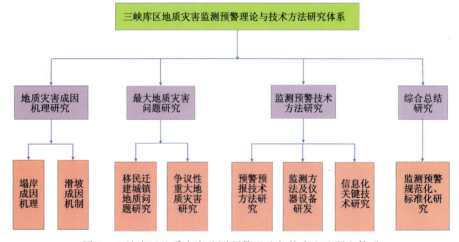

图 3　三峡库区地质灾害监测预警理论与技术方法研究体系

（2）在地质灾害监测预警预报科学理论、技术方法与监测仪器研发上取得了诸多创新，建立了库区地质灾害监测预警预报技术方法体系。研究解决了区域性专业监测网络构建中关键技术问题，包括高精度 GPS 变形解算，成功研制了新型多功能钻孔倾斜仪、滑坡崩塌推力监测系统、基于 TDR 技术的崩塌滑坡监测系统和声发射监测成套设备等多款地质灾害专业监测仪器；研究了滑坡的预警预报方法和预警级别的定量划分标准（图 4，表 1），建立了 122 处重大地质灾害隐患的预警预报模型和预报判据等；提出了三峡库区滑坡涌浪计算模型，改进了水库滑坡速度的计算方法，对 70 处重大变形滑坡开展了涌浪模拟计算（图 5）；以及开展了三峡库区精细化降雨预测预报研究等。研究了三峡库区不同类型地质灾害特点和库水、降雨等因素对地质灾害的作用机理，对库区大于 $100\times10^4\,\mathrm{m}^3$ 的 741 处崩塌滑坡开展库水位日降幅对地质灾害影响的调查评价研究。

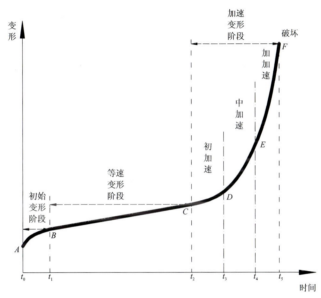

图 4　渐变型滑坡变形-时间曲线及其阶段划分

表 1　滑坡预警级别的定量划分标准

变形阶段	等速变形阶段	初加速阶段	中加速阶段	加加速（临滑）阶段
预警级别	注意级	警示级	警戒级	警报级
警报形式	蓝色	黄色	橙色	红色
切线角（α）	$\alpha\approx45°$	$45°<\alpha<80°$	$80°\leqslant\alpha<85°$	$\alpha\geqslant85°$

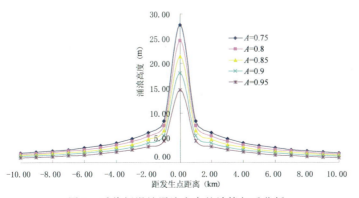

图 5　千将坪滑坡涌浪灾害的计算与反分析

(3) 开展地质灾害监测预警集成总结研究,形成了三峡库区地质灾害监测预警系列技术规范。主要成果包括《三峡库区滑坡预警预报手册》(2014年)、三峡库区地质灾害监测预警工程建设质量检验标准、竣工验收办法、专业监测预警工作职责及相关工作程序的暂行规定、群测群防系统建设及监测运行技术要求、监测预警工程文件归档整理规定等。在三峡库区地质灾害监测预警技术经验的基础上,编制了相关行业标准,如《崩塌、滑坡、泥石流监测规范》(DZ/T 0221—2006)、《地质灾害群测群防监测规范(试行)》(T/CAGHP 069—2019)、《地质灾害监测通讯协议(试行)》(T/CAGHP 070—2019)、《地质灾害监测预警信息发布规程(试行)》(T/CAGHP 064—2019)、《地质灾害监测资料归档整理技术要求(试行)》(T/CAGHP 047—2018)。

3. 研建了三峡库区地质灾害防治信息与决策支持系统

(1) 率先建成了国内基于区域性大数据的三峡库区地质灾害防治信息系统及预警指挥系统,具有自主知识产权。该系统是一个基于网络的大型复杂的GIS+MIS计算机应用系统,在网络及基础设施、标准化体系、数据体系、安全防护体系及信息服务体系支持下进行开发建设,是实现地质灾害防治信息服务及决策支持服务的集中体现。系统具有较完备的地质灾害信息管理和处理分析功能(图6),有良好的开放性、扩展性、兼容性、通用性和实用性特点。

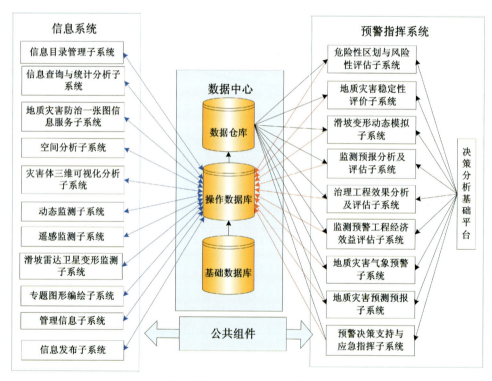

图6 地质灾害防治信息系统与应用系统逻辑结构

(2) 形成了地质灾害防治信息化建设理论与技术方法。对地质灾害防治信息化建设总体规划、总体设计、网络系统与基础设施、信息化标准体系、数据体系、信息服务体系、安全防护体系、组织管理体系、信息系统与预警指挥系统建设的理论、技术方法、实现方案进行系统的研究,取得了诸多创新成果,并在三峡库区进行了实践验证,在全国广泛推广应用,有效地推动了我国地质灾害防治信息化建设进程。撰写出版了第一套地质灾害防治信息化建设系列专著(图7),填补了国内外这一领域空白。

(3) 建立了基于SOA的国家、省、地、县四级联动和资源共享的地质灾害防治信息服务平台。利用可重用服务及服务接口设计技术,建立了适宜于地质灾害防治的面向服务的体系架构,实现了各类异构资源的集成及应用。融合云计算技术,利用云服务扩大服务内容为各类用户提供服务,有效地保证了地质灾害应急调查、应急响应、应急指挥的需求。同时对各级节点的功能、建设内容及各级节点间的信息流和服务流等逻辑关系进行了明确定位,构建了地质灾害防治"基础数据库—操作数据库—数据仓库"三层结构的数据中心和首个地质灾害防治数据仓库,实现了对地质灾害防治大数据的存储管理、快速检索查询、联机分析处理与数据挖掘等服务。

图 7　地质灾害防治信息化建设系列书籍

4. 构建了三峡库区重大地质灾害灾险情应急响应技术支撑体系

（1）构建了重大地质灾害灾险情应急技术支撑平台（图 8）。为解决重大地质灾害突发灾险情时现场处置人员与后方专家通讯不畅问题,集成有线网络、无线通信、卫星通信等技术,建立了地质灾害灾险情现场调查和应急会商的数据通信网络,构建了一套地质灾害灾险情现场调查与多方会商的应急支撑平台,建设了地质灾害应急指挥车。引入 Mesh 自组网通信技术,融合航空图像监控系统,建成了轻量级便携式的地质灾害临灾调查与远程会商移动通信平台。

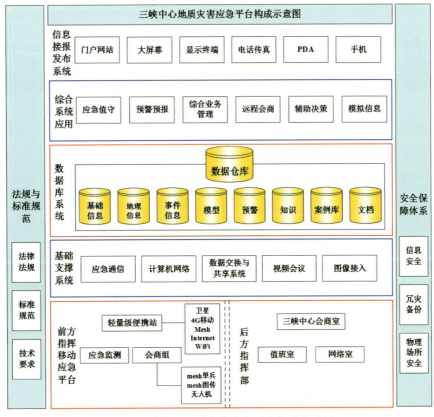

图 8　三峡中心地质灾害应急平台构成示意图

(2) 研究并建立了地质灾害预警决策支持与应急会商系统。按地质灾害防治信息系统建设的总体框架下,结合突发地质灾害风险识别及应急响应系统建设,建立各类专业监测网的信息互联和接入政府网安全机制,开发各类专业监测网信息互联接口和信息交流规则模块,建立地质灾害预警支持及应急指挥逻辑模型与管理模块,充分利用已建地质灾害信息系统与预警指挥系统的各项功能和各类监测网络,按应急指挥的需要,开发应用软件,建立应急指挥主题数据库,提供应急辅助决策指挥支持。

(二)成果应用

1. 技术支撑和指导了三峡库区地质灾害防灾减灾

(1) 监测预警体系成为了库区防灾减灾的重要措施。三峡库区地质灾害监测预警工程的实施,建立了覆盖全库区的专业监测预警和群测群防监测预警体系,对三峡库区 3098 处崩塌滑坡地质灾害点开展了监测预警,监测保护 57.7 万人的安全。如 2012 年 6 月 2 日凌晨,重庆市奉节县鹤峰乡三坪村 1 社曾家棚滑坡发生大规模滑动(图 9),监测预警及时发现险情,紧急撤离 9 户 42 人,未发生人员伤亡。

图 9　曾家棚滑坡大规模滑动后照片

(2) 科学研究提升了三峡库区监测预警预报水平。地质灾害成因机理研究成果提升了对库区地质灾害的认识水平,为地质灾害监测预警提供科学依据。滑坡预警预报模型和预报判据研究,支撑库区重大滑坡预警预报。滑坡涌浪研究及预测评价系统,在秭归北泥儿湾滑坡和白水河滑坡、巫山红岩子滑坡、云阳凉水井滑坡等重大滑坡险情预警和处置中发挥了重要作用,为政府部门防灾减灾决策提供了科学依据。

(3) 信息化的推广应用服务于地质灾害防灾减灾。完成了三峡库区地质灾害防治及预警指挥系统建设,并在库区全面推广应用,为库区地质灾害专业监测、群测群防、应急处置等提供了丰富的数据和先进的技术支撑平台。在凉水井滑坡、北泥儿湾滑坡等重大滑坡险情处置中,充分利用了信息化建设成果,为政府决策提供了有力的支持,取得了显著成效。通过三峡库区的应用实践,实现科研成果的有效转化。

(4) 技术标准规范指导和统一了地质灾害监测预警。针对三峡库区地质灾害规模性监测预警建设和运行的技术需要,已经研究制订了较为完善的三峡库区地质灾害监测预警系列技术标准规范(图 10),从地质灾害监测预警建设、运行技术要求、预警工作程序、预警预报分析和监测成果资料归档等各环节,指导和统一了三峡库区地质灾害监测预警工作。

(5) 宣传、培训、演练提高地质灾害防灾减灾意识与水平。将科研成果转化为科普宣传资料,通过地质灾害科普宣传、技术培训、应急演练,防灾减灾知识走进了三峡库区千家万户,做到全覆盖,不留空白,让老百姓了解地质灾害基本知识,有效提高了库区群众的地质灾害防灾减灾意识(图 11)。

图 10　三峡库区地质灾害监测预警系列技术规范

图 11　三峡库区地质灾害监测预警技术交流培训

2. 服务大国重器三峡工程建设与运行

（1）服务三峡水库蓄水运行调度。三峡水库蓄水初期，受蓄水影响地质灾害灾险情较多，三峡库区地质灾害监测预警工程的实施，监测保护了受蓄水影响的地质灾害体上人民群众安全，为三峡工程按期实现135m、156m和175m试验性蓄水和水库运行提供了地质安全方面的保障。研究成果为三峡水库科学调度提供了科学依据，有利于三峡工程综合效益的提升。

（2）保护库区移民及航运交通安全。对于未实施工程治理的崩塌、滑坡，通过群测群防和专业监测预警，及时发现地质灾害险情，国土资源、交通、海事、航运等各部门联动，各司其职，保障库区移民、长江航运和公路交通安全。如巫山县城对面发生的红岩子滑坡下滑入江（图12），形成了约6m高的涌浪。由于成功预警，多部门联动及时撤离了滑坡体上及附近大宁河和长江水面上人员，并实施了长江交通管制，避免了重大人员伤亡，保障了长江航运安全。

图 12　巫山红岩子滑坡及其产生的涌浪

3. 示范引领我国地质灾害监测预警

（1）研究成果为震区及地质灾害多发区提供参考和借鉴。新滩滑坡监测和成功预警拉开了三峡库区地质灾害监测预警序幕，建立了首个区域性的地质灾害监测预警体系，取得了丰硕的科研与创新成果，解决了大范围地质灾害监测预警中诸多技术难题，也为其他区域开展地质灾害监测预警提供了理论与技术方法。例如《三峡库区滑坡灾害预警预报手册》，在震区和其他地质灾害多发区域的滑坡监测预警预报中发挥了重要作用。

（2）三峡库区技术和经验成为行业标准规范的重要依据。经过了三峡库区二期、三期地质灾害监测预警工程建设和实践应用检验，以及不断修订和完善，部分现已成为行业标准规范，如《崩塌、滑坡、泥石流监测规范》。三峡库区地质灾害监测预警技术经验也在逐渐成为地质灾害防治工程行业标准规范编制的重要基础，有一部分技术标准规范在中国地质灾害防治行业协会组织下正在修订完善，成为行业标准规范，指导和规范我国地质灾害监测预警工作。

（3）三峡库区成为了地质灾害监测预警试验示范区。在三峡库区已建立了一系列的地质灾害研究试验基地、监测预警示范站、科普教学基地、国家地质公园（地质灾害园）等（图13），使得三峡库区成为我国地质灾害监测预警、科学研究、科普教育和人才培养的重要基地，在全国地质灾害防治中起到了良好的示范引领作用。

图13　地质灾害监测重点站和国土资源科普基地

（4）三峡库区地质灾害防治信息化成果向全国推广应用。三峡库区地质灾害防治信息化建设成果突出，得到了外界的肯定和认可。依托于三峡库区地质灾害防治信息化建设和研究成果，全国31个省（区、市）先后编制了地质灾害防治信息化建设设计并付诸实施，重庆市、甘肃省、四川省、兰州市等地区地质灾害信息系统及预警指挥系统已建成并投入运行，发挥了很好的作用。2012年编制了《全国地质灾害防治信息化建设》培训教材，并在武汉举办了全国地质灾害防治信息化建设首期培训班。

三、结论

在自然资源部的组织领导下，湖北和重庆两省市相关部门参与下，中国地质调查局武汉地质调查中心、中国地质环境监测院、中国地质调查局水文地质环境地质调查中心、中国地质科学院探矿工艺研究所等局属单位以及成都理工大学、中国地质大学（武汉）、三峡大学等科研院所的共同努力下，在三峡库区开展了卓有成效的地质灾害监测预警工作。

（1）开展了三峡库区地质灾害监测预警科学研究，解决了地质灾害监测预警关键技术问题，率先在三峡库区构建了以群测群防为基础、专业监测为重点以及信息系统为决策支持的区域性全覆盖的地质灾害监测预警网络体系。

（2）三峡库区地质灾害监测预警工程建设和运行取得了良好的成效，有效地支撑了三峡库区地质灾害防灾减灾，极大地降低了地质灾害风险及库区人民生命财产损失，有力地推动了我国地质灾害监测预警技术发展与进步，提升了地质灾害预警预报水平。

（3）三峡库区地质灾害监测预警体系的建设和运行，保护了库区移民和长江航运安全，服务了三峡水库蓄水运行调度，极大地减少了三峡工程建设中地质灾害的负面影响，服务大国重器三峡工程建设与安全运行。

主要执笔人：付小林、叶润青、黄学斌、程温鸣、吴润泽、霍志涛、杨建英、朱敏毅、潘伟、常宏、王宁涛、董雅深、范意民。

主要依托成果：三峡库区地质灾害防治总体规划及二期、三期和后续规划，三峡库区（二期、三期）地质灾害防治科学研究总结报告，三峡库区地质灾害信息系统及预警指挥系统建设总结报告，长江三峡移民工程地质灾害防治竣工验收终验报告，三峡库区地质灾害防治监测预警工程竣工验收报告，三峡工程完成初步设计建设任务阶段三峡库区地质灾害防治总结性研究（国土资源系统）成果报告，"三峡工程建设第三方独立评估"项目地质灾害评估课题报告。

主要完成单位：中国地质调查局武汉地质调查中心三峡库区地质灾害监测预警中心（原三峡库区地质灾害防治工作指挥部）、中国地质环境监测院、成都理工大学、中国地质大学（武汉）、三峡大学、中国地质调查局水文地质环境地质调查中心、中国地质科学院探矿工艺研究所、湖北省水文地质工程地质大队、重庆高新工程勘察设计院有限公司、湖北省自然资源厅地质灾害应急中心、重庆市地质灾害防治中心、重庆市地质环境监测总站、湖北省地质环境总站、武汉大学、湖北工业大学、武汉中心气象台、武汉地大信息工程有限公司、武汉达梦数据库有限公司、万州区地质环境监测站、巴东县地质环境监测站、重庆地质矿产研究院、重庆市地质矿产测试中心。

主要完成人：黄学斌、徐开祥、程温鸣、曲兴元、郭希哲、殷跃平、刘传正、付小林、叶润青、霍志涛、吴润泽、谭照华、廖清文、李辉武、郭满长、范意民、孙燕、杨建英、朱敏毅、董雅深、潘伟、常宏、黄润秋、许强、汤明高、殷坤龙、牛瑞卿、张国栋、易庆林、易武、罗先启、季伟峰、王洪德、张华庆、王凯、马霄汉、杜琦、苑谊、江鸿彬、邓明早、马飞、张志斌、潘勇、李进财、吴疆、肖尚德、徐绍铨、刘德富、王仁乔、马维峰、傅锦荣、魏世玉、刘娜。

长江中游城市群咸宁—岳阳和南昌—怀化段高铁沿线 1∶5 万环境地质调查

陈立德　王岑

中国地质调查局武汉地质调查中心

摘　要：长江中游城市群承东启西、连接南北，区位优势突出。岩溶地面塌陷、矿山环境地质问题、洪涝灾害等是区域重大工程规划建设、防灾减灾、生态保护修复等备受关注的重大生态环境地质问题。长江中游城市群重点区环境地质综合调查为区域规划建设和扶贫攻坚等提供了重要技术支撑。

一、成果简介

基本查明了江西赣州赣县、于都、兴国、宁都四县（区）重点区水文地质条件，探索开展了 1∶5 万水文地质调查，支撑服务赣州重点区安全饮水扶贫攻坚战略。基本查明了京广、沪昆高铁沿线重点区岩溶地面塌陷分布状况和发育特征，总结了长江中游重点区岩溶地面塌陷发育规律。构建了长江中游汀汉-洞庭地区和九江-黄广地区第四纪地层格架，进一步提出了长江上游"川峡二江"续接贯通的时限是早/中更新世之交，为破解长江水系建立的时限和机制这一重大基础地质科学问题提供了崭新的视角。提出了"再造云梦泽、扩张洞庭湖""采沙扩湖、清淤改田"的防洪策略和工程措施，为长江中游汀汉-洞庭地区防洪减灾、生态保护修复和国土空间规划等重大问题的提出了地学解决方案。

二、主要成果

1. 基本查明了江西赣州赣县、于都、兴国、宁都四县（区）重点区水文地质条件

区内地下水分为松散岩类孔隙水、碳酸盐岩类裂隙溶洞水、红层裂隙孔隙裂隙水、基岩裂隙水四大类；其中松散岩类孔隙水、碳酸盐岩类岩溶水、红层裂隙孔隙水（红层孔隙裂隙溶洞水）资源丰富，可作为应急地下水源。

基岩裂隙水主要分布于低山丘陵区，碳酸盐岩岩溶裂隙溶洞水主要分布于小型古生代石炭系、二叠系灰岩发育的断陷盆地，红层裂隙孔隙水分布于赣兴盆地、于都-宁都盆地等中生代红层盆地。

岩浆岩、变质岩、一般碎屑岩类基岩裂隙含水岩组及红层裂隙孔隙含水岩组分布区地下水普遍贫乏，部分基岩裂隙水分布区受构造影响或大型断裂带控制，往往成为集水廊道；第四纪全新统冲积层分布区含水量丰富；晚古生代灰岩分布区往往为向斜储水盆地，如马安盆地、银坑盆地等，地下水丰富。

2. 基本查明了江西丰城、萍乡和湖北咸宁—赤壁段岩溶地面塌陷分布状况，总结了京广、沪昆高铁沿线城镇及湘中地区岩溶地面塌陷发育规律

（1）按岩溶地面塌陷空间分布及其主要诱发因素，将长江中游地区划分为沪昆高铁沿线城镇岩溶

塌陷发育区和长江中游沿江岩溶塌陷发育区。

沪昆高铁沿线城镇岩溶塌陷发育区包括湖南娄底-益阳、株洲-湘潭地区和江西萍乡—新余—丰（城）樟（树）高（安）及景德镇—乐平一线。沪昆高铁东西横贯湘中-萍乐岩溶条带，京广高铁南北穿越该岩溶条带株洲—湘潭段（图1）。区内的岩溶塌陷主要与煤矿开采等矿业活动有关。

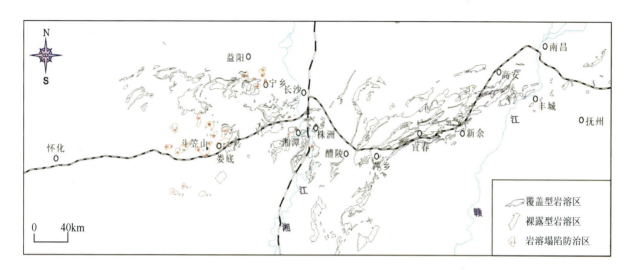

图1　沪昆高铁、京广高铁沿线邵阳—萍乐—丰城段岩溶条带分布略图

长江中游沿江岩溶塌陷发育区包括湖北武汉、咸宁—赤壁段和江西瑞昌—九江—彭泽一线。塌陷主要发育在长江或支流Ⅰ级阶地，易发区地质结构与区内晚更新世—全新世以来的水系演化有密切关系，部分塌陷对长江堤防安全构成威胁。人类工程活动是岩溶塌陷最重要的诱发因素。

（2）沪昆高铁沿线城镇江西丰城煤矿采空塌陷和岩溶塌陷同时存在，加剧了地表塌陷的危害性。

调查表明，江西丰城市诱发地面塌陷严重的煤矿采空区主要有洛市-绣市采空区、袁渡-白土采空区、董家采空区、尚庄采空区和曲江采空区。岩溶塌陷主要分布于丰城尚庄、曲江、云庄一带。

江西萍乡地面塌陷区主要有三田地面塌陷区、青山地面塌陷区、白源地面塌陷区、丹江地面塌陷区、麻山地面塌陷区和安高地面塌陷区。

调查表明，煤矿抽排地下水是沪昆高铁沿线江西丰城—萍乡及湘中地区岩溶地面塌陷的首要诱发因素，集中降雨影响的矿山抽排地下水疏干区地面塌陷、关闭矿坑后地下水位抬升区地面塌陷，是煤矿抽排地下水诱发岩溶地面塌陷的另外两种表现形式。

长江中游武汉—黄石—九江—彭泽沿江地区岩溶塌陷主要发育在长江及其支流Ⅰ级阶地。

岩溶塌陷大多分布在长江或部分支流的Ⅰ级阶地粉质黏土、沙土发育区。岩溶塌陷与工程建设密切相关，地震、强降雨、降水位变动等因素也可能诱发岩溶塌陷。

3. 建立了长江中游江汉-洞庭地区及黄广-九江地区第四系地层格架，破解了区内第四系研究的重大基础地质问题

基于年代学和地层叠覆关系的研究，识别出网纹红土与下伏早更新世砾石层之间的不整合接触关系，系统开展了长江中游江汉-洞庭盆地及江西九江地区第四系划分与对比研究，建立了区内第四纪地层格架（表1），破解了第四系研究的重大基础地质问题。

表1 长江中游地区第四系划分与对比表

年代	黄广-九江地区		江汉-洞庭地区			年龄（万年）
全新世	全新统		全新统			1.8
晚更新世	柘矶砂层		青山砂层			<12
	新港黏土		云梦组			
中更新世	进贤组	叶家垄红土 赛阳红土	马王堆组	善溪窑组	王家店组	>12
早更新世	九江砾石层		汨罗组	白沙井砾石层	云池组 阳逻组	200～75
	黄梅砂砾石层		//////////			

4. 提出了"川峡二江"续接贯通的时限为早/中更新世之交的新认识，为长江水系建立这一重大科学问题的研究提供了新思路

"川峡二江"续接贯通的时限是早/中更新世之交，并促成了江汉-洞庭"中更新世古湖"的形成和广泛发育的网纹红土层沉积。长江中游地区中更新世网纹红土层在江汉-洞庭盆地分布范围之广，非河流阶地上部单元可以比拟，代表了广泛的湖相沉积，与下伏云池组代表的强劲的河流相沉积和后期砾石层普遍遭受侵蚀过程相比，江汉-洞庭盆地沉积环境发生了重大的调整，指示了"川峡二江"的续接贯通，并攫取上游水源和携带的细粒沉积物，造就了江汉-洞庭"中更新世古湖"的迅速形成，发育了目前江汉-洞庭平原广布的红色砂泥质沉积，而这些沉积物在后期风化作用下呈现出目前的网纹红土，而其底部的泥砾层是"中更新世古湖"形成过程中的底积物。网纹红土的测年数据表明，其时限为中更新世。江汉-洞庭盆地"中更新世古湖"大体形成于早/中更新世之交，并促成了江汉-洞庭"中更新世古湖"的形成和广泛发育的网纹红土层沉积。

5. 提出"再造云梦泽、扩张洞庭湖""采沙扩湖、清淤改田"，为长江中游防洪减灾、生态保护和国土空间规划等提供地学解决方案

基于全新世以来长江中游江湖关系演变、人水争地等因素诱发的洪涝灾害等重大问题，提出了长江中游荆江及江汉-洞庭地区防洪策略，即"再造云梦泽、扩张洞庭湖""采沙扩湖、清淤改田"，为长江中游防洪减灾、生态保护修复和国土空间规划等关系国计民生的重大问题，提出了系统性地学解决方案（图2）。

江汉湖群（云梦泽）和洞庭湖，是长江中游泥沙淤落、洪水调蓄的天然场所。"再造云梦泽、扩张洞庭湖"是尊重长江中游河湖协同演化的自然规律，因势利导，实施主动防洪的最佳选择，也是在现有工程技术条件下的可行方案。

三、成果意义

（1）长江中游江汉-洞庭地区及黄广-九江地区第四系划分与对比研究，构建了区域第四系地层格

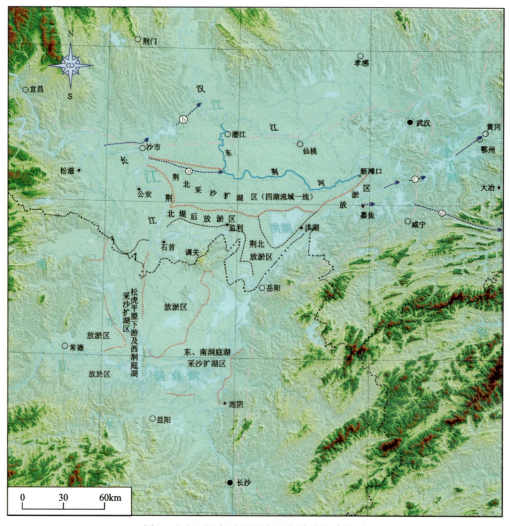

图 2　江汉-洞庭平原暨武汉防洪对策建议图

架,取得了 20 世纪 60 年代以来区内第四系研究的重大突破。

(2) 深入研究长江中游河湖演化及其地质环境效应,支撑服务长江中游地区国土空间规划。长江中游江汉-洞庭地区和鄱阳湖地区,是长江与沿江湖泊湿地协同演化、洪水调蓄、冲淤变化、湿地变迁的天然场地。长期以来,区内存在人水争地矛盾突出、洪涝灾害严重、生态环境脆弱等重大生态环境地质问题。深入研究长江中游一带第四纪以来,尤其是晚更新世和全新世以来的江-湖关系及其演变趋势,研究人类重大水利工程建设运营对生态保护、洪涝灾害的影响,支撑服务沿江及沿湖地区城镇规划建设、岸线资源综合利用、湖泊湿地保护修复、长江中游城市群可持续发展战略,为统筹考虑防洪规划、土地利用规划、城镇规划、重大工程规划建设及运营管理等国土空间规划的理念和实践提供科学的地质依据。

(3) 探索安全饮水解决方案,支撑服务赣南苏区脱贫攻坚见成效。探索了水文地质调查支撑服务扶贫攻坚战略,提出农村安全饮水解决方案。在江西省赣州市赣县、于都、兴国、宁都等县(区)先后实施了 97 口探采结合井,为区内 5 万群众提供安全饮水水源。在此基础上,为积极探索山区农村"相对集中居住区""乡镇或人口密集区"和"分散农户"3 种安全饮水供水模式,成功实施并联合共建了"赣县夏潭饮水示范工程""兴国西霞饮水示范工程""于都银坑镇谢坑饮水工程"和"赣县墩上饮水工程",取得了良好的示范效果和积极的社会影响。

（4）编制了湖北省矿山开发环境遥感监测报告，为矿业开发秩序和矿山地质环境恢复治理工作提供依据。2016—2018年每年向国土资源部（现自然资源部）环境司提交"湖北省矿山地质环境遥感监测报告"及1∶50万矿山地质环境现状图等成果资料一套，成为矿山地质环境恢复治理工作的主要参考资料。

向自然资源部耕地保护司、矿产开发管理司提交的矿山地质环境遥感监测图，及时为矿业权审批、矿区内范围耕地保护等工作提供了技术支持。

为自然资源部环境司和规划司提交《湖北省绿色矿山遥感监测图集》和《湖北省国家级自然保护区资源环境遥感监测图集》。为自然保护区内清退、国家自然保护、绿色矿山管理等工作提供了基础信息。

（5）出版了《鄱阳湖的前世今生》科普著作，为鄱阳湖保护修复"鼓与呼"。运用拟人、散文体等通俗的语言形式，对鄱阳湖演化的地质历史进程进行了解读。上篇"前世"部分以时间轴为主线，以基底地质问题、庐山第四纪冰川、山湖关系、河湖的变迁等重要的地质历史事件以及李四光、施雅风等著名地学人物的学术研究展开讨论。下篇"今生"部分主要以鄱阳湖老爷庙水域的沉船事件、鄱阳湖重要的生态环境功能为侧重点，从水文、气象、环境地球化学、湿地生态系统、生态环境保护等角度进行叙述。书中配有大量精美的图片，让读者深深地感受到鄱阳湖灵性秀美的同时，唤醒读者对鄱阳湖生态环境保护和修复的沉甸甸的责任意识。

陈立德（1969—），男，教授级高级工程师，专业技术三级。主持完成了"长江三峡高陡岩质岸坡地质环境调查评价""长江中游城市群地质环境调查与区划"等项目。发现了长江三峡巫峡段箭穿洞危岩体和龚家方-独龙不稳定斜坡等重大地质灾害隐患，建立了"岸坡结构类型-变形失稳模式-稳定性分析评价"概念模型，为三峡库区地质灾害防治提供了技术支撑。建立了长江中游地区第四纪地层格架，提出了长江三峡续接贯通的时限大体相当于早-中更新世之交的新认识。开展了长江中游河湖演化及其地质环境效应研究，提出了"采沙扩湖、清淤改田""再造云梦泽、扩张洞庭湖"的防洪减灾策略。获中国地质调查成果一等奖1项和国土资源科学技术二等奖3项。

地质环境调查支撑服务长江中游国土空间规划和生态环境保护

肖攀 彭轲

中国地质调查局武汉地质调查中心

摘 要：通过部署实施长江中游沿岸重点地区1∶5万水工环综合地质调查，重点对沿岸地区地质环境条件和主要环境地质问题进行调查研究，查明了宜都、董市、江口、黄陂、蕲州与富池口6个图幅的水文地质和工程地质条件，梳理总结出沿岸地区优势地质资源、地质环境条件和主要环境地质问题，采用层次分析法对长江中游岸线稳定性、沿江岸线港口码头、过江隧道、跨江大桥建设，以及武汉市主城区、长江新城起步区地下空间资源开发利用进行了适宜性综合评价分区，为地区地质环境资源开发与保护提供地质依据，以支撑服务长江中游沿岸地区社会经济发展、生态环境保护和国土空间规划与利用。

一、项目概况

长江中游为长江经济带的核心区域之一，地质资源丰富，但环境地质问题突出，为保障长江中游沿线地质资源合理利用、生态环境有效保护，中国地质调查局武汉地质调查中心承担实施了"长江中游宜昌—荆州和武汉—黄石沿岸段1∶5万环境地质调查"二级项目，项目归属于"长江经济带地质环境综合调查"工程，工作周期为2016—2018年。项目总体目标任务为：开展长江中游宜昌—荆州和武汉—黄石沿岸段1∶5万环境地质调查，查明沿岸重要城市规划区和重大工程建设规划区的水文地质、工程地质条件及主要环境地质问题；开展长江中游沿岸重大工程建设适宜性评价，提出对策建议，为长江中游沿岸新型城镇化、综合立体交通走廊建设提供地学依据。

二、成果简介

（1）系统梳理总结了长江中游沿岸、武汉市城区多年地质调查成果和最新地质资料，编制了《长江中游岸线地质资源与环境地质图集》和《支撑服务武汉市规划建设与绿色发展地质环境图集》（图1）。前者由基础地质环境图、岸线资源与规划图和岸线评价与建议图3部分构成，共19幅图；后者由序图、国土空间开发适宜性评价图、城市建设应关注的重大地质安全图、产业发展可充分利用的优势地质资源图、生态环境保护需要重视的资源环境状况图和基础地质条件图6部分构成，共46幅图。《长江中游岸线地质资源与环境地质图集》有效促进长江中游沿岸岸线资源合理开发利用与环境保护，支撑服务长江经济带（湖北段）沿江国土空间规划和绿色发展；《支撑服务武汉市规划建设与绿色发展地质环境图集》已于2018年12月移交至武汉市国土资源局，为武汉市国土空间资源开发、重大工程建设规划及地质灾害防治提供科学依据。

（2）在岸线稳定性评价的基础上，结合拟建工程类型，从地质学角度构建港口码头、过江隧道与过江大桥等重大工程建设适宜性评价模型,采用层次分析法,分别对沿江港口码头、过江大桥、过江隧道等重大工程建设场地的适宜性进行了评价。由评价结果可知,适宜港口码头建设有37段共355km,适宜过江隧道建设有11段共241km,适宜过江大桥建设有18段共390km,分别圈定了各工程类型建设场地适宜、较适宜、基本适宜和不适宜区段(图2~图4),并针对不同适宜类型提出相应对策建议,保证地质安全,为重大工程规划提供地学理论依据,促进长江中游岸线资源科学合理开发利用与有效保护。

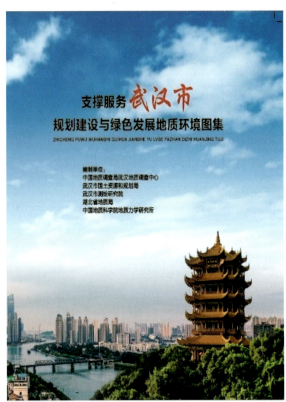

图1 图集封面

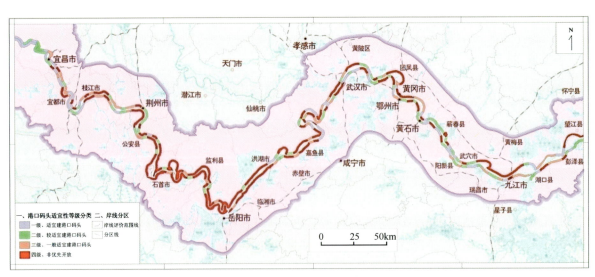

图2 港口码头适宜性评价分区图

图 3 过江大桥适宜性评价分区图

图 4 过江隧道适宜性评价分区图

(3) 按照平面上分区、垂向上分层方式,对武汉市主城区地下空间资源分 0~10m、10~30m、30~50m 三个层次进行了评价。其中,武汉市主城区 0~10m 适宜和较适宜地下空间开发面积为 476km²,可用于地下综合体和各类管道等市政设施建设;10~30m 适宜和较适宜地下空间开发面积为 450km²,可用于地下综合廊道和地下轨道交通建设;30~50m 适宜和较适宜开发的面积为 510km²,可用于地下综合廊道、地下轨道交通和特殊地下工程等建设。同时,结合评价结果编制了适宜性评价分区图,支撑服务武汉市城市地下空间资源的开发利用。

(4) 通过水文地质测绘、地球物理勘探、水文地质钻探、抽水试验等工作,查明了董市、宜都、江口、蕲州等图幅的地下水类型与分布,含水岩组的埋藏条件及富水性、水化学特征及补径排等水文地质条件,并对地下水资源进行计算,编制了水文地质图及说明书,提高了上述图幅的水文地质研究程度,为该区域地下水资源开发利用和科学管理提供了地质依据。

三、成果意义

长江中游沿岸地区是长江经济带的重要组成部分,具有重要国家战略地位,生态环境脆弱,环境地质问题频发,成为制约城市规划、社会经济发展的关键因素之一。本项目通过长江中游沿岸重大地区1∶5万环境地质调查的部署实施,在查明工作区水文地质、工程地质条件和主要环境地质问题的基础上,提出地质资源开发利用的科学建议和生态环境保护对策,积极促进成果转化与应用服务,为长江经济带的发展、国土空间规划及交通立体走廊建设提供了地质依据。

彭轲,教授级高级工程师,湖南衡阳人。1990年参加工作。30年来一直从事水文地质、工程地质与环境地质调查与研究工作,先后承担湖南省地质灾害调查(1∶50万)、湖南省湘潭市区岩溶塌陷地质灾害勘查评价。主持并完成了湖南省冷水江市区域水文地质调查、永州市区域水文地质调查、湖南省吉首市地质灾害调查与区划、湖南澧县地质灾害调查与区划、湖北清江流域11个县市地质灾害详细调查、中南重点地区地下水污染调查评价,以及武汉都市圈京广高铁沿线城镇群地质环境综合调查(咸宁幅)和长江中游宜昌—荆州和武汉—黄石沿岸段1∶5万环境地质调查等项目。2008年5月、2013年4月两次赴四川参与地震灾区次生地质灾害应急排查。完成相关报告50余份,发表论文10余篇。获原地矿部找矿成果三等奖1项,湖南省优秀工程勘察一等奖1项、三等奖1项。

水库区滑坡涌浪灾害研究取得关键突破

谭建民

中国地质调查局武汉地质调查中心

摘 要：针对水库区滑坡涌浪灾害分析预警中的核心科学问题，融合野外调查、物理实验与数值计算等多元方法，在水库滑坡涌浪评价方法、软件编制和转化应用等方面取得重大突破，并在多起水库滑坡涌浪应急事件中发挥了重要技术支撑作用，为三峡水库正常运行与三峡航道安全提供了科技保障。

一、项目概况

三峡地区万州—宜昌段地处三峡腹地，是长江经济带立体交通立体走廊重要组成部分。2007年以来，中国地质调查局武汉地质调查中心承担了"长江上游宜昌至江津段环境工程地质调查（2006—2008）""三峡库区高陡岸坡成灾机理研究（2010—2013）""三峡库区巴东段岸坡改造调查（2014—2015）"和"三峡地区万州—宜昌段交通走廊1∶5万环境地质调查"等项目，以查明岸坡变形失稳机制、研究涌浪灾害为目的，利用地面调查、物理实验、数值模拟、软件编制等手段，探索出水库区滑坡涌浪灾害风险评价技术体系。

二、成果简介

1. 构建了浅水区滑坡涌浪数值模型，实现了涌浪源的快速准确计算

利用FORTRAN语言，编译浅水区滑坡涌浪源模型，由波高函数和波长函数可形成初始的波浪液面势能场，波速用来建立初始涌浪波的运动场。通过大量浅水区滑坡涌浪物理模型试验，推导形成了浅水区滑坡初始涌浪源的主要控制方程，建立了FAST涌浪源计算模型，同时利用Boussinesq方程进行涌浪传播和爬高计算。通过案例来验证，浅水区滑坡涌浪模型的计算涌浪峰值与野外调查相差约为±2m，非常接近，再现了涌浪灾害，传播距离与实际目击者反映吻合（图1）。此项发明获得国家专利（图2）。

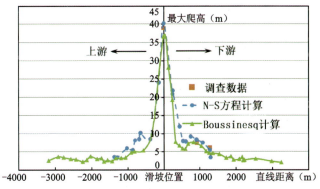

图1 千将坪滑坡野外观察爬高、N-S计算值和浅水滑坡涌浪模块计算值对比图

2. 编制完成基于水波动力学的滑坡涌浪计算软件

利用 ArcGIS、Visual Studio、.net 等编程工具，深入研究并修改了国外开源软件 FUNWAVE 的部分 FORTRAN 代码，形成水库区地质灾害涌浪快速评估软件，率先实现全河道、全程可视化演示功能，并具有可直接生成所需的地形网格离散数据、三维图像自检环节、地形孔洞自动插值修补、涌浪波及范围的自动切取、一键报告等便利使用功能。获得软件著作权 5 项（图 2）。

图 2　获得的专利与著作权证书

当前，软件包含有五大模块，分别是前处理、水波动力计算、后处理、涌浪演示和风险估计。前处理的主要功能是为了处理地形图、测深图和遥感影像图，将这些数据融合成用于水波动力涌浪计算的文件。主要功能包括数据格式转换、数据图形切割、图像校准和计算文件的形成。水波动力学计算主要是水波动力学滑坡涌浪的三大计算模型，包括深水区滑坡涌浪计算模型、浅水区滑坡涌浪计算模型和水下滑坡涌浪计算模型。如果多个滑坡涌浪或多类型混合滑坡涌浪，则可采用混合模型。后处理模块的主要功能是对计算结果进行二维等值线、单点历史过程线等进行处理，包括切割和渲染等简单的平面处理功能。涌浪演示模块主要进行计算区域和涌浪过程的三维演示，包括渲染、切割和录像等基本的三维处理功能。风险评估模块主要进行涌浪爬高区域的提取和利用公式法进行简单估算，包括部分对外联系功能。

3. 建立了滑坡涌浪风险评价技术体系

借鉴滑坡风险评估方法和海啸风险评估方法，使用以下步骤来实现水库区滑坡涌浪风险评估：风险评估范围界定、涌浪危险性分析、脆弱性分析、涌浪风险评估、涌浪风险划分，最后将风险评估情况进行对比分级或排序。如果存在高风险，提出对应措施来降低风险。利用案例验证过的 FAST/FUNWAVE 程序开展了巫峡板壁岩潜在涌浪风险评估试点。根据不同水位下滑坡风险值和对应的风险区域，可以综合区划滑坡涌浪风险区域，河道内最大波幅超过 3m 的河段为红色预警区，最大波幅在 2～3m 之间的河段为橙色预警区，最大波幅大于 1m 的河段为黄色预警区；结合承载体的易损性将河段划分为高风险区、中风险区、低风险区（图 3）。

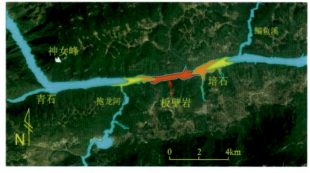

图 3　板壁岩滑坡涌浪风险区划简图

4. 研究成果及时用于地质灾害应急处置与调查,支撑服务防灾减灾,确保长江航道安全

利用滑坡涌浪快速评估系统对2015年6月24日重庆市巫山县发生的红岩子滑坡进行了快速模拟,认为残留滑体涌浪危害较小,致使三峡提前解除封航,挽回巨大经济损失;对已变形的巫峡干井子滑坡与秭归棺木岭危岩体两处险情进行了滑坡涌浪风险预测,根据航道内水质点的最大波高和爬高进行了航道危害区域初步划分,并提交当地政府部门,指导了防灾避险;对长江万州—宜昌段干流航道内已发生的8次滑坡涌浪或险情的灾害进行了分析,说明万州—宜昌段航道存在较大的涌浪风险,通过对典型地段的计算机涌浪模拟评价结合岸坡稳定性及滑坡发育情况,对全段航道进行了涌浪灾害风险评估(图4),为长江三峡航道安全运行提供了技术支撑。

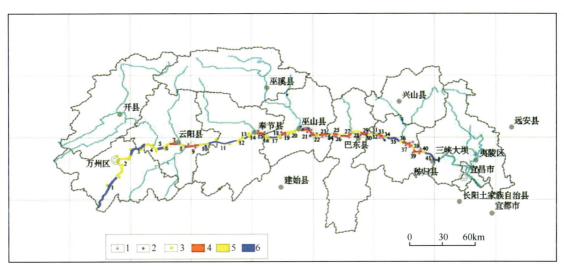

图4 三峡地区干流涌浪灾害风险评估图

1.潜在涌浪源;2.已形成涌浪的地质灾害点;3.重大地灾点;4.涌浪灾害高风险区;5.涌浪灾害中风险区;
6.涌浪灾害低风险区

三、成果意义

该成果推导出水库区刚性块体和散粒体滑坡涌浪的计算公式并构建基于水波动力学的滑坡涌浪评价技术,首次实现滑坡涌浪从发生到衰减的全过程、全河道的模拟计算,达到国际先进,推动了滑坡涌浪理论和实践实用方面的研究水平。该技术可对某一潜在地质灾害点滑动引起的涌浪影响区域、范围、危害程度进行准确预测,为大江大河、水库等区域因突发地质灾害引起的涌浪危害防控提供直接科学依据,为地方政府在水库和航道安全决策中提供最直接的技术支撑。

谭建民(1975—),男,中共党员,教授级高级工程师。1997年7月毕业于中国地质大学(武汉)水文地质工程专业。1997—2001年先后从事水利水电施工、水利水电勘查、岩土工程勘察工作。自2002年以来在三峡库区第一线主要从事地质灾害防治及调查研究工作。先后参加和主持了三峡库区地质灾害防治、地质调查项目、二级项目和横向项目20多项,参与规范编制3项。参加过2008年汶川地震的地质灾害应急排查。共发表论文20多篇,参与编撰专著2部(排名第二与第四);以第一作者(或通信作者)发表论文9篇,EI或SCI检索2篇。

岩溶塌陷综合地质调查为岩溶区城镇化和重大工程建设保驾护航

雷明堂　戴建玲

中国地质科学院岩溶地质研究所

摘　要："湘西鄂东皖北地区岩溶塌陷1∶5万环境地质调查"项目紧密围绕湘西鄂东皖北地区城市和立体交通走廊等建设的岩溶塌陷问题迫切需求，开展地质环境综合调查，为国土规划、重大工程、重大基础设施规划和城市规划提供基础地质资料与科技支撑；以破解国民经济建设面临的岩溶塌陷重大地质环境问题为核心，探索岩溶塌陷探测和监测预警技术方法，推出长江经济带岩溶塌陷调查成果和高铁沿线岩溶塌陷评价图等数据服务产品。

一、项目概况

"湘西鄂东皖北地区岩溶塌陷1∶5万环境地质调查"(2016—2018)是中国地质调查局下达的"地质矿产资源及环境调查专项"的二级项目之一，一级项目为"重要经济区和城市群综合地质调查"，所属工程为"长江经济带地质环境综合调查"，项目编号DD20160254。承担单位为中国地质科学院岩溶地质研究所。

二、成果简介

（1）完成湘西鄂东皖北地区11个图幅1∶5万岩溶塌陷环境地质调查系列图件及说明书的编制，建立了湘西鄂东皖北地区岩溶塌陷调查数据库，提升服务生态文明建设、服务新型城镇化建设的能力。

通过湖南西部怀化-新化地区、湖北东部江夏地区、安徽北部淮南地区4875km^2 11个图幅岩溶塌陷1∶5万环境地质调查，初步查明了工作区岩溶塌陷的类型、数量、规模、形态、时空分布以及灾害损失情况；查明了岩溶发育特征、岩溶水文地质条件、第四系覆盖层工程地质条件以及人类工程活动特点等岩溶塌陷主要影响因素。以岩溶塌陷典型调查为基础，系统分析了岩溶塌陷的形成演化机理、主要控制因素和诱发（触发）因素，查明人类工程活动对岩溶地质环境的作用和影响以及岩溶地质环境问题对城市工程建设的影响，研究岩溶塌陷动力因素的变化规律。建立多种条件下岩溶塌陷形成演化的地质结构模式。除按图幅编制了1∶5万水文地质图、1∶5万岩溶塌陷分布图等相关图件外，还编制了行政区岩溶塌陷专题图，生命线工程（高速公路、高速铁路）岩溶塌陷评价图，提升了服务生态文明建设、服务新型城镇化建设和重大工程建设的能力。

（2）编制《服务中长期高速铁路规划建设与运行岩溶调查报告（2018）》，精心服务国家重大工程规划建设。

依据国家发展和改革委员会印发的《中长期铁路网规划》(2016—2030)，评价了规划建设的高速铁路沿线岩溶和岩溶塌陷存在的风险。形成3点结论和建议：一是在我国已建成的3×10^4km高速铁路中有2000km位于岩溶塌陷高易发区，穿越地下河22条，高铁沿线2km范围内有岩溶塌陷点290多处，这些路段主要分布在沪昆、南昆、柳南、京广、宜万、贵广和渝贵线。岩溶和岩溶塌陷主要影响路基稳定，导致桥墩基础下沉，隧道长期排水引发地表大面积的井泉干涸、塌陷等。二是国家规划建设的

$3.5×10^4$ km 高速铁路,位于岩溶塌陷高易发区的路段约 1800km,穿越地下河 25 条,沿线 2km 范围分布 180 处岩溶塌陷点。建设阶段风险主要有地质勘探或建设过程中诱发岩溶塌陷,岩溶塌陷导致成桩困难,桥基、路基下沉;隧道穿越地下河,发生突水、突泥灾害,造成重大安全事故等。三是为有效降低或减缓岩溶塌陷对铁路规划建设和安全运营的影响,建议采取以下措施:①对已运营高铁沿线实施严格的地下水禁采,加强岩溶塌陷影响严重路段的桥基、路基岩溶塌陷隐患的探测和监测。②建议采取适当工程措施,逐步降低已运营铁路隧道的排水量,减少对地质环境的影响和破坏。③在建和拟建铁路,应加强岩溶塌陷高易发区的线路优化,岩溶山区隧道应避让层状强岩溶发育带,加强岩溶塌陷防治勘查设计,特别是桥梁桩基、隧道岩溶勘查设计。④施工中,应尽可能地减少桩基冲孔桩的应用,加强隧道超前探测,采取适当工程止水措施,防范突水、突泥灾害,减少对岩溶生态环境破坏。

(3)编制《岩溶塌陷对城镇和重大工程规划建设的影响分析报告(2016)》,为破解城市与大型工程建设面临的岩溶塌陷地质环境问题提供支撑。

针对重大工程、城市群规划建设、新型城镇化面临的岩溶塌陷问题,完成《岩溶塌陷对城镇和重大工程规划建设的影响分析报告》的编写工作,全面分析我国岩溶塌陷发育状况及其对城市和重大工程规划建设的影响。对我国岩溶塌陷发育状况形成初步认识和基本判断:一是我国岩溶塌陷高易发区面积 $34.3×10^4$ km^2,有记录的岩溶塌陷灾害 3315 处,造成建筑设施变形破坏,损毁土地资源,加剧地下工程和矿坑突水突泥灾害等。二是岩溶塌陷对长江中游城市群等 9 个重要经济区(城市群),广州、武汉等 41 个地级以上城市和 143 个县(市)城镇影响严重,应加强岩溶塌陷危险性评估,做好城镇规划建设中的岩溶塌陷防治勘察设计。三是沪昆等已建高速公路位于岩溶塌陷高易发区的线路长度约 3750km,建议加强高易发区路基岩溶塌陷隐患排查,实施公路两侧 200m 范围内地下水禁采。四是规划建设的油气管道工程位于岩溶塌陷高易发区线路长度约 1080km,建议加强炼厂、站场和阀室等地基基础的岩溶防治勘察设计。

(4)建设和完善岩溶塌陷监测示范站,提升岩溶塌陷地质灾害监测能力和水平。

针对岩溶塌陷的隐蔽性、突发性特点,提出岩溶塌陷动力因素监测、隐伏岩土体变形分布式光电传感(BOTDR、TDR)监测和隐患点地质雷达排查相结合的岩溶塌陷综合监测方法。完成了远程遥控岩溶塌陷动力监测系统的开发研制工作,实现了对岩溶塌陷形成演化过程中隐伏岩溶系统水气压力变化的实时监测。完成湘中、桂中、皖江、珠三角和渝中地区等 8 个岩溶塌陷监测示范站建设维护(图1),为多灾种和灾害链综合监测、风险早期识别和预报预警能力建设提供支持。

从岩溶塌陷形成演化的特点出发,根据岩溶塌陷发育过程中动力条件、土体内部变形、地面变形以及宏观变化等,提出相应的监测指标和行之有效的监测方法,支撑服务岩溶塌陷监测工作与实施。

(5)推广应用到"贵阳—南宁高速铁路荔波—都安段隧道岩溶水文地质工程地质调查评价"中,为重大工程建设服务。以地质调查成果为基础,完成"贵阳—南宁高速铁路荔波—都安段隧道岩溶水文地质工程地质调查评价"工作,贵阳—南宁高速铁路是国家《综合交通网中长期发展规划》"五纵五横"中"包头至广州运输大通道"的重要组成部分,设计时速 350km。线路走向从贵州贵阳开始,途经都匀、荔波,广西金城江、都安、马山,到终点南宁,全长 583km。线路穿过陡倾高原斜坡及广西的岩溶强烈发育地段线路长 120km,铁路工程所遇到的岩溶工程地质、水文地质问题突出。受中铁二院成都地勘岩土工程有限责任公司委托,项目组承担了贵南高铁荔波—都安段各隧道岩溶水文地质工程地质调查评价工作,对总长 107km 的 8 条岩溶长大隧道地下水涌水量、诱发岩溶塌陷危险性、诱发其他地质环境问题的风险进行系统评估。以此为基础,初步形成高速铁路岩溶塌陷评价技术与方法。

(6)为重大工程建设提供地质安全保障。新建道真至务川高速公路青坪特长隧道全长 8065m,隧道穿越的青坪向斜台地岩溶强烈发育,岩溶工程地质、水文地质问题突出。受湖南省交通规划勘察设计

图 1 监测站分布图

院有限公司的委托,项目组以地质调查成果为基础,通过补充调查,完成了《道真至务川高速公路青坪特长隧道岩溶水文、工程地质专题研究》的编写工作,查明了线路方案通过地区的岩溶工程地质及水文地质特征、隧址区内岩溶水系统的水动力条件、岩溶(水)对隧道工程的影响,评价了隧道工程建设对沿线岩溶地质环境造成的影响,对拟建隧道的地质适宜性作出评价意见,并提出路线方案的优化建议。在专题研究报告中指出隧道可能的涌水问题,将会对环境造成严重的影响:破坏岩溶含水层结构、疏干向斜中部东西翼的大岩门饮用水及发电站用水,可能影响青坪水库的蓄水及造成严重的地面塌陷问题。工程业主单位对评价结果高度重视,鉴于隧道岩溶环境风险控制难度大,决定放弃原定线位方案。

(7)服务地方政府的地质灾害防治和抗旱找水工作,支撑服务脱贫攻坚。项目组通过地面调查和地球物理勘探,查明了新化县三房湾村周边水文地质条件,在三房湾村实施了一口探采结合孔,钻孔深度100m,涌水量138t/d,水质良好,可解决当地1000多人的饮水问题(图2)。

图 2 探采结合井服务贫困区百姓

为了满足地方政府地质灾害防治工作的需要,应安徽淮南市国土资源局的要求,以1:5万岩溶塌陷调查评价结果为基础,编制了《淮南市八公山区土坝孜岩溶塌陷地质灾害勘查方案》,国土资源局计划配套经费,启动防治勘查工作。

2017年7月11日的怀化市鹤城区紫东路发生岩溶塌陷,项目组以调查资料为基础,开展隐患应急排查工作,获得原怀化市国土资源局的肯定。

(8) 初步形成较为完整的"复杂岩溶区高铁综合勘察成套技术体系",形成《高速铁路复杂岩溶勘察技术研究及应用》成果,为岩溶区高铁建设提供了技术支撑。与中铁二院、成都理工大学等单位合作,系统梳理在岩溶塌陷调查评价,以及武广、贵广、云桂等10余条高速铁路岩溶调查评价和处置研究成果,从高铁岩溶地质理论、减灾选线理论方法、综合勘察技术、灾害风险评估、防灾减灾5个方面进行了总结,创建了完整的"复杂岩溶区高铁综合勘察成套技术体系",为岩溶区高铁建设提供了理论技术支撑。《高速铁路复杂岩溶勘察技术研究及应用》获2018年四川省科技进步一等奖、中国岩石力学与工程学会科技进步一等奖和中国铁路工程总公司科技进步特等奖(图3)。

图3 获奖证书

(9) 研发多技术结合的岩溶塌陷监测技术,形成岩溶塌陷监测技术方法体系,破解岩溶塌陷监测难题。通过对我国岩溶塌陷发育规律的分析,从岩溶塌陷形成机理入手,围绕诱发(触发)岩溶塌陷的岩溶管道裂隙系统的水(气)压力突变过程的捕捉、地下岩土体变形监测和隐伏土洞形成演化过程的监测定位等关键科学问题,通过岩溶塌陷动力监测系统研发,以及岩溶土洞光电传感监测技术和地质雷达探测识别技术的应用,创新建立岩溶塌陷综合监测技术方法体系,有效破解岩溶塌陷地质灾害的监测难题,该成果获中国地质调查局2016年度地质科技十大进展(图4)。

图4 成果入选中国地质调查局2016年度地质科技十大进展

（10）编制岩溶塌陷防治相关规范的编制工作。完成《1∶50 000岩溶塌陷调查规范》（送审稿）、《岩溶塌陷地球物理探测技术指南》（送审稿）、《岩溶塌陷防治工程勘查规范》（报批稿）和《岩溶塌陷监测规范》（报批稿）4个规范的编写工作，为岩溶塌陷地质灾害调查评价、隐患排查、防治勘查和监测提供重要的技术支撑（图5）。

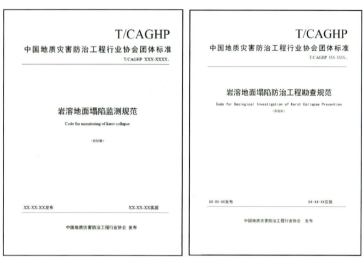

图5 主编的相关规范封面

三、成果意义

我国岩溶区面积约 $344\times10^4 km^2$，岩溶塌陷高易发区面积 $34.3\times10^4 km^2$，岩溶塌陷是我国岩溶区的重要地质问题。"湘西鄂东皖北地区岩溶塌陷1∶5万环境地质调查"项目紧密围绕湘西鄂东皖北地区城市和立体交通走廊等建设的岩溶塌陷问题迫切需求，以破解国民经济建设面临的岩溶塌陷重大地质环境问题为核心，开展地质环境综合调查，探索岩溶塌陷探测和监测预警技术方法，为国土规划、重大工程、重大基础设施规划和城市规划提供了基础地质资料和科技支撑。

雷明堂（1964—），男，二级研究员。中国地质调查局"优先地质人才"，现任中国地质科学院岩溶地质研究所岩溶工程与灾害地质室主任、中国地质调查局岩溶塌陷防治技术创新中心主任、"湘西鄂东皖北地区岩溶塌陷1∶5万环境地质调查"项目负责人。
E-mail：lmt@karst.ac.cn。

戴建玲（1981—），女，高级工程师。就职于中国地质科学院岩溶地质研究所，从事岩溶塌陷地质灾害防治研究工作。"湘西鄂东皖北地区岩溶塌陷1∶5万环境地质调查"项目第二负责人。
E-mail：daijianling@karst.ac.cn。

江汉平原地球关键带监测网入选国际CZEN网

马腾

中国地质大学（武汉）

摘　要：江汉平原（JHP）位于长江流域核心区，是人地相互作用最强烈的地区之一，人类活动对区域内以水文过程作为驱动力的地球关键带物质-能量循环具有重大影响，是研究长江流域关键带形成与演化的典型区域。在建立JHP地球关键带技术方法体系的基础上，建立了JHP地球关键带监测网络，并在此基础上取得了一系列的研究进展，为我国地球关键带调查方法体系的建立提供了探索性经验。

一、项目概况

"汉江下游旧口—泗阳段地球关键带1∶5万环境地质调查"项目为"长江经济带地质环境综合调查"工程下设的二级项目，由中国地质大学（武汉）承担。项目以地球关键带科学为指导，采用多学科交叉的研究方法，面向汉江下游关键带中的物质、能量循环过程，开展了不同时空尺度上地球关键带多界面的调查、监测与模拟工作，在2016—2018年度取得了一系列成果，不仅可为"长江经济带地质环境综合调查"工程提供支撑服务，也可为长江大保护提供科学依据。

二、成果简介

作为全球最大的发展中国家，中国面临着比世界上大多数国家更为典型和密集的人类扰动。江汉平原位于长江中游，是长江经济带的重要组成部分，也是我国重要的商品粮、棉、油和淡水渔业基地，正经历着加速的工农业发展，在JHP开展人类对地球关键带扰动研究将为全球关键带研究提供重要补充。2016—2018年，通过"汉江下游旧口—泗阳段地球关键带1∶5万环境地质调查"项目，在建立JHP地球关键带技术方法体系的基础上，以地球关键带中物质的"来源—迁移—归趋—预测"为主线，开展了一系列的研究工作，为我国地球关键带调查方法体系的建立提供探索性经验，依托项目所建立的"JHP地球关键带监测网络"也成功入选国际CZEN监测网络，有效地推动了中国CZO研究与国际化的接轨。

1. 建立地球关键带技术方法体系

1) 建立六维环境变量矩阵

环境梯度是关键带水文-物质循环的主要驱动力和导致关键带过程分异的主要变量。以关键问题为导向，圈层相互作用（水圈∪岩石圈∪大气圈∪生物圈∪人类活动∪时间）为基础，通过构建流域尺度六维环境变量矩阵（图1），从而筛选出关键的环境变量，为"长江流域地球关键带调查、监测"分区提供判断依据。结合已建立的"流域尺度六维环境变量矩阵"，筛选出影响"JHP地球关键带"的关键环境变量，并对图幅尺度关键环境变量进行属性赋值，建立"地球关键带调查、监测筛选体系"，面向不同区域特点和具体问题，以不同工作定额和方法开展地球关键带调查。

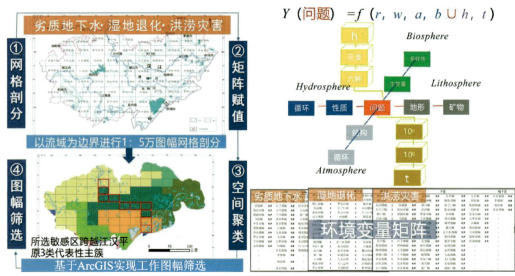

图 1　六维环境变量矩阵图

2) 地球关键带界面结构定量表征

为开展特征指标地球关键带填图,针对具体环境地质问题,将地球关键带划分为不同时空尺度上多界面耦合结构。由"大气-植被界面、植被-土壤界面、包气带-饱水带界面、弱透水层-含水层界面、含水层-基岩界面"5个界面与界面间的4个立体结构("五面四体")共同组成(图2),通过遥感解译、水文地质、第四纪地质、包气带结构、地下水污染、土壤地球化学、水/土微生物地质调查等工作,获得关键指标数据,完成相应填图,定量表征地球关键带结构。

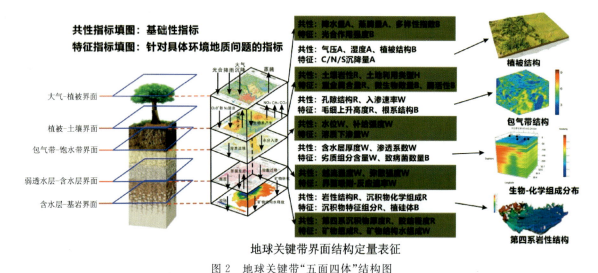

图 2　地球关键带"五面四体"结构图

3) 地球关键带界面过程监测

地球关键带监测是关键带研究的主要研究手段,江汉平原是典型的平原区关键带,人类活动扰动极为显著。结合江汉平原特点及其独特的生态环境问题,以关键带水循环及其所驱动的物质、能量循环为主要研究对象,在填图的基础上选择地球关键带"五面四体"部署观测点进行长时间序列、高密度的界面过程监测,建立了平原区地球关键带界面通量监测体系(图3)。

图 3 地球关键带界面过程监测体系图

2. 江汉平原地球关键带监测网络

江汉平原水利工程密集分布，调水、拦水、排水、引水等人类活动，显著影响了区域内原有的水资源分配过程，使江汉平原关键带的水文循环发生巨大改变，进而影响地球关键带的物质循环过程和服务功能。因此，以流域为单位，根据不同水利工程对江汉平原的影响程度，在江汉平原建立 3 个不同级别的监测网络（盆地尺度、汉江下游流域尺度和小流域尺度），开展相应地球关键带要素监测（图 4）。

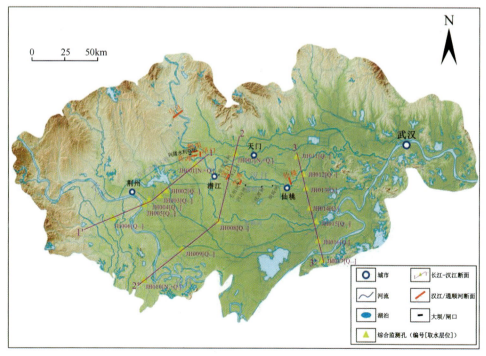

图 4 江汉平原地球关键带监测网部署图

1) 盆地尺度

盆地尺度监测网主要由3个跨长江和汉江的大断面(图4紫色线1-1′,2-2′,3-3′)构成,包括17个综合监测孔。它的主要功能是监测大型水利工程(三峡工程、南水北调工程)的运行对江汉平原地球关键带水文-生态地球化学过程的影响。

2) 汉江下游流域尺度

汉江下游流域尺度监测网主要考虑兴隆水利枢纽和引江济汉工程的影响。监测断面主要分成边界断面(马良和仙桃)和功能断面(鲍咀、泽口和新滩)2种类型。马良监测断面和仙桃监测断面分别位于监测区域的上游和下游边界(图5),作为反映区域背景为目的的监测断面,几乎未受到兴隆水利枢纽的影响。鲍咀、新滩和泽口监测断面位于兴隆水利枢纽附近,分别位于兴隆水利枢纽上游1km、下游1km和下游10km处,是大中型水利工程生态环境影响最敏感的河段。这3个断面共有14个监测点,每个监测断面上各个监测点离汉江的距离按20m、50m、500m、1km、2km布置,可精细监测大型水利工程修建后地球关键带结构、水循环与物质循环的演化(图6)。

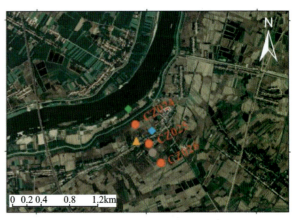

(a)马良监测断面　　　　　　　　　　　　(b)仙桃监测断面

● 多水平监测井　● 土壤监测点　◆ 地表水监测点　◆ 微生物采样点　▲ 土壤气体监测点

图5　边界断面部署

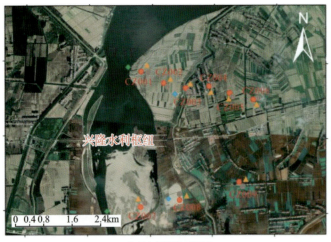

(a)鲍咀和新滩监测断面　　　　　　　　　　(b)泽口监测断面

● 多水平监测井　● 土壤监测点　◆ 地表水监测点　◆ 微生物采样点　▲ 土壤气体监测点

图6　汉江干流监测断面部署

3）小流域尺度

江汉平原作为一个典型的农业区，区内有上千个为农业灌溉服务的小规模闸口、泵站。通顺河是汉江的重要支流之一，具有阶梯状结构的低渗透性河岸带。因此，在毛咀监测场设有 2 个监测断面[图 7(a)]，在李滩监测断面[图 7(b)]和深江监测断面[图 7(c)]分别在不同位置（岸边 1m 和 3m、河岸低地 8m、河岸高地 15m）各建设 4 个监测点，每个点设立 4 口不同深度地下水监测井，在小区域范围内，探究小型水利工程对该区域的水文-物质循环影响。

(a)李滩监测断面和深江监测断面位置

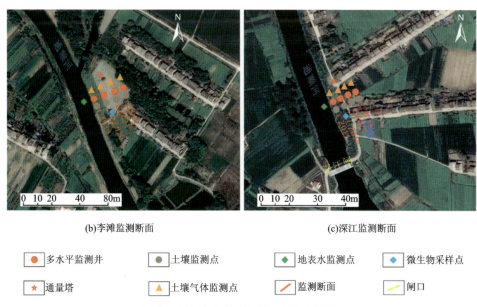

(b)李滩监测断面　　　　　　　　　(c)深江监测断面

图 7　小流域尺度监测断面位置及部署

三、成果意义

以地球系统四大圈层间及其与人类活动相互作用在时空尺度上的演变为主线，建立以生态环境问题为导向的六维环境变量梯度矩阵，针对平原区典型的环境地质问题，建立了平原区地球关键带调查监测技术方法体系，初步编制了平原区地球关键带调查监测技术方法指南；在不同尺度（盆地、流域、小流域站点)上,建立了江汉平原地球关键带监测网络,初步揭示了重大水利工程建设对汉江下游关键带水循环模式与生态环境的影响,并成功并入全球CZEN网络,成为全球已注册48个地球关键带站点之一。此外,在地球关键带理论方法的指导下,项目组在汉江下游溃口扇的分布及长江中游江心洲的淤积规律、江汉盆地第四纪的沉积演化和河湖变迁、江汉平原地下水流系统模式和地下水循环特征、江汉平原土壤和地下水中致病菌分布规律及影响因素、水利工程建设对地表水-地下水相互作用及生态环境的影响、末次盛冰期以来的海平面变化及其对江汉平原浅层含水层砷富集的控制机制等方面取得了一系列的进展。

马腾(1972—),男,博士,教授,博士生导师,教育部新世纪优秀人才、自然资源部科技领军人才。现任自然资源部"国家地质环境修复技术创新平台培育基地"和"地下水与环境"湖北省重点实验教学示范中心负责人。现任《Hydrogeology Journal》等5个中外文期刊编委,中国水利学会地下水科学与工程专业委员会委员、中国岩溶地质专业委员会委员、中国环境学会生态地质专业委员会委员、中国地质学会医学地质专业委员会委员。国家自然科学基金委重点项目和科技部重点研发项目会评专家。

丹江口库区环境地质调查支撑服务南水北调中线工程水源地保护

伏永朋　章昱

中国地质调查局武汉地质调查中心

摘　要：丹江口库区环境地质调查，在解决贫困山区饮水困难、地质灾害防治和监测预警等方面提供了有效的服务。系统查明的环境地质条件和主要问题，精准服务库区生态环境科学修复与治理。提出的地下水监测建议，为水源地生态保护、国土资源开发利用和动态监管提供基础支撑。项目成果支撑服务南水北调中线工程水源地保护效益明显。

一、项目概况

"丹江口水库南阳-十堰市水源区1∶5万环境地质调查"项目，归属于"长江经济带地质环境综合调查"工程，由自然资源部中国地质调查局武汉地质调查中心承担。项目周期为2016—2018年。主要目标任务为围绕丹江口库区水源保护的紧迫需求，聚焦"保障丹江口库区的长久性水质安全和工程的持续平稳运行"核心目标，开展地质环境综合调查，提出水质保护地学建议，支撑服务汉江经济带绿色生态发展。

二、成果简介

（1）查明了库周环境地质条件，查清了矿山环境地质问题、湿地消落带环境问题、农业面源污染和水土流失与石漠化等主要环境地质问题，为库区生态环境保护及综合防治提供了基础地质依据。

一是库区关停了污染严重的矿山，矿山环境治理有序，潜在污染风险可控。库周有各类矿产地及矿点338处，矿种39种。矿山开发企业254家，在采矿产68处、停采矿产180处、未开发利用矿产90处。矿山开采引起的环境地质问题主要有资源毁损、地质灾害和水土污染。典型的如2000年关闭的白河县圣母山硫铁矿，遗留矿渣总量达$550×10^4 m^3$，含硫、铁的废矿渣经氧化和雨水淋溶，分解出的含酸性及大量含铁废水，长期污染厚子河，水质为劣Ⅴ类，主要超标指标为pH、NH_4^+、Fe^{3+}、Cd、Cu、Zn、As、Cr、SO_4^{2-}。

二是库周湿地、消落带土壤无序开垦、利用方式和管理模式不当导致土壤侵蚀和氮、磷元素流失，以及化肥农药残留物、作物秸秆等进入水库，造成秸秆漂浮滞留、难降解物堆积，农田残留的营养物质（氮、磷和有机质等）、重金属、农药等有毒有害物质逐渐释放，威胁库区水质安全；水位季节性涨落引起白色垃圾等滞留，水质受污染的风险增大。库周点源污染已基本得到控制，但部分库湾水体流动性差，面源污染和随支流而来的污染物扩散能力减弱，营养盐易累积，水体自净能力削弱。部分库湾支流库湾水域发生水华的风险较大，局部库湾水体富营养化趋势越来越明显。

三是农业面源污染和生活污染仍存在，库区总氮、总磷浓度偏高，威胁水质。比如违规使用化肥、农药、除草剂,分散养殖,生活垃圾、污水随意排放等。小型畜禽养殖粪便随意排放,违规使用化肥、农药、除草剂等农业面源污染仍存在。农村生活垃圾、污水随意排放,偏远山区垃圾处理方式粗放,存在污染隐患。城镇扩张与人口增长速度较快,人口高度集中,城区不断扩大,生活污染增加。

四是库周局部仍存在水土流失和石漠化现象,需进一步加强治理。由人类工程活动(耕地和城镇建设)造成水土流失面积438km², 自然因素造成水土流失与石漠化面积111.7km²。水土流失与石漠化程度以轻度为主。碳酸盐岩区覆盖率低,易形成石漠化,红层陡坡区多是水土流失严重区。活动断裂带、构造部位,岩石破碎而松散,易在水流作用下产生位移。中新生代红色页岩、泥岩、砂岩和浅变质的千枚岩、板岩以及松散的第四系,面蚀作用强烈,地形陡峻,水力坡度大,抗侵蚀能力和携带能力弱,易产生水土流失。植被覆盖率高,抗冲刷能力强,对水土保持有利。

五是库区集中式污染处理设施逐步完善,生态地质环境持续改善。部分环境基础设施管理和运营水平及效率低,维护费用难保障。乡镇污水处理设施覆盖面小,处理能力不足;部分已建污水处理设施配套管网普遍不够完善,相当数量的城镇污水处理厂缺乏除磷脱氮工艺。部分垃圾填埋场难以防范暴雨山洪,成为潜在风险源。较为偏远的村庄仍存在垃圾露天随意堆放。普遍采取填埋垃圾和污泥处理,无害化处置不彻底;焚烧法处理时产生粉尘、Cl_2、HCl、二噁英等物质造成二次污染和安全风险。

(2) 查清了库区水文地质条件和水环境质量现状,划分了地下水类型,系统分析了库区水质现状、潜在污染源污染风险,提出了地下水监测地学建议,为库区长久性水质安全提供科学支撑。

库周主要入库支流有16条,多年平均天然入库水量$387.8\times10^8m^3$。入库水量丰富,可为南水北调中线工程提供可靠的水源。地下水类型主要为松散岩类孔隙水、碎屑岩类孔隙裂隙水、碳酸盐岩类裂隙岩溶水及基岩裂隙水,区内地下水资源量为$9.49\times10^8m^3/a$。

库区地表水总氮、总磷超标,占比75.9%。地表水Hg含量超标,占比22.4%,高值区主要分布于老灌河—西峡—淅川县城一线和汉江堵河—郧阳—泗河口一线,六里坪镇一带则零星分布,该区是工业和城市集中区,Hg超标与工业企业生产活动和历史淘金等关系密切。库区地表水F含量超标样品共计14个,占比3.1%,主要分布于滔河沿线老城镇—盛湾镇段,和该区高氟背景值密切相关。库周直接入库河流中,部分支流入库断面水质仍难达标。如神定河、泗河、犟河和老灌河等,全年水质状况为Ⅴ类和劣Ⅴ的监测断面占8%,超标水质参数主要包括总磷、氨氮、COD_{Mn}和COD_{Cr}等。对比库周地表水与水库、入库河流水质,库周地表水受人类工程活动影响,水质整体较差,但因地表水进入库区水量少,入库水量主要源于大气降雨形成的地表径流,因此地表水对水库水质影响有限。

库周包气带水及浅层地下水整体水质状况不容乐观,影响地下水水质的主要指标为硝酸盐(总氮计)、总硬度、Mn、氨氮、亚硝酸盐和F^-(图1)。劣质地下水主要分为两大类:一类是分布于铁锰质高背景区和总硬度高背景区的原生劣质水;二类是人类活动引起的氨氮、硝酸盐(总氮计)、亚硝酸盐、氟、菌群总数的含量增加。库周地下水主要赋存于碳酸盐岩中,以裂隙岩溶水为主,占库周地下水总资源量达69%。主要以降雨入渗和上游侧向径流补给,以岩溶泉形式排泄,地下径流快,交替迅速,水质好,排泄入库的该类地下水水质优于水库水。变质岩区地下水主要赋存于风化裂隙中,该区地下水虽然铁锰质超标,但其水量贫乏,径流交换缓慢,以滞水为主,排泄入库水量甚微,对水库水质影响甚微。碎屑岩区和松散层分布区在区内出露面积小,地下水总资源量仅$2.5\times10^8m^3$,占库周地下水总资源量达26%,该区为人类活动集中,浅层地下水氨氮、硝酸盐(总氮计)、亚硝酸盐、氟、菌群总数超标,对水库水质虽有影响,但因其排泄入库总量小,对水库水质影响不大。

开展了地下水+地表水断面长期监测试点,为改善汉江流域及其支流水环境状况提供依据。水质监测成果和地下水监测建议及时服务当地企业、政府,为库区水资源科学管理、水质保护提供地学支撑。

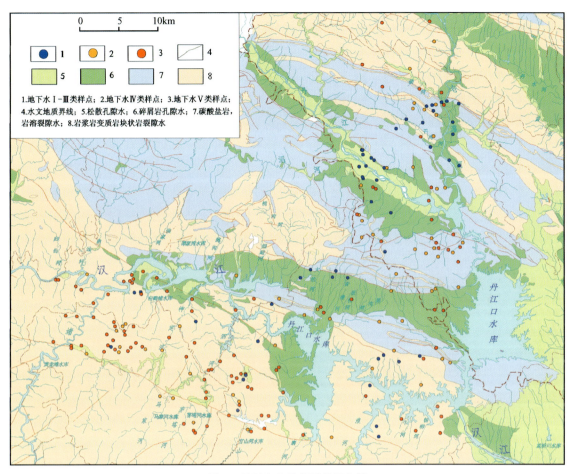

图 1 地下水水质单因素评价图

（3）查明了库区地质灾害发育特征，开展了库岸稳定性评价，总结了变质岩地区地质灾害成灾模式和形成机理，为潜在地质灾害预测预报提供了支撑，为地方防灾减灾提供了翔实的基础数据，为南水北调工程持续平稳运行提供了地质安全保障。

丹江口库区地跨鄂西北、豫西南交界处的大巴山、秦岭与江汉平原过渡地带，地处秦岭褶皱系大地构造区，经历多期次构造运动，地形地质条件复杂，断裂及褶皱发育，地质构造复杂，广泛分布的变质岩，岩性软弱，岩体结构破碎，风化强烈，地质条件脆弱，地质灾害高发、多发（图2）。持续性强降雨和暴雨与强烈人类工程活动共同作用，加剧了地质灾害发生的频率和危害性。库周共发育地质灾害5677处。截至2015年，造成十堰市66人死亡，直接经济损失84767.34万元，潜在威胁210506人，潜在经济损失958882.9万元；淅川县7人死亡，直接经济损失278万元，潜在威胁2768人，潜在经济损失5514.7万元，地质灾害防控任务艰巨。

丹江口库区岸线总长度3109.0km。稳定性预测评价结果为：稳定库岸492.6km，占15.8%；基本稳定库岸长1520.5km，占48.9%；不稳定库岸长1095.9km，占35.3%。丹水库区淅川盆地、李官桥盆地丹江左岸及郧县盆地等平缓土质岸坡段，稳定性现状好，预测稳定性好。丹江大石桥—盛湾北、右岸关防滩—李官桥盆地段、肖河峡谷段、汉江青山港峡谷、郧县盆地等岩质陡坡段，稳定性现状较好，预测稳定性中等。汉江青山港峡谷—均县盆地段、郧县至五峰乡段变质岩、红层库岸，岩性软弱，在库水位作用下，易发生库岸再造，地质灾害密集发育，岸坡稳定性现状差，预测稳定性差。

项目在开展过程中，积极发挥专业优势，主动承担应急调查，共参与应急处置168处，提出应急防治

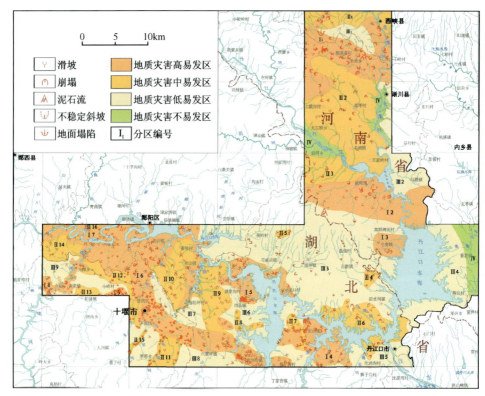

图 2 地质灾害易发程度分区图

措施建议 108 份,发放地质灾害防治宣传册 1200 余册,得到地方政府一致好评。典型涉水滑坡变形与库水位变动相关性研究成果,及时提供给郧阳区政府建设专业监测试点使用,为设备精准埋设提供了科学依据,社会效益明显。2019 年,项目开展洪灾应急调查 3 处,调查成果服务地方政府应急处置,成效显著。

(4) 查清了库区周边土壤地球化学指标,进行土地质量地球化学等级评定,开展了服务于农业生产的无公害农产品产地评价,提出了国土空间规划建议。

围绕库区周边土壤开展表层土壤测量 1459 km^2,系统开展土壤微量及重金属元素分析 8008 件、有机污染物分析 182 件。库周土壤环境质量以一级清洁区为主,面积 3 453.28 km^2,占总面积的 85.32%。土壤养分以中等养分区和低养分区为主,占总面积的 79.52%,养分条件一般。土壤综合质量相对较好,以良好至中等为主,面积 3 175.46 km^2,占总面积的 78.45%。土壤优质区及良好区可作为未来发展生态旅游观光农业的潜在区域;中等区分布面积大,范围广,可作为一般农业区。差等和劣等区存在土壤环境污染,从保护水库水质的角度考虑,需加强该区域的水土流失防范,防止土壤环境质量进一步恶化,或针对特定污染源,加强土壤环境质量修复工作。

依据土壤环境质量、地表水和地下水质量调查结果,将库区国土空间划为水源保护区、城镇空间、农业空间以及生态空间(图 3)。其中水源保护区包括南阳市丹水库区、十堰市汉水库区和汉水水系;城镇空间总面积 335.01 km^2,主要分布在西峡县城、淅川县城、丹江口市、十堰市以及郧阳区周边;农业空间总面积 1 040.37 km^2,集中分布在丹水、汉水水库以及汉江水系周边,该区水土环境质量良好,土壤肥沃,水源充足,适宜发展优质农业;其余生态空间总面积 3 434.38 km^2,该区域土地环境质量优良,未来按照"山水林田湖草"有机整体来统一保护,确保丹江口库区的生态环境质量与安全。

土地质量调查成果服务湖北省国土资源厅水工环勘查与评价和矿山恢复治理,房县国土空间规划、

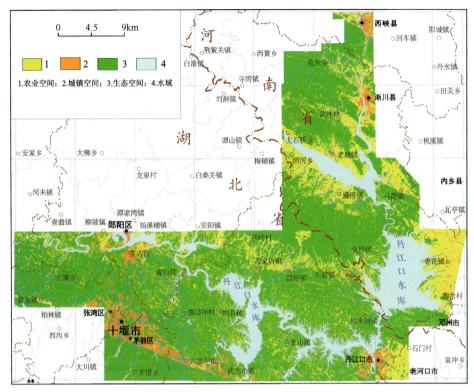

图 3　丹江口库区国土空间规划图

水资源利用与保护及生态修复,郧阳区高标准农田建设及国土综合整治等,项目研究成果起到了促进作用,具有重要借鉴价值,产生了积极效益。

(5) 系统总结了 2016—2018 年调查技术方法,编制了《饮用水水源区环境地质调查技术方法指南》《支撑服务丹江口库区发展地质报告》和《国土资源与生态环境图集》;构建了生态功能区生态地质环境承载力技术方法、评价指标和模型,初步形成生态地质环境评价方法和管理规范;研发丹江口水库水源区综合地质环境评价系统,数据和成果可支撑"地质云"实现与建设。

三、成果意义

在支撑服务丹江口库区生态环境保护的过程中,成功将水文地质孔扩孔成井,解决了缺水农村 3700 余人饮水困难的问题;发挥专业优势,积极开展地质灾害应急调查、发放地质灾害防治宣传册、提出应急防治措施建议,很好地服务库区防灾减灾和地质灾害监测预警工作。通过科普展板、主题学术报告、科普讲座等多种形式,提高了公众对库区生态环境质量的关注度。积极主动与地方政府开展需求对接和成果服务研讨交流,促进了成果转化应用,服务库区生态环境保护、国土空间规划,服务民生等,效益明显。建立的库区地下水监测试点,提出的地下水监测建议(图 4),为水源地生态保护、国土资源开发利用和动态监管提供基础支撑。

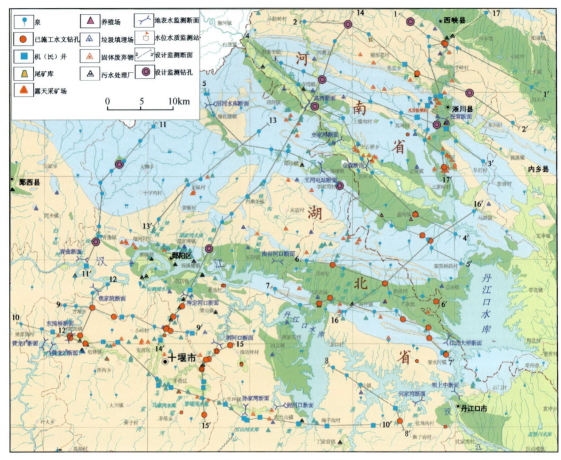

图 4 地下水监测建议图

伏永朋(1972—),男,教授级高级工程师。就职于中国地质调查局武汉地质调查中心。从事水工环地质调查研究。"丹江口水库南阳-十堰市水源区 1∶5 万环境地质调查"二级项目负责人。近年来作为项目负责人主持了多项公益性地质调查项目。

E-mail:418389691@qq.com

北部湾等重点海岸带调查服务华南生态文明建设及沿海重大工程区规划

何海军　夏真　甘华阳

广州海洋地质调查局

摘　要：2016—2018年运用新技术、新方法在北部湾等重点海岸带开展综合地质调查工作，系统梳理了华南四省区内重点海岸带资料，获取了海岸带的基本数据，并编制了图集，基本查明了福建平海—浮叶、海南乐东—陵水、粤港澳大湾区、北部湾广西近岸等区域地质资源问题。在重大工程区三沙重要岛礁、深圳西岸、广州南沙新区龙穴岛、海南三亚、澳门海域等开展大比例尺调查，查明了重要工程区水工环地质特征，开展了琼西南古三角洲沉积演化模式研究，发现了郑氏舟形藻，建立了沉积物源汇模型。通过项目调查，初步建立了近岸浅水区地形地貌、浅地层结构的无人艇、无人机遥感遥测地质调查方法体系。总之，项目成果具有重要的示范意义及广阔应用前景。

一、项目概况

"北部湾等重点海岸带综合地质调查"二级项目，所属一级项目为"重要经济区和城市群综合地质调查"，归属于"海岸带综合地质调查"工程。项目周期为2016—2018年，工作范围涉及福建、广东、广西、海南四省区重点海岸带，项目承担单位为广州海洋地质调查局。项目立足国家海洋强国战略和沿海社会发展需求，开展北部湾等重点海岸带综合地质调查，在区域上开展综合地质调查，查明福建、广东、广西及海南等重点海岸带区域基础地质条件、资源赋存和地质环境问题。重大工程核心区选择澳门海域、深圳西海岸科学用海区、广州临港工业区、三亚新机场和三沙重要岛礁区开展重点调查工作，服务重大工程区规划建设。在三亚湾、钦州湾开展陆海统筹调查，初步建立了陆海统筹调查技术方法体系。在广西北海禾塘水源地海水入侵、海南三亚湾岸滩剖面监测，建立了一套具有南方特色的海水入侵监测、岸滩剖面变化监测的工作和技术方法。开展了琼西南古三角洲沉积演化模式研究，发现了郑氏舟形藻，建立了沉积物源汇模型。

二、成果简介

1. 梳理集成了区内海岸带资料，完成自然资源图集编制

系统梳理了华南海岸带基础资料，编制《粤港澳大湾区自然资源与环境图集》（图1）、《广东海岸带资源环境图集》和《广西海岸带资源环境图集》，参加编制了《广州市国土空间开发利用综合建议图集》。

图集围绕海岸带的资源禀赋、环境地质优势及存在的地质环境问题，分别编制了系列图件，在城镇化建设和重大工程规划建设、环境保护、能源矿产勘探开发、地质遗迹保护与开发、地质灾害防治、资源环境承载力等方面提出了针对性的科学发展建议。

图1 《粤港澳大湾区自然资源与环境图集》封面

2. 基本查明海岸带区域基础地质与重大资源环境问题

海岸类型主要有泥质海岸、淤泥质海岸、基岩海岸、生物海岸、人工海岸（图2）。海底地形整体受海岸制约明显，海水等深线基本沿岸分布。海水水质总体良好，在开阔水域海水质量为好，在港湾等水动力条件较弱的区域，海水水质为中等，珠江口伶仃洋地区水质总体低于福建、海南等外海水质交换较强的区域。工程地质条件总体较好，但各地工程地质问题表现不一。大湾区内需加强对活动断裂的勘查和设防，充分利用地基条件良好的区域，科学布局重大工程，实现内地与港澳交通设施等有效衔接。结合地质灾害情况、底质沉积物类型及水深、潮位、水流和风力情况等，根据各要素合理叠加的方式结合海上风电建设要求，福建调查区适合海上风电建设。

生态环境质量总体良好，基本都为低潜在生态危害程度。大湾区后期需要加强湿地资源保护，及时开展矿山环境恢复治理，尽快开展水土污染调查与评估，助力优质生活圈打造和美丽湾区建设。广西海岸带区域面临地下水退化、土壤重金属含量超出二类标准等问题；北海、防城港等近岸海域环境质量下降明显，钦州湾等区域生态环境压力增大。海南环境地质问题主要有土壤侵蚀、土地沙化、海岸环境变迁、红树林退化、浅层地下水污染等。

近海灾害地质因素主要有浅部的断层、地震、不规则浅埋基岩、沙波、埋藏古河道、槽沟。需要开展城镇及重大工程区岩溶塌陷等地质灾害监测预警，有效开展台风暴雨期崩滑流灾害群测群防工作，保障重大基础设施和生命财产安全。

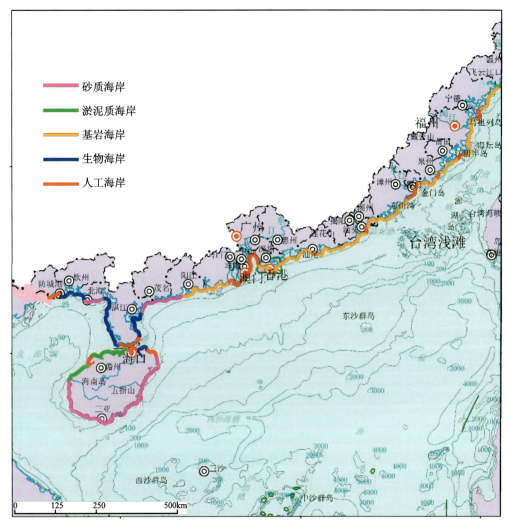

图 2　华南海岸带岸线类型分布图

3. 查明重要城市及重大工程区地质资源环境问题

1）粤港澳大湾区重要城市及重大工程区地质环境问题

在澳门海域、深圳西海岸科学用海区、广州临港工业区开展重点海岸带调查。海底地形等高线基本与海岸平行分布,随离岸距离的增加坡度逐渐变缓。主要地貌类型有水道、航道、冲刷痕、抛泥区、锚地、凸地、洼地。海水水质总体为一般,大部分水质为中污染—重污染。沉积物环境总体污染程度较低,潜在生态危害为中等—低风险,生态风险高的区域分布在澳门机场跑道东北部、龙穴岛蕉门水道方向与珠江口方向水域、龙穴岛新龙特大桥与新垦镇附近水域以及万顷沙南部水域。工程地质条件总体较好,但局部需要注意具体的工程地质问题。龙穴岛陆域地面以下 20m 内砂土层易发生液化现象。龙穴岛西北部及南部区域软弱层相对较厚,在该区所建设的构筑物易发生沉降现象。澳门海域绝大部分海底表层土在 50 年一遇波浪条件作用下,有可能发生局部滑移或层间蠕滑现象。深圳西海岸区域建设海上构筑物和铺设海底输油气管线,建议尽量选在工程地质条件稳定区域,且避开槽沟。大湾区内活动性地质灾害类型的有浅层气、活动沙波、活动断裂和地震等,限制性地质条件的有埋藏古河道、槽沟水道、凹凸地等。

2）基本查明西沙宣德环礁和领海基点保护区地形地貌特征及其稳定性

宣德群岛位于西沙海台东部，包括宣德环礁、东岛环礁、浪花礁3座环礁和1座暗礁（嵩焘滩）。其中，宣德环礁呈北北西-南南东向展布的椭圆形，长约28km，宽约16km，礁盘基底为古老片麻岩构成的准平原化隆起部分，有岩浆岩侵入。该环礁属残缺型环礁，环礁西面没有礁盘发育，南面也未能形成礁盘，只在水下形成一些椭圆形的珊瑚浅滩，如银砾滩，水深14～20m，故宣德环礁形态不完整，只有半环。

近岸浪是外海的风浪或涌浪传播到海岸附近时，受地形作用而改变波动。随着海水变浅，海浪的波速和波长减小，致使波峰线弯折而渐渐地和等深线平行（图3）。同时海浪遇到障碍会引起折射、绕射和反射从而使波高发生变化。近岸浪的波峰前侧陡，后侧平，波面随水深变浅而变得不对称，直至倒卷破碎。近岸浪的形成过程主要集中在礁缘地区，它是侵蚀、破碎、搬运和堆积珊瑚碎块的动力来源。所以领海基点保护区所在的珊瑚礁礁缘是一个在不断变化的区域，受到来自各方面力量的改造，维持着一个动态的平衡。

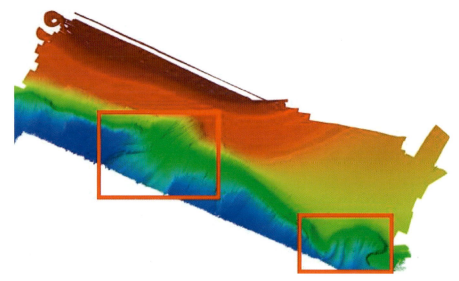

图3　三沙某岛礁海底滑坡地形图

4. 开展陆海统筹示范调查，建立海水入侵监测示范区

通过采用无人机、无人艇和遥感水深解译等多种手段和方法，探索了一套适用于近岸浅水区海岸带地形地貌、浅部地层的调查手段，编制了多种陆海一体化地质图件，初步建立了陆海统筹调查技术方法体系。DEM—无人机—遥感—无人艇调查，再现海岸带陆海一体三维地形地貌（图4）。利用遥感水深反演，得到调查区近岸水深数据，开展无人艇多波束地形测量，获取西瑁洲岛近岸高分辨率水深地形数据。无人机摄影获取近岸高程数据，利用计算机实现海陆三维一体化地形地貌。

开展了海水入侵监测，建立了监测示范区。项目组在开展广西北海禾塘水源地海水入侵监测和调查过程中，建立了一套具有南方特色的海水入侵监测的工作和技术方法，从研究区的选择、野外监测剖面、监测设备及方法的选取，研究结果的整合分析以及综合信息平台的构建上，形成了一个较为完整的系统研究体系与框架，建立了南方沿海海水入侵示范区或基地，此研究体系可以为华南沿海其他地区的海水入侵调查监测提供范例，从而丰富我国南北方海岸带地区海水入侵的研究，并为提出不同区域地下水咸化的防治管控对策提供有力的科学依据。

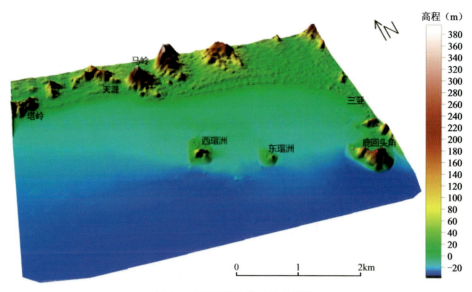

图 4 三亚湾海岸带三维地形图

5. 初步建立了近岸浅水区地形地貌的无人艇、无人机遥感遥测地质调查方法体系

利用无人机及镶嵌技术、无人艇及水下摄影新技术,结合遥感技术以及传统调查技术,开展海陆联测及监测,实现陆海调查无缝对接,初步形成了一套滩涂区地形、浅地层结构和工程地质条件等有效技术方法。

通过大、小型无人艇(图 5)配合,基本实现了 1.5m 以浅水深岛礁复杂海域地形调查的全覆盖。在以往调查的空白区,包括极浅水和复杂地形区,获取了高精度、高密度水深测量,以及声呐、浅剖、影像等调查数据。

图 5 调查中使用的无人艇

利用无人机摄影测量技术,共进行了 35 架次的无人机飞行,拍摄了 10 050 张影像图片。通过计算机处理,采用镶嵌技术,实现了 10 050 张影像的无缝拼接。

通过分析近岸海域的水质特征,结合光在水体中的辐射传输过程,建立二次散射模型反演水中的泥沙悬浮颗粒、叶绿素和污染物的含量(图 6)。基于水体组分的固有光学性质,将水体组分浓度作为自变量,遥感反射率作为因变量,构建二者之间的函数关系,将光在水体中的二次散射过程考虑到模型中,提高模型精度。二次散射模型摆脱了传统水色遥感的经验模型与半经验模型对水体组分浓度实测数据的限制,为今后的近岸海域水质参数遥感反演提供了技术参考。

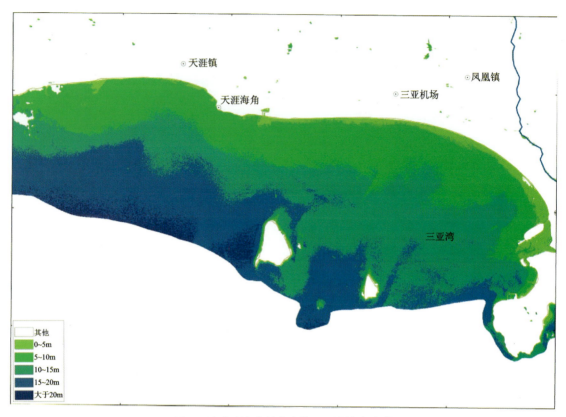

图 6　遥感反演分析获取的三亚湾浅水地形

6. 发现了硅藻新种，建立了琼西南古三角洲沉积演化模式及沉积物源汇模型

在调查研究中，科研人员发现了硅藻新种，并以广州海洋地质调查局郑志昌教授的姓氏命名为"郑氏舟形藻"（图7）。

根据相对海平面变化数据和地震资料提出了三角洲的沉积演化模型（图8）。在三角洲发育时期，沉积物沿着莺东斜坡向邻近低洼区域供给沉积物（图8a）。另外，地震剖面显示三角洲沉积物可以向北供给沉积物，并且加上洋流的作用，最终形成围绕莺东斜坡的弧形分布。

在56ka时，由于河流的改道，大量沉积物的供给位置改变，进而使研究区从莺东斜坡向三角洲发育区域的沉积物供给急剧减少，最终导致琼西南海域的三角洲规模明显减小（图8b和图8c）。

在三角洲停止发育之后海平面高水位时期，大量来自红河流域的沉积物主要供给莺歌海盆地的北部区域，并在北部形成高角度斜坡沉积。而当海平面低水位时期，莺歌海盆地河流回春，三角洲主要形成于波折带。特别的是，琼西南晚更新世三角洲的北部区域由于地势较高，经历了大规模的侵蚀（图8c）。

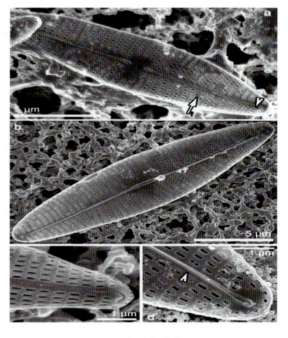

图 7　郑氏舟形藻

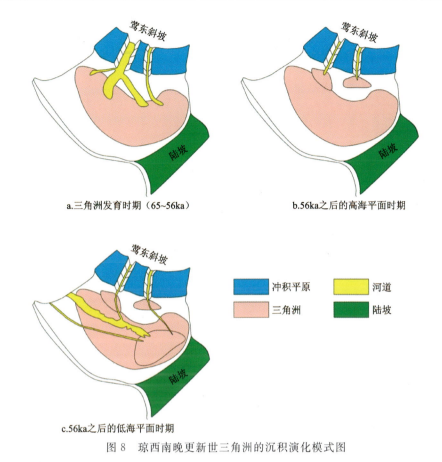

图 8　琼西南晚更新世三角洲的沉积演化模式图

三、成果意义

（1）《粤港澳大湾区自然资源与环境图集》涵盖区域经济状况、基础地质背景、地质环境问题、自然资源状况、地质环境及资源环境承载力评价 6 个方面的内容，为大湾区规划研究编制提供了宝贵的基础资料和重要的技术支撑。

（2）《广东省海岸带资源环境图集》《广西海岸带资源环境图集》等成果提出了资源环境和建设方面针对性建议，受到广东省政府、广西壮族自治区相关部门的重视，为沿海海岸带规划建设提供了及时有效的公益性基础服务。

（3）大湾区重点规划区或城市、三沙重点岛礁水工环地质调查等成果，支撑社会经济建设，取得了良好的社会效益。

（4）采用无人艇、无人机等新技术手段和遥感水深反演等新理论方法，开展了海陆衔接带地形地貌调查，初步形成了一套适用于近岸浅水区的地质调查方法体系，可为后期开展浅水区调查提供技术支持。

（5）开展陆海统筹调查及海水入侵监测示范建设，为陆海统筹工作和服务沿海地区社会经济发展提供了示范。

（6）此项目发现了硅藻新种，建立了琼西南古三角洲沉积演化模式及沉积物源汇模型，获得该区沉积物由"源"到"汇"的新认识，丰富了古三角洲沉积演化模型理论。

夏真,博士,二级教授级高级工程师,海洋地质、第四纪地质和环境地质专业,广州海洋地质调查局海洋生态环境研究所所长。长期致力于海岸带地质环境调查研究工作,参加并主持地质调查研究项目10余项,以及国家863计划专项项目、国家自然科学基金重点项目和广东省自然科学基金项目。在《Journal of Coastal Research》《Marine Geology》《第四纪研究》《中国地质》及《地质通报》等学术期刊发表论文数10篇,主持出版专著4部。2016—2018年承担"北部湾等重点海岸带综合地质调查"项目,圆满完成了目标任务,编制出版了《粤港澳大湾区自然资源与环境图集》及《澳门特别行政区海域地质资源与环境图集》,社会效益巨大。2017年度,荣获中国地质调查局"优秀地质人才"称号。

理论与实践并重,公益性地质工作服务区域发展,支撑国家战略

刘广宁　黄长生

中国地质调查局武汉地质调查中心

摘　要:围绕需求及主要环境地质问题开展珠江-西江经济带环境地质调查及相关专题研究,在地质灾害、水土污染、基岩山区找水、工作新机制、服务新模式、科学普及宣传和支撑国家战略等方面取得了重要成果及新认识。为区域经济社会发展、国土空间开发、重大工程建设、生态环境保护及国家战略发展提供有力支撑和推动作用。

一、项目概况

《珠江-西江经济带发展规划》2014年7月获得国务院批复,标志着珠江-西江经济带将上升为国家战略。"西南中南开放发展战略支撑带""东西部合作发展示范区""流域生态文明建设试验区""海上丝绸之路桥头堡"为经济带的4个战略定位。围绕区内重大环境地质问题和需求,中国地质调查局武汉地质调查中心开展"珠江-西江经济带梧州-肇庆先行试验区1∶5万环境地质调查"项目,基本查明区内地质环境条件和重大环境地质问题,为区内经济发展、国土空间规划及重大工程建设提供资源环境保障和支撑。

二、成果简介

1. 落实地质灾害防治要求,提升区内防灾减灾救灾能力

经过此次调查,查明区内地质灾害发育特征,以滑坡、崩塌、不稳定斜坡、泥石流等地质灾害为主,点多、面广、规模小为其主要特征,同时具有隐蔽性强、突发性强、致灾性强的典型特点。在此基础上进行碎屑岩区和花岗岩区地质灾害变形破坏机理、形成机制(图1~图3)、宏观判据、物理模型试验研究(图4),提出了强—全风化岩区自然(开挖)耦合降雨诱发型滑坡模型试验方法,初步建立了降雨诱发型非饱和斜坡失稳机理研究方法。

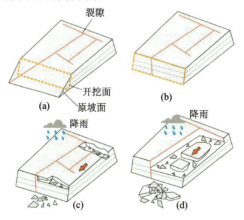 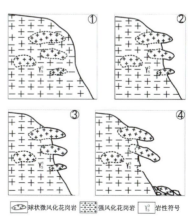

　　图1　碎屑岩区典型变形破坏机理模式　　　　图2　花岗岩区典型变形破坏机理模式

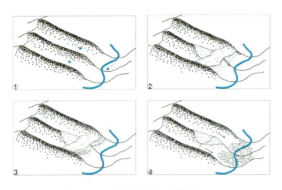

图 3 泥石流形成机理模式

图 4 降雨诱发地质灾害物理模型试验

2. 提出土壤中铁铜组分诱导甲基汞（MeHg）降解机制，支撑服务区域水土污染防治

建立珠江口地区八大重金属元素高精度检测 Tessier 五步提取法，并测定土样中汞的生态有效性。通过土壤在淹水状态下自由基对甲基汞的去甲基化过程研究，二价铁对甲基汞迁移转化属非生物去甲基化过程（图 5），对汞污染的迁移转化意义重大。广州特有的高温气候、高水位线、水位波动频繁、土壤含铁量高，这一特有的非生物去甲基化过程对汞污染的迁移转化及防治也具有重大意义。

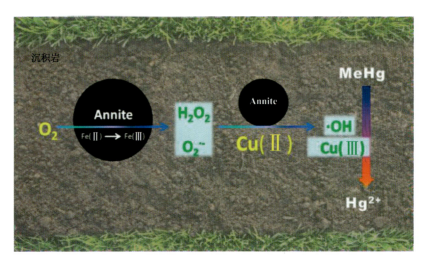

图 5 甲基汞降解机理图

3. 提出压性构造带找水优势区域新思路，丰富水文地质学理论

在构造地质调查、岩石力学试验、水文地质调查、地球物理调查的基础上，掌握压性构造应力场特征，进行岩体裂隙空间分析，掌握蓄水空间—岩石破碎和体积膨胀过程，进而进行地下水流场分析、构造应力场模拟。基于岩石力学原理及实地验证，运用该理论方法，初步建立构造应力场与地下水流场的关系，建立了压性构造带找水模式，提出了压性构造带找水调查研究技术思路，并且成功在三亚地区圈定 5 处水源地，其中 3 处为基岩裂隙水，可开采资源量 58 300 m^3/d（图 6、图 7），为基岩山区找水提出了新思路，为地下水保护与开发提供了科学依据和技术支持。

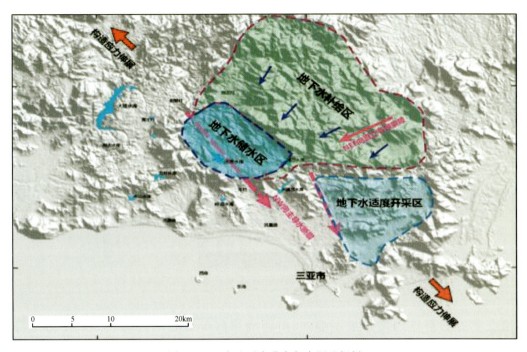

图 6 三亚市地下水分布与水源地规划

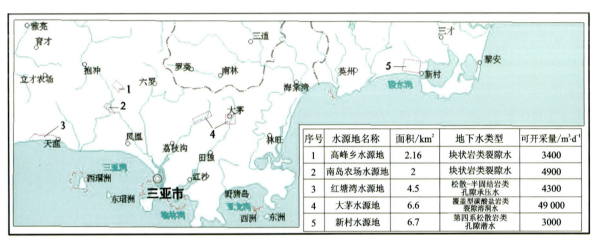

图 7 依据找水思路方法圈定水源地

4. 数据共建共享、跨界融合，建立工作新机制

依托网络云平台，成功开发"地质随身行"手机 App，实现海量数据共建共享、跨界融合（图 8）。该 App 的开发，促进跨行业联合、形成了共建共享工作新机制，集成管理海量数据，有力地推进地质调查数据的高效、便捷使用。跨界融合，实现了海量数据的集成化管理和查询，依托云平台，融合网络资源，实现数据自动化智能化处理和查询。依托信息技术，创新地质调查成果智能便捷服务新模式：实现地质数据手机网上检索查询服务，调查数据实时上报等功能。"地质随身行"手机 App 进入试运行阶段，提供网上服务，提交上架审查，同时支撑了"地质云 2.0"建设。实现了广州市地质大数据集成，为国土管理、三防应急、地质勘查提供便捷、高效服务。它以智能便捷的使用方式得到了国土空间规划、地质调查等专业用户，地质灾害、土地资源管理等政务用户和富硒种植业、房地产开发等公众用户的一致好评。

图 8 地质信息快速查询

5. 建立支撑服务区域发展编图模式,打通成果服务最后一公里

形成支撑服务区域发展编图模式,实现地质调查成果对国土空间规划的引领和对接,打通成果服务最后一公里。编制完成《支撑服务广州市规划建设与绿色发展资源环境图集》(图 9)、《广州市地质环境综合图集》、《泛珠三角地区地质环境综合图集》,并提交当地政府及相关部门使用,支撑服务国家发展战略需求的同时,服务区域经济发展、国土规划建设,促进区内生态文明建设。

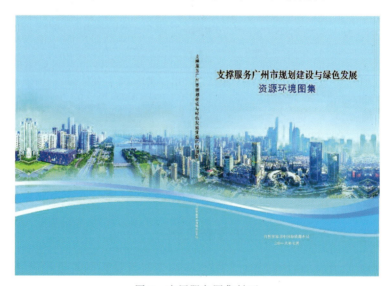

图 9 应用服务图集封面

6. 探采结合,服务民生,支撑扶贫攻坚战略,确保用水安全,缓解用水困难

2016—2018 年项目建设并向当地村镇提交探采结合井 15 口,可开采量 2100 m³/d,可为缺水区 20 000 余人提供生活饮用水源,有效缓解当地农村生活用水和季节性缺水的问题。圈定梧州市动物园、粤桂合作特别试验区应急(后备)水源地,可开采量 11 000 m³/d,可解决应急状态下 60 000 人每天生活用水,为工作区内应急供水提供保障。提交矿泉水可开发潜力点 1 处,支撑乡村振兴战略,受到认可和好评(图 10)。

图 10　获得村镇政府认可和好评

7. 求实效、重宣传，提升区内地质灾害应急处置救灾能力

以党的十九大"加强地质灾害防治"精神为指导，根据区内地质灾害发育特点，结合历史突发地质灾害警示案例，项目组积极制作地质灾害科普宣传展板、防治及应急处置宣传册，在工作区地质灾害高发区内重点村镇、学校进行"防灾减灾"科普宣传活动（图11），提高公众对地质灾害认知水平和应急处置能力。

对现场展板、图册、科普资料的观看和阅读，使"地质灾害"入眼、入脑、入心，提高公众对"地质灾害"的感观认识。专家现场对"地质灾害防范"相关知识的细致讲解、答疑，使公众对"地质灾害"从"不了解"到"想了解""全了解"的认识转变，对"地质灾害防范"从"我不防"到"要我防""我要防"的意识转变。科普宣传活动的开展增强了公众防灾减灾观念，全面提升了区内居民应对各类地质灾害事件的防范意识和应急处置能力，取得了较好的社会效应。

图 11　地质灾害科普宣传

2016年汛期,项目组多次参与梧州市消防支队河东中队地质灾害应急抢险工作,为了充实该中队地质灾害及防治知识,提升应急处置预判能力,提高其处置能力和救援效率,应中队邀请,项目组成员为该中队进行"防灾减灾及地质灾害应急处置"科学普及宣传,包括室内理论和野外现场培训(图12)。

针对地质灾害基础理论、早期识别等方面的知识,结合项目组在梧州地区开展野外地质调查工作期间遇到的典型地质灾害案例,开展科普宣传讲座和实践培训。分析阐述了该中队辖区范围内易发地质灾害的类型及发育分布现状,侧重介绍了突发地质灾害应急处置过程中灾害牵引区及次生灾害预判的重要性,并针对应急处置过程中可能存在的问题和危险与中队全体官兵进行了交流研讨。在野外不同类型的地质灾害点现场,对地质灾害体的典型特征和基本要素等进行了认真讲解,重点强调各类地质灾害应急处置过程中应注意的事项和安全措施。通过科普及培训进一步夯实了武汉地质调查中心与该中队地质灾害应急处置协调联动机制,为提高地质灾害应急处置能力、服务地方防灾减灾、将公益性地质工作落到实处起到了示范作用。

图12 应急处置科普宣传

8. 服务规划、引导规划,促进环境保护,助推区域生态文明建设

通过泛珠三角城市群国内外对比研究,揭示了资源环境空间配置格局对泛珠三角城市群经济社会发展激励与约束的作用机理和经济社会的响应机制,初步提出了泛珠三角城市群资源环境与经济社会协调发展的中国特色路径。

2018年度制作完成"泛珠三角地区海岸带地质环境宣传片多媒体视频"(图13)。视频在泛珠三角宏观概况的基础上,系统阐述了以"大资源观、大数据观、大地质观"探索建立水土质量快速评价系统;建立新机制,推动成果运用;立足华南沿海,依托北部湾向东南亚等地区延伸,开展地质环境的时空对比研究。并始终抓住珠三角经济区、北部湾经济区、珠江-西江经济带和海南国际旅游岛四大经济区的重点环境地质问题,通过技术创新和理论创新,探索解决水土质量变化、水资源短缺、土地资源紧缺、岩溶塌陷、海岸带生态环境退化等重点问题,全方位地服务和引导泛珠三角地区经济社会发展规划、建设、运行和管理。使社会公众从了解环境保护到认识环境保护、到倡导环境保护、到参与环境保护发生质的提升,助推泛珠三角地区生态文明建设。

图 13 泛珠三角地区海岸带地质环境宣传片

三、成果意义

主动服务区域经济社会发展。珠江-西江经济带区位优势明显,具有重要国家战略地位,但地质调查工作总体趋弱。项目通过1∶5万环境地质调查,在查明工作区水文地质、工程地质条件和主要环境地质问题的基础上,积极促进成果转化与应用服务,为区内经济发展、国土空间规划及重大工程建设提供了资源环境保障和支撑服务。为经济带的后续规划及发展提供科学依据,为国家战略发展提供强有力支撑。

刘广宁,硕士研究生,高级工程师,河北大城人,2005年参加工作,主要从事水工环地质调查与研究工作。现任"鄱阳湖-洞庭湖-丹江口库区综合地质调查"二级项目负责人。先后承担完成地质调查项目10余项。主持地质调查二级项目2项、子项目3项,专题研究5项,参加国家自然科学基金项目1项。主编完成地质调查、专题研究成果报告10余份,主编项目设计、工作方案30余份;国内外公开发表学术论文70余篇,其中第一作者28篇;主编出版专著3部;主编或参与编制图集7部;获软件著作权1项、专利3项;获中国地质调查成果一等奖1项、国土资源科学技术二等奖1项。

黄长生,博士研究生,教授级高级工程师,中国地质调查局武汉地质调查中心副总工程师,主要从事水工环地质调查研究工作。现任"长江流域水文地质与水资源调查"工程首席专家,2015—2018年任"泛珠三角地区地质环境综合调查"工程首席专家。主持"珠江三角洲经济区重大地质环境问题与对策研究"等计划项目2项,主持"清江流域1∶5万水文地质调查","珠江-西江经济带梧州肇庆先行试验区1∶5万环境地质调查"等地质调查项目10多项,参加国家科技研发重大专项、国家自然科学基金项目4项,主持财政部、原国土资源部和交通部水文地质勘察、遥感地质调查、地质灾害、矿山环境综合治理等项目20多项。发表论文30多篇,出版《珠江三角洲经济区重大地质环境问题与对策研究》《支撑服务广州市规划建设与绿色发展资源环境图集》等专著5部,获得专利5项。入选中国地质调查局"优秀地质科技人才"、江西省"优秀青年科技人才",获得地质矿产勘查进步奖1项。培养研究生20多人。

服务环北部湾经济发展，环境地质调查成果显著

刘怀庆　陈双喜　陈雯

中国地质调查局武汉地质调查中心

摘　要：基于1∶5万环境地质调查，围绕需求和重大环境地质问题，查明环北部湾地区地质环境条件和重大环境地质问题，进行环北部湾海岸带含水层调查评价方法总结、滨海城市资源环境承载力评价、南宁五塘地区膨胀岩土成灾机理等专题研究，建立海岸带水文地质调查示范基地和专业调查团队，构建地质环境信息系统，支撑服务区域经济社会发展、环境保护和国土空间优化开发。

一、项目概况

"环北部湾南宁、北海、湛江1∶5万环境地质调查"项目由中国地质调查局武汉地质调查中心承担，项目起止时间为2016—2018年。主要目标任务是开展南宁、北海、湛江地区1∶5万环境地质调查，围绕需求和重大环境地质问题，查明环北部湾地区地质环境条件和重大环境地质问题，并开展相关专题研究，为区域重大建设项目规划及可持续发展提供科学依据。

项目工作区主要为西场糖厂幅(F49E014004)、高德幅(F49E015005)、北海市幅(F49E016005)、五塘幅(F49E007003)、青平幅(F49E015008)、北坡镇幅(F49E017008)、城月镇幅(F49E017009)7个图幅。历时3年，项目在全面更新和提高南宁、北海、湛江地区水工环地质调查工作程度和精度的基础上，注重地质调查的转化应用，有效支撑地方需求，取得了一系列的成果。

二、成果简介

（1）完成7个图幅的1∶5环境地质调查，更新了环北部湾地区水工环地质数据，提高了区域水工环调查程度。

经过此次调查，进一步查明了工作区地下水含水岩组结构、富水性、补径排条件，并对主要水文地质参数进行补充和更新；进行了地下水系统划分，水资源量评价，为区域地下水资源开发保护提供了依据。对区内岩土体进行了工程地质分区，对南宁五塘地下空间开发适宜性进行了评价，为重大工程建设规划选址提供了基础资料。

（2）北海、湛江地区地下水资源丰富，供水潜力巨大。

北海重点区地下水主要赋存于南康盆地松散岩层中，地下水可开采量为$97.25\times10^4 m^3/d$，开采潜力为$73.96\times10^4 m^3/d$。从开采潜力分析结果来看，北海市区目前总开采量为$14.52\times10^4 m^3/d$，占可开采总量的62%，还有$8.77\times10^4 m^3/d$的开采潜力。

通过调查发现，北坡镇幅调查区内共有17口自流井，主要分布于北坡镇三合仔村、田头屋村及河西

村等地,自流量 98.67~1 837.3 m³/d,总流量达 7 281.62 m³/d,井水清澈,水质良好,可直接用于生产生活用水;城月镇幅调查区内共有泉(泉群)16 处,广泛分布在玄武岩台地区,泉水流量 12.096~13 595.731 2 m³/d,泉水总流量 23 464.512m³/d,大于 10L/s 的泉水共计 6 处。大量自流井及泉水的存在,说明调查区地下水资源丰富,补给充足。目前区内自流井及泉水主要用于农田灌溉及洗涤,利用率低,开发利用程度低,开采潜力大。根据调查并结合收集资料,在遂溪螺岗岭圈定一处矿泉水水源地,其矿泉水偏硅酸含量高达 72.40~82.4mg/L,为低钠低矿化度重碳酸钙镁型偏硅酸矿泉水,可开采量达 812.84m³/d,其水量大,水质优良且稳定,各项指标均符合国家饮用天然矿泉水标准(GB8537—2008),开发利用前景广阔。

(3) 统一了环北部湾海岸带第四系含水层,开展自然过程和人为活动对北部湾海岸带含水层地下水咸化来源及过程的综合影响研究,建立了大冠沙区域多层含水系统地下水咸化模型。

根据第四纪地层的对比研究,环北部湾地区海岸带第四系含水层从新至老依次划分为全新世中上统滨海砂含水层、下全新统冲积砂砾含水层、上更新统滨海砂含水层、上更新统玄武岩孔洞含水层、中更新统冲洪积砂砾含水层、中更新统玄武岩孔洞含水层、下更新统冲洪积砂砾和滨海砂含水层 7 套含水层(图1)。通过数值模拟得出北海大冠沙地区平面上海水入侵线随时间向内陆方向不断推进,高位养殖区下部的含水层 Cl^- 浓度范围不断扩大,此外,在含水层垂向上受高位养殖的影响潜水含水层的咸化最为严重。上部浅层含水层及第Ⅰ承压含水层主要受到高位海水养殖污染,咸水渗漏造成地下水持续咸化;大冠沙第Ⅱ承压含水层不仅受到上部咸水渗漏的影响,作为该地区地下水的主要开采层,水位持续下降,导致了不同程度的海水入侵,也对该含水层地下水构成了严重威胁;第Ⅲ承压含水层与上部含水层水力联系较弱,侧向补给强烈,抵御海水入侵能力较强,总体受海水影响较小(图2)。

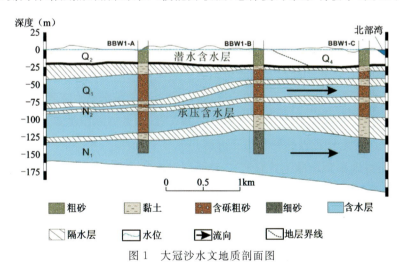

图 1　大冠沙水文地质剖面图

(4) 全面分析了五塘地区膨胀岩土滑坡、地基膨缩变形、地下工程破坏的成灾机理。分析了边坡失稳的主要原因以及应采取的合理工程措施。通过典型膨胀土边坡监测,得到了边坡滑坡变形受降雨影响的关联数据。通过区内膨胀岩土边坡开挖方式、坡高、坡度和稳定性分析统计,得出了临界坡高与临界坡度之间的关系公式。

找出了研究区膨胀岩土的形成与分布规律。研究发现,研究区膨胀岩土的分布受古沉积环境影响与控制。中等—强膨胀土分布于研究区红层盆地的中央地带,强膨胀土主要分布于西部,盆地的东部及边缘地带则多为弱膨胀土或非膨胀土,里彩组泥岩为区内膨胀性相对强的膨胀岩。

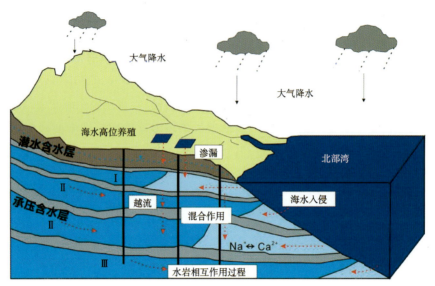

图 2 大冠沙地区多层含水层地下水咸化来源和过程概念模型

查明了各膨胀岩土层的胀缩性等级。查明了研究区古近系各岩土层的膨胀性、胀缩等级。古近系、白垩系的砂岩、粉砂岩不属膨胀岩,较新鲜的泥质粉砂岩大部分不属膨胀岩。较新鲜的泥岩以弱膨胀岩为主、粉砂质泥岩以微膨胀岩为主,里彩组泥岩膨胀性相对较强。第四系冲洪积土不属膨胀土。古近系古亭组、凤凰山组及白垩系罗文组的残坡积土及全风化、强风化岩大部分不属膨胀土,古亭组部分全—强风化粉砂质泥岩夹层具有弱—中等胀缩性。北湖组、里彩组、南湖组的残坡积土及全—强风化岩大部分属膨胀土,以中等胀缩性为主,其中里彩组的残坡积土及全—强风化岩主要属中—强膨胀土(图3)。

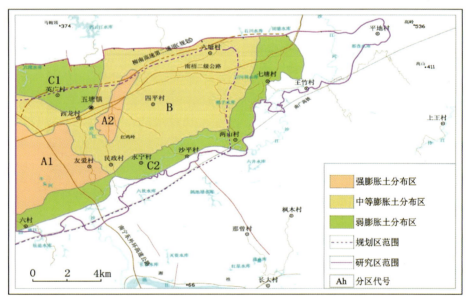

图 3 五塘地区膨胀岩土膨胀性分区图

开展膨胀岩土成灾机理研究。全面阐述了膨胀岩土滑坡、地基膨缩变形、地下工程破坏的成灾机理。通过对区内膨胀岩土边坡的详细调查,分析了边坡失稳的主要原因以及应采取的合理工程措施。通过典型膨胀土边坡监测,得到了膨胀土边坡滑坡变形受降雨影响的关联数据。通过区内膨胀岩土边坡开挖方式、坡高、坡度和稳定性分析统计,得出了临界坡高与临界坡度之间的关系公式。提出了膨胀岩土安全坡度、坡高值,可供今后工程建设参考与利用。

(5) 总结了海岸带含水层调查评价方法体系,为环北部湾等地区海岸带地下水资源和环境地质调查提供技术方法借鉴。

调查评价的主要方法有前期资料收集、面上水文地质测绘、物探、钻探、水文地质试验、水文地球化学分析测试、地下水动态监测等。前期资料收集是有助于掌握区域地质背景、水文地质条件和特征等,指导水文地质调查评价的工作部署。水文地质测绘是在充分利用已有成果资料的基础上,由点及面,系统全面地开展地貌、地层、岩性、构造,代表性的泉、井水动态及水质变化特征,地下水开发利用现状及引发的环境地质问题的调查,掌握区域上的分布和特征。通过面上调查,在地下水和地质环境问题分布的重点区和关键区,开展地球物理探测和地质钻探工程,在典型区域设立地下水动态监测网络,并在此基础上通过水文地质试验、水位地球化学分析测试等获取地下含水层的结构及相应的水文地质参数和指标。

(6) 构建环北部湾地区典型滨海城市资源环境承载能力评价方法体系,在系统分析资源禀赋与环境本底的基础上,以相关资源环境要素为主要限制因素,确定资源环境承载能力综合评价对象,建立综合评价指标体系和评价类型,开展单要素资源环境承载能力测算,并在此基础上进行北海市资源环境承载能力综合评价。

北海市承载能力高区占全区面积的61%,主要集中在北海市合浦县大部分地区,但不包括合浦东北角工程地质不良地区和星岛湖乡以北临近水库的地区;承载能力较高区占全区面积的37%,主要集中在铁山港区、海城区和银海区南部临北部湾条带状地区、曲樟乡、公馆镇东、星岛湖北、山口镇南和大田坪北;承载能力较低区占全区面积的2%,分布在海城区的中心地区和铁山港区的临北部湾零星地区;全区不存在承载能力低区。总体而言,北海市发展前景大,规划潜力高,能较好支撑经济社会发展(图4)。

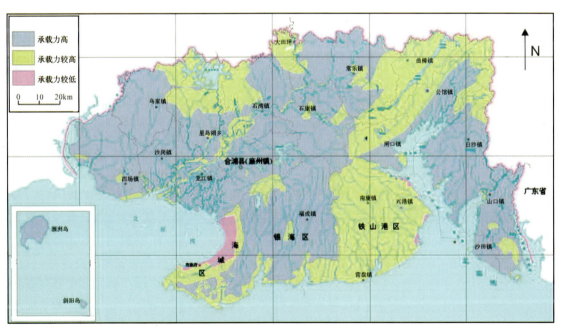

图4 北海市资源环境承载能力综合评价分区图

在环北部湾地区资源开发过程中充分考虑资源环境承载能力,能更好地优化资源配置,保护生态环境,合理利用现有资源和环境,实现资源开发和环境保护协调发展,杜绝无序开发和过度开发。近年来,随着经济社会的持续快速发展,北海市面临的资源环境约束也持续加剧。经济建设过程中引发的水资源污染、海岸带地区环境工程地质问题等日益凸显,对地质环境安全保障的需求将明显上升。对北海市开展基础资源环境条件调查及重大环境地质问题的深入分析,开展资源环境承载能力评价,为区域经济社会发展及国土资源规划提供了科学依据。

(7) 编制了《北部湾城市群(广西区)资源环境图集》，服务于地质环境的保护和生态文明的建设。

以南宁、北海、钦州、防城港、玉林和崇左六市所辖行政区为编图范围，以2009年以来的项目成果编制而成，图集主要包括3部分内容，共计21幅图件。其中，介绍北部湾城市群(广西区)概况的序图共有5幅，主要内容包括自然地理图、国土开发强度图、土地利用现状图、产业布局图和重大基础设施分布图。描述区内资源条件的资源类图件共有8幅，主要内容包括地下水资源、地下水水源地、旅游资源、富硒土壤资源、特色农产品、地热资源、重要矿产资源等。描述区内主要环境地质问题的环境类图件共有8幅，主要内容包括重点干旱区分布、地下水污染、土壤环境质量、岩溶塌陷、特殊土、崩滑流地质灾害及海岸带主要环境地质问题等。

作为地质工作支撑服务北部湾城市群(广西区)发展的阶段性成果之一，《北部湾城市群(广西区)资源环境图集》在编制过程中，本着充分体现国家地质工作的公益性、基础性的先行示范作用的原则，展示了中央与地方合作开展环境地质调查工作取得的成果。"十三五"期间，将进一步查明区内优势地质资源和环境地质条件，查明环境地质问题的成因及分布规律，服务于地质资源的管理、保护和优化开发，服务于防灾减灾，服务于地质环境的保护和生态文明的建设，为北部湾城市群(广西区)多中心、多层次城镇体系的构建，全方位对外开放平台的构筑，面向东盟国际大通道的建设，西南地区开放发展的战略新支点的打造，为向海经济的发展和生态环境的保护保驾护航。此外，项目协助编制了中南五省自然资源图集。

(8) 成功筹办了"中国-东盟泛珠三角地区地质环境调查暨北部湾城市群地质调查成果报告会"，首次梳理和总结了北部湾城市群(广西区)地质资源优势、环境条件和环境地质问题，是该区域在该研究领域最全面、最系统的调查研究成果，对区域规划和城镇建设具有重要的指导作用。

2017年8月24日，在"泛珠三角地区地质环境综合调查"工程其他项目的协助下，项目组在广西南宁成功筹办了"中国-东盟泛珠三角地区地质环境调查暨北部湾城市群地质调查成果报告会"。本次会议是"2017(第八届)中国东盟矿业合作论坛暨推介展示会"的重要组成部分，由中国地质调查局、广西国土资源厅主办，武汉地质调查中心承办。会上，中国地质调查局水文地质环境地质部副主任吴爱民向广西国土资源厅移交了北部湾城市群(广西区)地质调查成果。会议的召开是中国地质调查局以支撑服务经济区(城市群)资源环境安全、新型城镇化建设、生态环境保护等为重大目标任务地质调查工作的良好示范。本次会议受到多家新闻媒体的特别关注。会议实况及成果报告的相关内容以视频、图文、音频等多种形式被中国国土资源报、中国矿业报、广西卫视、广西网络广播电视台等主流媒体多次报道。

(9) 完成我国南方第一口连续多通道地下水分层监测井及中国地质调查局最深、南方沿海第一口巢式监测井建井，新技术方法应用促使环北部湾海岸带含水层监测网提前完成。

2017年，项目组在广西北海施工完成了我国南方第一口连续多通道地下水分层监测井，成功实现了单孔6层地下水的分层监测，该井连续多通道管外径105mm、通道通径大于30mm，成井深度147m。监测井位于北海市银海区海景大道北侧，距海岸线约70m，采用中国地质调查局水文地质环境地质调查中心的"地下水多层监测井钻探成井工艺"，在一个钻孔内安装一根连续多通道管材，通过分层填砾、止水成井，在单孔中最多可实现7层地下水的监测和取样。该工艺采用的多通道管材是高密度聚乙烯材料连续挤出的7通道连续管，在井管与钻孔环状间隙间采用了以膨润土为原材料的新型止水黏土球，并在洗井后为监测井安装了孔口保护装置。与传统单管、丛式、巢式地下水监测井工艺相比，该工艺具有建井少、占地小、施工成本低、施工效率高等优点。2018年又在广东湛江东海岛成功实施了我国南方沿海地区第一口巢式监测井，实现了单孔4层地下水的分层监测，成井深度达到290m，是目前中国地质调查局成井深度最大的多层监测井。一系列新技术、新工艺的应用，实现了南方沿海地区大埋深含水层单孔多层监测的目标,是中国地质调查局局属单位协作攻关的成果。联合项目组之前完成的北海大冠沙和海南洋浦地区的地下水分层监测基地,标志着环北部湾地下水监测网络的初步建成,可实现环北部湾地区地下水的分层同步监测。

三、成果意义

本项目通过1∶5万环境地质调查,在查明工作区水文地质、工程地质条件和主要环境地质问题基础上,积极促进成果转化,主动服务区域经济社会发展。针对北海地下水运移开展数值模拟专题研究,统一了环北部湾海岸带第四系含水层,开展自然过程和人为活动对北部湾海岸带含水层地下水咸化来源及过程的综合影响研究,总结了海岸带含水层调查评价方法体系,为环北部湾等地区海岸带地下水资源和环境地质调查提供技术方法借鉴。构建环北部湾地区典型滨海城市资源环境承载能力评价方法体系,在系统分析资源禀赋与环境本底的基础上,以相关资源环境要素为主要限制因素,确定资源环境承载能力综合评价对象,建立综合评价指标体系和评价类型,开展单要素资源环境承载能力测算,并在此基础上进行资源环境承载能力综合评价。建立海岸带水文地质调查示范基地和专业调查团队,构建地质环境信息系统,支撑服务区域经济社会发展、环境保护和国土空间优化开发。

刘怀庆(1980—),男,高级工程师。就职于中国地质调查局武汉地质调查中心。从事水工环地质调查研究。"环北部湾南宁、北海、湛江1∶5万环境地质调查"二级项目负责人。近年来作为项目副负责人参与了多项公益性地质调查项目。
E-mail:499671886@qq.com。

琼东南经济规划建设区 1∶5 万环境地质调查获得新认识

余绍文

中国地质调查局武汉地质调查中心

摘 要：2016—2018 年开展的琼东南经济规划建设区 1∶5 万环境地质调查，完成 8 个图幅的环境地质调查工作，在地下水资源调查、应急水源地、地热、地下空间开发潜力等方面获得新认识。

一、项目概况

"琼东南经济规划建设区 1∶5 万环境地质调查"项目是"泛珠三角地区地质环境综合调查"工程所属的二级项目，其目标任务是开展琼东南地区 1∶5 万环境地质调查，圈定一批地下水应急水源地，建设一批探采结合井，服务琼东南地区城市发展规划和重大基础设施建设、生态环境保护。

二、成果简介

1. 查明了工作区不同含水岩组特征及其富水性特征

（1）定安-琼海地区松散岩类孔隙水含水岩组主要分布于琼海市万泉河及其支流沿岸一带，含水层厚度一般 2.5～10.1m，地下水位埋深一般 0～7.3m，民井单位涌水量一般 24～28.8m³/(d·m)，水量中等；玄武岩类孔洞裂隙水含水岩组在龙门镇九温塘—岭口镇—翰林镇一带，水量丰富，钻孔涌水量 119.23～933.03m³/d，泉流量 4.459～37.4 L/s；黄竹以东的东排村—保山水库一带，水量中等，钻孔涌水量 332.99m³/d，泉流量 1.325～13.148L/s；而在龙门镇以东—黄竹镇—大路镇、黄竹镇—甲子镇一带，水量贫乏，钻孔涌水量 4.32～22.29m³/d，泉流量 0.08～0.794 L/s；一般碎屑岩裂隙孔隙水含水岩组广泛分布于区内定安雷鸣、长昌、琼海嘉积、官塘一带，水量贫乏为主，局部中等，钻孔涌水量 7.86～126.23m³/d；红层裂隙孔隙水含水岩组广泛分布于定安雷鸣、琼海嘉积、官塘、石壁一带，水量以贫乏为主，局部中等，钻孔涌水量 6.05～126.23m³/d；花岗岩类裂隙水含水岩组广泛分布于东红农场—万泉镇—中瑞农场一带，新市乡—嘉积镇—万泉镇一带水量中等，钻孔涌水量 44.32～240.11m³/d，泉流量 1.961L/s；其他地段水量贫乏，钻孔涌水量 3.97～227.49m³/d。变质岩类裂隙水含水岩组零星分布于东升农场、中瑞农场等地区，水量贫乏，钻孔涌水量 12.44～29.72 m³/d。

（2）三亚-陵水地区松散岩类孔隙潜水钻孔涌水量 0.76～2 212.16 m³/d；松散—半固结岩类孔隙承压水含水岩组富水性丰富—贫乏，钻孔涌水量 16.84～3 473.66m³/d；基岩裂隙水含水岩组富水性中等—贫乏，钻孔涌水量 0.50～784.08 m³/d；覆盖型碳酸盐岩类裂隙溶洞水含水岩组富水性丰富—贫乏，钻孔涌水量 8.99～5 044.42 m³/d。

2. 圈定 6 处后备水源地，可开采量为 $42.84 \times 10^4 \text{m}^3/\text{d}$

在龙门镇圈定 1 处后备水源地，允许开采量为 $35.48 \times 10^4 \text{m}^3/\text{d}$；在三亚-陵水地区圈定 5 处后备水源地,允许开采量为 $7.36\times10^4 m^3/d$,应急期 90d,基本可以满足 99 万人应急供水需求(图 1)。其中,高峰、南岛农场、大茅应急地下水源地在地理位置、地质环境条件、开发条件具备集中开发的优势,建议作为地下水源地示范点,积极推进各项工作。

图 1　地下应急水源地分布图

3. 查明了工作区地下水现状及水质情况

工作区地下水天然补给资源量为 $12.57\times10^8 m^3/a$,可开采资源量为 $4.44\times10^8 m^3/a$,地下水开发潜力大;水质总体优良,局部地区存在 Fe、Mn、F 离子超标现象。

(1) 定安-琼海工作区天然补给资源量为 $6.72\times10^8 m^3/a$,可采资源量为 $1.14\times10^8 m^3/a$。三亚-陵水工作区天然补给资源量为 $5.85\times10^8 m^3/d$,可采资源量为 $3.3\times10^8 m^3/a$。

由于地表水资源丰富及该地区富水性普遍较差的水文地质条件,导致该地区地下水利用率较低。但在季节性缺水严重的情况下,地下水可作为该地区安全供水的必要补充。

(2) 工作区地下水质量普遍较好。评价结果表明,定安-琼海地区地下水质量较好,大部分区域地下水水质达到了Ⅲ类或以上标准,主要分布在雷鸣幅大部分地区,琼海县幅西南部地区。超标水质主要分布在龙门幅以及琼海市周边地区。

4. 查明了工作区地热地质资源潜力

区内地热田众多,可开采量为 $870.605\times10^4 m^3/a$,可开采热量为 $1.585\times10^{12} kJ/a$,水温在 $32\sim78℃$ 之间,多属氟、硅型医疗热矿水,地热资源开发潜力大。

因地处北东向的文昌-琼海-三亚断陷带地热集中区,工作区主要分布有官塘温泉、蓝山温泉、石壁温泉,以及凤凰山庄、海坡、半岭、林旺、南田、高峰和红鞋等地热田(图 2)。多个地热田的偏硅酸、氟含量达到《理疗热矿水水质标准》命名矿水浓度,具有很高的理疗价值。

5. 琼海地区分布富含偏硅酸地下水

富含偏硅酸的地下水主要分布在琼海万泉河沿岸河流阶地以及图幅中部的东升农场地区,地下水

图 2 区域地热资源分布与分区图

类型以碎屑岩类裂隙孔隙水和花岗岩类裂隙水为主(图3)。69.1%的水样数据表明 H_2SiO_3 浓度超过 25mg/L，水温均高于 25℃，达到天然矿泉水标准。其成因主要是具有富硅的侵入岩、玄武岩为地下水提供偏硅酸物源，以及偏酸性的地下水环境(图4)和以 $Ca-HCO_3$、$Na·Ca-HCO_3$ 为主的水化学类型有利于偏硅酸的富集。

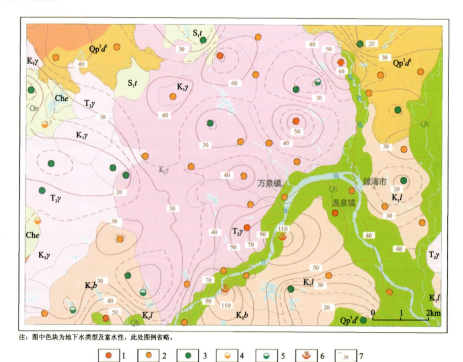

图 3 琼海县幅天然矿泉水点分布与偏硅酸等值线图

1.理疗矿泉水点($H_2SiO_3 \geqslant 50mg/L$);2.饮用矿泉水点($H_2SiO_3 \geqslant 25mg/L$);3.非矿泉水点;
4.地表水点($H_2SiO_3 \geqslant 25mg/L$);5.一般地表水点;6.温泉水点($H_2SiO_3 \geqslant 50mg/L$);7.$H_2SiO_3$ 浓度等值线

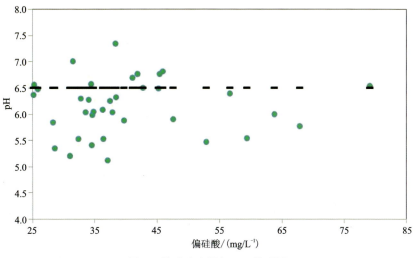

图 4　偏硅酸含量与 pH 关系图

6. 三亚地下空间资源丰富，资源质量优良，开发潜力较大

工作区仅开发地下 15m 以内的地下空间时，其空间资源总量达 $11.28\times10^8 m^3$，可提供的建筑面积 $376 km^2$，相当于整个三亚中心城区面积的 2 倍，工作区地下空间开发利用的潜力很大。根据地下空间资源开发潜力评价，将工作区划分为开发潜力高区域、较高区域、中等区域和低区域，分别占工作区面积的 18.00%、64.80%、15.70% 和 1.50%（图 5）。开发潜力低的区域主要是因为分布软—流塑状的淤泥和淤泥质土，地基承载力低，工程性质较差，不适宜进行地下空间开发和利用。

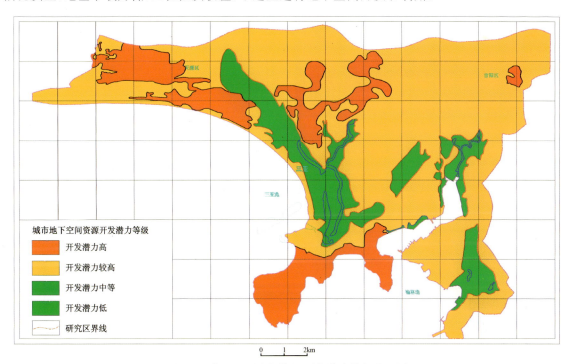

图 5　工作区地下空间资源开发潜力等级分区图

7. 强化成果应用,提高了项目成果的社会效益

(1) 工作区主要分布花岗岩和红层砂岩,地下水较为匮乏,季节性缺水严重。项目钻探施工中均采用"探采结合"施工方法,为当地提供了 62 口水井,能有效缓解当地生活用水困难(图 6、图 7)。

图 6　村书记送锦旗表示感谢　　　　　　　　图 7　服务地方扶贫攻坚

(2) 在洋浦地区建立 2 孔地下水监测井,已并入海南省地下水监测网(图 8、图 9)。

图 8　监测井现场　　　　　　　　图 9　应用证明

三、成果意义

以上调查评价为琼东南地区地下水开发利用、三亚城市地下空间开发起了指导作用,圈定的应急地下水源地可以有效缓解季节性缺水问题,对地方规划建设提供了地质依据。

余绍文,男,高级工程师,2011 年博士研究生毕业进入中国地质调查局武汉地质调查中心工作,从事水工环地质调查。从 2013 年开始,作为"防城港地区水文地质工程地质调查评价"(2013—2015 年)项目副负责人,协助项目负责人组织实施项目各项工作,2016 年 10 月完成了该项目成果报告,评审获得优秀。2016—2018 年作为二级项目负责人,承担"琼东南经济规划建设区 1∶5 万环境地质调查"项目。

地质调查支撑服务粤港澳湾区规划建设

赵信文　顾涛

中国地质调查局武汉地质调查中心

摘　要：在珠江口西岸部署实施了1∶5万水工环综合地质调查，重点对区域资源环境条件和主要环境地质问题进行了调查研究，查明了区域8个图幅的水工环地质条件，系统梳理总结了区域优势地质资源环境条件和主要地质环境问题，编制形成了相关图集、建议及专报，合作开发了"地质随身行"手机App，有效推动了广东省城市地质调查工作的全面启动实施，支撑服务了粤港澳湾区规划建设及运营管理。

一、项目概况

自然资源部中国地质调查局武汉地质调查中心承担的"粤港澳湾区1∶5万环境地质调查"项目归属于"泛珠三角地区地质环境综合调查"工程。工作周期为2016—2018年。总体目标任务为：开展粤港澳湾区1∶5万环境地质调查，基本查清区内地质环境条件，提交1∶5万环境地质调查报告及图件，针对粤港澳湾区内水土污染、软土地面沉降、海岸带变化等地质环境问题作专题调查评价及重点地区环境地质监测，开展粤港澳湾区地下空间资源调查评价及国土空间优化开发对策研究，建立湾区地质环境调查数据库，打造信息系统，为土地资源优化利用、地下空间开发、填海造地及防灾减灾提供依据。三年来，总共完成1∶5万环境地质调查图幅8幅，调查面积2800 km^2，工程地质钻探5700余米，水文地质钻探3900余米。

二、成果简介

（1）系统梳理总结了粤港澳大湾区最新调查资料和以往成果，编制了《粤港澳大湾区城市群水工环地质调查工作取得一批主要成果》专报（图1）及《粤港澳大湾区国土空间优化开发对策建议》，参与编制了《粤港澳大湾区自然资源与环境图集》。《粤港澳大湾区自然资源与环境图集》成果及时送交国家有关部委及国务院港澳事务办公室，获得高度评价。

系统梳理总结了广州市多年地质调查成果和最新资料，编制了《支撑服务广州市规划建设与绿色发展资源环境图集》（图2）。该图集分6部分，共55幅图。其中，介绍广州市概况的序图图件9幅，国土空间开发利用的地质适宜性评价类图件9幅，城市规划建设应关注的重大地质安全问题类图件7幅，产业发展可以充分利用的优势资源类图件16幅，生态环境保护需要重视的资源环境状况类图件5幅，基础地质条件类图件9幅。该图集可为广州市土地利用规划、国土空间开发、生态文明建设和重大工程建设、地质灾害防治提供科学依据。

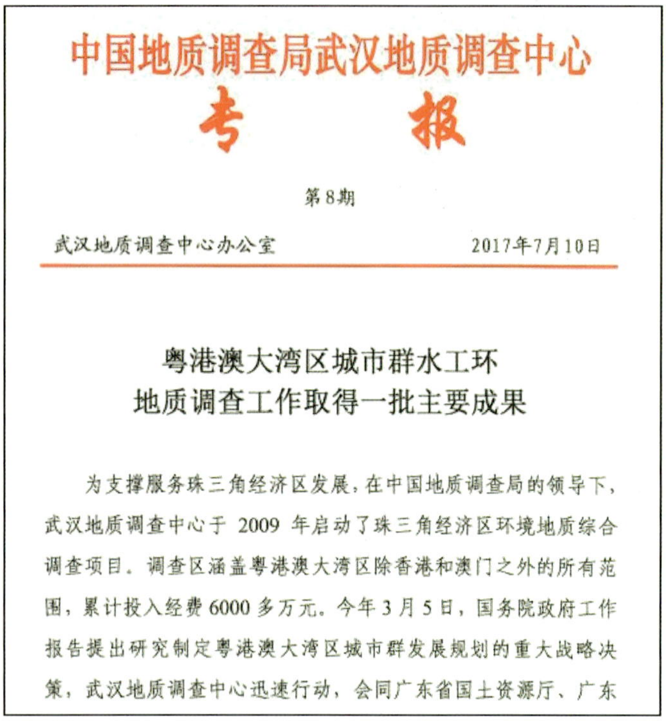

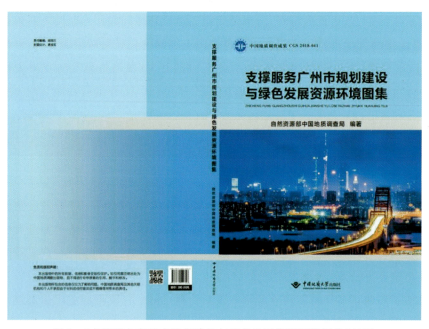

图 1　专报首页

图 2　《支撑服务广州市规划建设与绿色发展资源环境图集》封面

(2) 与广州城市规划勘测设计研究院、广州市地质调查院合作开发了"地质随身行"手机 App，该手机 App 集成了基础地质、水文、工程、环境、灾害等地质调查成果，可用于各类终端，具有野外实时定位，地质资料实地搜索、查询、显示等功能，使用方便快捷（图3）。"地质随身行"手机 App 形成了跨行业数据共建共享工作机制，通过数据共建共享，有力地推进了跨部门行业对地质调查数据的高效利用，充分发挥地质调查数据的最大效益，减少了数据收集边际成本；同时它实现了海量数据的集成化管理和查询，通过建立元数据的模型和自动化数据处理，实现了海量的数据管理和查询，有助于下一步数据整理形成智能化业务；

创新了地质调查成果智能便捷服务新模式,有效实现了地质成果的信息化及其实用、便捷、高效的服务,赢得社会公众及专业人士的高度认可,创新了成果应用服务的新模式。使用过程中得到了国土空间规划、地质调查等专业用户,地质灾害、土地资源管理等政务用户和公众用户的一致好评。

图 3 "地质随身行"手机 App 界面

(3) 在已有地质资料基础上,根据本次野外调查、取样、测试等工作,基本查明了斗门县幅、三灶圩幅、飞沙幅、斗门镇幅、荷包岛幅、平沙农场幅、三江幅、平岚幅范围的地下水类型、分布、埋藏条件、富水程度、水化学特征、补径排条件等水文地质条件,并对地下淡水资源进行计算,编制了水文地质图及说明书,绘制了珠江口西岸典型水文地质剖面(图 4),提高了该地区水工环地质研究程度,为调查区地下水资源开发利用和科学管理提供了地质依据。圈定了具有开发前景的东坑地下水应急水源地,应急水源地面积共计 $2.70 km^2$。经计算,地下水应急水源地的开采资源为 $677.30 m^3/d$。按应急状态下供水定额 10L/(人·d)计算,可满足 67 730 人应急供水,占珠海市香洲区总人口的 7.26%。

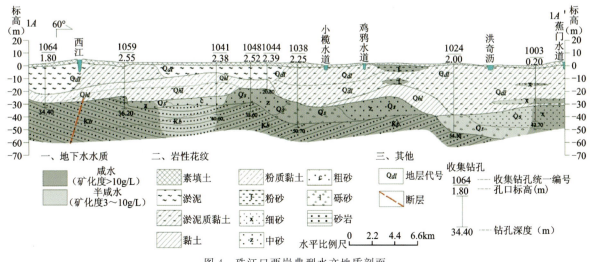

图 4 珠江口西岸典型水文地质剖面

(4) 在已有地质资料基础上，根据本次野外调查、取样、测试等工作，基本查明了中山县幅、唐家幅、澳门幅、斗门县幅、三灶圩幅、飞沙幅、斗门镇幅、荷包岛幅、平沙农场幅、三江幅、平岚幅1∶5万工程地质条件，编制了工程地质图及说明书，提高了该地区水工环地质研究程度，为调查区土地资源开发利用、基础设施建设、地质灾害防治等提供了地质依据(图5)。

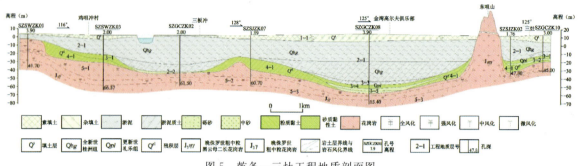

图5　乾务—三灶工程地质剖面图

(5) 开展了珠三角重点区软土地面沉降调查评价，在充分收集以往资料基础上，针对磨刀门、万顷沙软土地面沉降发育的重点地区，进行了补充调查，查明了软土空间分布特征、力学参数、沉降现状，研究了软土沉降机理、影响因素，并预测了下一步发展趋势。调查研究表明，软土在区内分布广泛，除去基岩出露区外，平原区均有分布，且厚度受地形地貌和基底构造的控制。总体上西北部、南部、东部丘陵区薄，中间三角洲平原区厚度大，厚度一般在2.0～43.8m之间，最厚47.2m，垂向上软土大致可分为3层。其中，第一层软土分布范围最广，遍布区内的所有平原、谷地等第四系沉积区，厚度一般在2.0～36.0m之间，第二层、第三层软土仅分布于部分地段，软土是造成该区域地面沉降的主要压缩层。地面沉降以软土自重固结及人类活动诱发综合作用为主，软土层厚度是影响地面沉降速率的关键因子。软土地面沉降对区内公路、输油管道、天然气管道、供排水管、地下电缆等浅基础设施工程安全构成威胁(图6)。

图6　软土地面沉降危害房屋安全

(6) 充分收集整理已有资料，编制了粤港澳大湾区地热资源分布图。新发现地热田1处(东六围地热田)，勘查评价地热田2处(虎池围地热田、东六围地热田)，探明了2处地热田地质特征、地温场特征、流体化学特征。虎池围地热田热储层主要由燕山期花岗岩风化裂隙带及断裂破碎带组成(图7)，属带状热储，顶板埋深12.60～29.58m。据钻孔揭露，地热田水量丰富，均为自流，自流量达480～1200 m^3/d，水位+2.68～+8.20m，水温98～99℃，有时高达102℃，均为盐水，pH为6.94～7.53，水质类型为Cl-Na·Ca型，可命名为偏硅酸、锂、锶、氟、镭热矿水。东六围地热田热储以断裂破碎带为主要特征，破碎带岩性以强风化花岗岩为主,主要矿物为石英,盖层厚度 50～60m,主要为第四系松散堆积物。据钻探揭露,地热田水量丰富,水温 72℃,均为咸水,pH 为 6.38～7.34,溶解性总固体含量为 9578～10 161.97mg/L,地下水水化学类型为 Cl-Na 型水,可命名为偏硅酸、锂、锶、氟热矿水。

图 7　虎池围地热田

(7) 开展了粤港澳湾区典型地区水土环境质量专题研究,查明了南沙核心区镉元素富集特征。研究区表层土壤中镉的含量较高,深层土壤中镉的含量降低,镉分布格局最主要的影响因素是地形地貌、地质条件与河流搬运作用,其次土壤粒度组分、pH、有机质含量、阳离子交换量等土壤地球化学的差异及人类工程活动也影响着镉在土壤中的迁移富集。土壤总镉与土壤有效态镉有中等显著的正相关关系,土壤总镉与土壤活动态镉有极显著的正相关关系。探究了花岗岩区水稻田土壤-植物系统中硒元素分布特征及迁移规律。研究区温暖湿润气候条件下,花岗岩体遭受长期而又强烈的风化作用,形成土壤母质,在长期水岩相互作用下,盐基离子大量淋失,造成稳定性元素富集,形成富硒土壤。沿地下水径流方向,土壤硒元素主要是向下游迁移,在低洼处富集;沿土壤剖面垂向,土壤硒元素主要是向下部迁移,在中下部淋溶淀积层富集。水稻不同部位硒的含量为:根＞茎叶＞大米＞稻壳,土壤硒较易向水稻根部迁移,较难从根部向水稻地上部分迁移(图 8)。

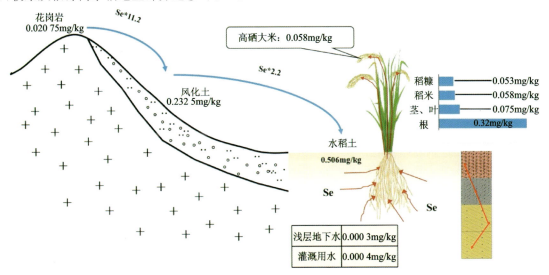

图 8　岩-水-土-植物系统中硒元素分布特征及迁移模式图

(8) 开展了珠三角河口地区岸线变迁研究。调查研究表明,研究区内海岸线类型分为人工海岸、基岩质海岸、淤泥质海岸、砂砾质海岸、红树林海岸及河口 6 种类型,岸线总长 508.87km,其中以人工海岸为主(长度约 330.87km,占岸线总长的 65.02%)。珠三角河口地区沿海岛屿的基岩质海岸多发生侵蚀现象,比较典型的是珠海淇澳岛东澳湾的海岸侵蚀。20 世纪 60 年代末以来,筑堤围垸、围海造地等人类经济-工程活动,促使珠江三角洲经济区特别是珠三角河口地区海岸线大规模向海推进。随着海岸线向海域推进,诸如港口建设或扩建等一些重大工程上马,生活污水或工业废水向海域排放的问题随之而来,造成海域水体污染,并影响水生生态环境。如高栏岛的填海造地,使得污水排放量增大,不可避免地会造成黄茅海海域污染,进而影响该海域水生生态环境。

三、成果意义

从粤港澳大湾区 2017 年首次被写入政府工作报告到《粤港澳大湾区规划纲要》的发布,粤港澳大湾区战略已成为国家战略。自然资源部中国地质调查局一直在为大湾区的规划建设提供着及时、有效的公益性地质服务。"粤港澳湾区 1∶5 万环境地质调查"项目的组织实施,取得了一系列基础性地质调查成果,发现了一些制约当地发展的地质环境问题,并提出相应对策建议和解决办法,建立了与地方规划部门密切对接的机制,有效地推动了广东省城市地质工作全面启动,形成了"中央引领,地方跟进"的地质调查合作新模式,是探索地质调查工作如何更好地服务城市规划、建设、管理、运营的一次有益尝试,有效服务了粤港澳大湾区规划建设及运营管理,为大湾区土地资源优化利用、地下空间开发、填海造地及防灾减灾提供地质依据。

赵信文(1980—),男,硕士,高级工程师,长期从事水工环地质调查与评价工作。现任中国地质调查局"粤港澳大湾区综合地质调查"工程首席专家,武汉地质调查中心环境地质室副主任。公开发表论文 16 篇(其中第一作者 10 篇)。荣获中国地质学会青年地质科技(银锤)奖、中国地质调查局"优秀地质人才"称号。获得国土资源部科学技术二等奖 1 项、中国地质调查局成果一等奖 1 项。

泛珠三角地区活动构造与地壳稳定性研究取得新进展

胡道功　马秀敏　贾丽云

中国地质科学院地质力学研究所

摘　要：通过活动断裂调查、综合地球物理、钻探、深孔地应力测量与实时监测等方法，重点调查了琼北主要隐伏活动断裂空间展布、第四纪活动特征以及构造背景，揭示隐伏活动断裂对东寨港沉降等地质灾害的控制作用，完成泛珠三角地区和琼北地区地壳稳定性评价分区，为海南自贸区及江东新区重大工程的规划建设、安全运营及防灾减灾提供地质支撑。

一、项目概况

"泛珠三角地区活动构造与地壳稳定性调查"项目，是中国地质科学院地质力学研究所承担的中国地质调查局二级地质调查项目。项目周期为2016—2018年。主要目标任务是调查梳理泛珠三角地区活动断裂特征，揭示活动断裂对地质灾害（地面沉降等）的控制作用及其工程危害，探索第四纪火山岩区和海岸带活动断裂调查与地壳稳定性评价方法，完成泛珠三角地区和琼北地区地壳稳定性评价，为泛珠三角地区城市地质环境安全保障、重大工程规划建设以及海南自贸区建设提供地质支撑。

二、成果简介

（1）系统梳理泛珠三角地区主要活动断裂发育特征。泛珠三角地区发育4条北西向和1条北东向区域活动构造带，包含74条第四纪活动断裂（图1），其中滨海断裂带为强活动断裂，直接威胁城市和重要工程设施安全，并对中强地震、地面沉降等地质灾害和地壳稳定性具有控制作用。

（2）采用地质-地球物理-钻探验证综合方法，查明江东新区及邻区活动断裂特征。琼东北马袅-铺前断裂和铺前-清澜断裂对江东新区规划建设具有重要影响，儒关村-云龙断裂晚更新世以来活动微弱，基本不会对江东新区规划造成影响，铺前-清澜断裂对东寨港沉降具有重要控制作用。

（3）完善琼北地区关键构造部位深孔地应力测量与实时监测台网建设。铺前关键构造部位深孔地应力最大主应力方向为北北西向，为铺前-清澜断裂活动方式及东寨港大面积陆陷成海成因机制分析提供了重要的地应力证据。现今地应力测量结果分析表明马袅-铺前断裂和清澜-铺前断裂目前基本上处于稳定状态，断裂均不存在滑动失稳风险。

（4）开展泛珠三角地区地壳稳定性评价分区，其中稳定区面积占35.5%，次稳定区面积占45.7%，次不稳定区面积占12.2%，不稳定区面积占2.0%（图2），总体稳定性较好，利于规划建设；东南沿海及滨海断裂带为泛珠三角地区重点设防地段，海南岛总体稳定性较好，适宜工程建设。

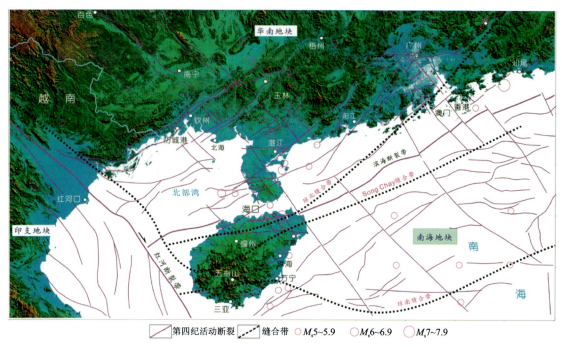

图1 泛珠三角地区活动构造分布图

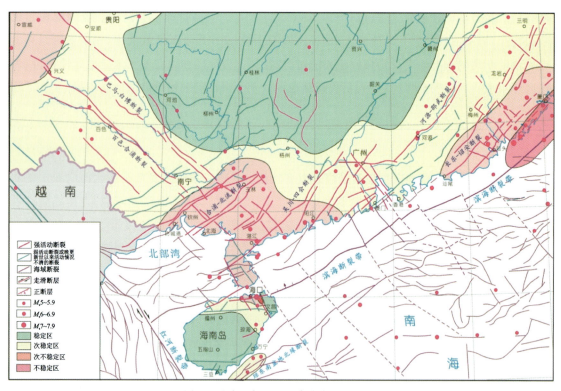

图2 泛珠三角地区地壳稳定性评价图

（5）探索形成第四纪火山岩区和海岸带活动断裂调查与地壳稳定性评价方法技术体系。通过雷琼凹陷沉降区与火山活动区主要隐伏活动断裂调查评价实践，证实该技术方法体系有效、可行；通过构造-沉积-地貌综合分析，揭示了马袅-铺前断裂和铺前-清澜断裂对东寨港沉降的控制作用。

三、成果意义

泛珠三角地区主要活动断裂调查与地壳稳定性评价结果,有效地支撑服务了重大工程规划建设与安全运营;江东新区关键构造部位深孔地应力测量与实时监测为活动断裂运动学与东寨港沉降机制分析提供构造应力场背景,为江东新区规划建设及防灾减灾提供地质依据。

胡道功(1963—),男,博士,研究员,构造地质专业。主要从事区域地质、活动构造与地壳稳定性评价工作,中国地质调查局首席地质填图科学家。合作发表论文140余篇,出版专著12部,获国土资源部国土资源科学技术奖3次,并获国土资源部"青藏高原地质理论创新与找矿重大突破先进个人"及科技部"全国野外科技工作先进个人"荣誉称号。

武陵山湘西北地区地质灾害调查服务山区城镇化建设

徐勇　连志鹏

中国地质调查局武汉地质调查中心

摘　要：围绕武陵山区湘西北集中连片扶贫区的重要城镇，以提升地质灾害防治效率为核心，开展1∶5万地质灾害调查，查明地形地貌、地层岩性特征、斜坡结构类型、活动构造等地质灾害条件，分析地质灾害发育规律、研究地质灾害成灾模式，开展不同尺度、不同孕灾地质背景条件下的地质灾害危险性评价与风险评估，探索地质灾害调查评价新技术和新方法，编制《武陵山区城镇地质灾害风险评估技术指南》，推动GIS、无人机航拍等技术在城镇地质灾害调查中的应用技术进步，为生态文明建设、新型城镇化、重大工程规划和防灾减灾等提供专业数据与技术支撑服务。

一、项目概况

"武陵山湘西北地区城镇地质灾害调查"项目，归属于"山地丘陵区地质灾害调查"工程，由自然资源部中国地质调查局武汉地质调查中心承担。项目周期为2016—2018年。主要目标任务是围绕武陵山区湘西北集中连片扶贫区的重要城镇，以提升地质灾害防治效率为核心，开展1∶5万地质灾害调查，查明地形地貌、地层岩性特征、斜坡结构类型、活动构造等地质灾害条件，分析地质灾害发育规律、研究地质灾害成灾模式，开展不同尺度、不同孕灾地质背景条件下的地质灾害危险性评价与风险评估，探索地质灾害调查评价新技术和新方法，编制《武陵山区城镇地质灾害风险评估技术指南》，推动GIS、无人机航拍等技术在城镇地质灾害调查中的应用技术进步，培养专业地质灾害调查评价团队和优秀人才，为生态文明建设、新型城镇化、重大工程规划和防灾减灾等提供专业数据与技术支撑服务。

二、成果简介

1. 基础调查成果

（1）编制完成湘西北地区1∶50万基础地质图系，进行了工程地质分区和地质灾害易发性分区评价，提出了区域地质灾害防治建议。

通过收集已有地质资料，结合本次调查成果，编制了湘西北地区工程地质图、工程地质分区图、地质灾害分布图、地质灾害易发性分区图、地质灾害防治建议图等系列基础地质图件和服务性图件，为指导湘西北地区城镇建设、重大工程建设和防灾减灾工作提供基础地质资料与技术支撑。

（2）编制1∶5万灾害地质图标准图幅样图。

在充分利用已有资料和最新调查资料，深入分析和综合研究的基础上，总结了灾害地质图、地质灾害分布图等基础图件及风险评价图系的编图技术方法，将工作区内1∶5万灾害地质调查评价编制成示范图件。

(3)分析总结了图幅内地质灾害分布规律、发育特征、形成条件、影响因素以及典型灾害体的演化过程及成灾模式。

查明了慈利县幅、桑植县幅、大庸幅、永顺县幅、古丈县幅、沅陵县幅、凤凰县幅、麻阳县幅和泸溪县幅9个图幅的工程地质条件及地质灾害分布情况,查明了重点工作区工程地质条件、地质灾害及隐患分布规律、发育特征、形成条件和影响因素;对典型斜坡进行了勘查,充分掌握了重点调查区内地质环境条件、地质灾害及隐患点特征,为开展区内地质灾害风险评估提供了坚实的地质基础。

通过工程地质测绘及野外调查工程类比分析,划分了工作区工程地质岩组,确定了易滑地层以及致灾主控因素,其中城镇范围内的主要易滑地层包括三叠系巴东组泥岩、泥灰岩,白垩系砂岩泥岩,志留系粉砂岩页岩,奥陶系泥灰岩,寒武系灰岩,板岩,侏罗系砂岩页岩,二叠系页岩等;致灾主控因素主要为:①区内滑坡以土质滑坡为主,规模以中小型为主,滑坡一般多在一个暴雨过程中完成蠕动—滑动—恢复稳定过程;②人为因素常与自然因素结合引发滑坡、崩塌,往往是先由人工破坏了边坡原有的稳定环境,后在暴雨的叠加作用下引发滑坡崩塌,公路、铁路两侧最为突出;③暴雨诱发滑坡、崩塌具有普遍性,大部分滑坡、崩塌发生在每年的雨季暴雨中;④具有砂泥岩软弱夹层的地层是易滑地层,少数岩质滑坡多为顺层发育;⑤由碎屑岩组成的逆向坡或横向坡,在风化、卸荷作用下易产生小规模坍滑、崩塌。

根据不同岩性建造及构造部位,将湘西北地区划分为北部志留纪碎屑岩建造区、中部浅变质岩建造区和南部沅麻盆地白垩纪红层砂砾岩建造区,在总结各区地质灾害发育规律、形成条件的基础上,分析总结典型灾害体的演化过程及成灾模式。

据本次调查统计,滑坡在人类工程活动较发育沿线地区呈线状或点状分布,因人类活动单因素导致的滑坡占滑坡总数的28.83%,人类活动与降雨因素引发的滑坡占滑坡总数的53.53%,自然因素引发的滑坡只占滑坡总数的17.64%。

(4)针对工作区灾害规模小,且以基覆界面浅层滑坡为主的特点,总结出了适用于本工作区的斜坡隐患早期识别标志。

通过地形地貌标志、坡体结构标志、水文地质标志、岩性组合标志4个方面的主要判据(表1),结合武陵山区地质环境条件、野外工作实际和对斜坡岩土体物性参数的基本要求,将各标志细化,并赋以(定性)分值,根据最后总得分,作为判别斜坡的稳定性和是否确定为斜坡隐患点(区)的依据。

表1 工作区斜坡隐患早期识别标志

地形地貌标志	①斜坡体后缘发育有顺坡向裂缝; ②斜坡体坡度在15°~30°之间; ③斜坡体坡形为平直型和凹形; ④斜坡体前缘临空	坡体结构标志	①覆盖层厚度在1~5m之间的斜坡体; ②斜坡体中广泛发育长大结构面; ③斜坡体后缘出露基岩"光面"; ④岩层倾向与斜坡向一致的斜坡体
水文地质标志	①斜坡体后缘有汇水及入渗坡体的条件; ②斜坡前缘或斜坡某临空面有多处泉水出露	岩性组合标志	①软硬相间的岩体结构斜坡体; ②含各类型软弱夹层的斜坡体; ③斜坡体前缘具有分层结构; ④斜坡体具有隔水岩层

2. 应用服务成果

(1)提供城区地质灾害防治规划建议专门图件。根据城镇规划(控规阶段)和地质灾害类型、规模,综合考虑城区工程地质条件及灾害稳定性、危害性等级等,采用分区、分期、分级的形式提出了城区地质灾害防治规划建议,并提出了地质灾害防治措施建议(防治措施及经费估算)。形成专门的地质灾害防治规划建议图,提供给地方主管部门使用,获得好评。

(2)提供无人机航测成果及典型灾害点和斜坡隐患点防灾预案。在9个城镇规划建设区均开展无人机航测获取地形高程模型(DEM)和高清正射影像图、典型灾害点多角度影像资料(图1),并形成工程地质测绘图件及9份城区隐患斜坡的防灾预案。对航测及现场调查中发现的隐患点,根据险情大小,制订防灾预案,提出综合防治对策建议,更好地服务地方防灾减灾。

a.综合飞行路线　　　　　　　　　　b.三维模型展示

图1　无人机航摄古丈泥石流承灾区

(3)滑坡变形专业监测示范点建设及成果应用。项目组在桑植县满家坡滑坡、慈利县陈溪峪滑坡建立专业监测示范点,开展了现场监测系统建设及实时监测工作,主要包括裂缝位移、地下水位、降雨量、水势、宏观变形监测等(图2、图3)。截止到2019年7月,上述两个示范点相关监测设备均在正常工作,室内数据仍在正常接收和分析中,项目组不定期将监测数据上报当地自然资源局地质环境科,以便让他们及时了解滑坡动态。从监测数据来看,陈溪峪滑坡处于基本稳定状态,变形速率接近于0,而满家坡滑坡处于缓慢变形阶段,对其变形动态仍需关注,因此,对该滑坡的监测工作仍将持续开展下去。

图2　满家坡滑坡全貌　　　　　　　　图3　陈溪峪滑坡全貌

3. 科技创新或技术进步成果

1)考虑灾害强度的空间差异性评价单体滑坡风险评价方法

项目采用DAN 3D数值模拟软件模拟了滑坡运动过程和堆积特征,并在承灾对象及其易损性评价中考虑了滑坡作用强度的空间差异性,对滑坡影响范围内逐个承灾体实施风险评估,由此划分待评价斜坡体潜在风险的空间分区并计算对应人口与经济风险量值,并以湖南省宁乡县沩山乡祖塔村王家湾组滑坡为例进行了研究。

2) 研究了服务于大比例尺滑坡灾害风险评价的斜坡单元自动划分方法

斜坡单元是评价城镇尺度地质灾害风险的基本单元。为解决传统斜坡单元划分方法耗时耗力的困境,项目组采用理论和技术结合创新方式,基于 ArcEngine 平台开发了斜坡单元自动划分软件(图 4a)。该软件一键集成了集水流域、曲率分水岭和盆域山体阴影 3 种斜坡单元划分方法,在操作难度、划分精度、划分效率等方面有极大程度的提高。斜坡单元划分工作耗时降低至传统方法的 15%,操作步骤由传统的 15 步凝练为 1 步完成,划分效果更优,为大比例尺滑坡灾害评价的单元划分提供了更多样化的选择与更高效的解决途径(图 4b)。

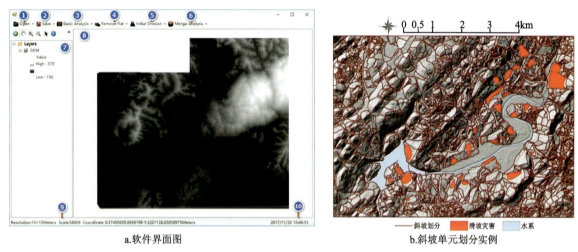

图 4　斜坡单元划分实例

3) 基于 SINMAP 确定性模型阈值分析

以慈利县零阳镇为例,选取慈利县 1∶5 万地质灾害详查数据作为资料背景,利用 SINMAP 模型详细研究分析了慈利县零阳镇及周边滑坡危险性在不同降雨条件下的空间分布规律(图 5),特别是随降雨条件的变化,滑坡变形失稳区域的扩展趋势以及失稳位置、失稳面积等空间变化特征,给出了滑坡发生与降雨、地形坡度、集水区面积等因素间定量关系,并推算出滑坡失稳降雨量阈值(图 6),在已有的宏观降雨量阈值基础上,可进一步提高预测预报精度。

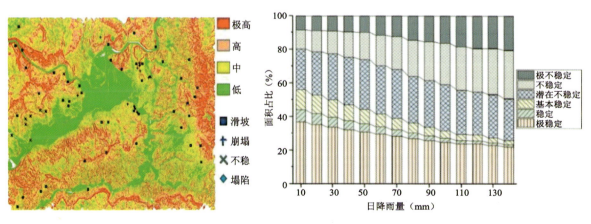

图 5　慈利县 1∶5 万图幅计算危险性分区图　　图 6　不同降雨条件下失稳面积变化

通过将模型应用于慈利县零阳镇及其周边地质灾害详查区域,分析了该区域的滑坡危险性,有效地确定了该区域滑坡危险性与降雨、地形坡度、集水区面积等影响因素的定量关系;分析和预测了滑坡随降雨等环境条件的变化,滑坡变形失稳区域的扩展趋势将逐渐变大,空间上的分布也存在相应的响应关系;慈利县零阳镇及其周边城镇范围内,预警的临界雨量为 35mm,当雨量为 90mm 时已达到极高危险预警值。

4)基于统计模型的区域降雨预警阈值研究采用经验阈值分析方法

按滑坡体积规模统计降雨监测数据与历史滑坡信息,作出了有效降雨强度(I)和持续时间(D)的散点图,得到了不同概率下诱发滑坡发生的有效降雨强度阈值,进行滑坡灾害危险性等级划分。分别得出滑坡发生概率为 90%、50%、10%时所对应的有效降雨阈值线回归直线方程($I=k \cdot D+c$)(图 7、图 8)。

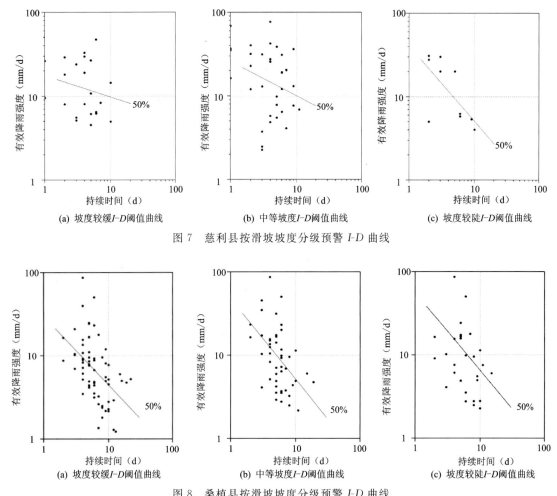

图 7 慈利县按滑坡坡度分级预警 I-D 曲线

图 8 桑植县按滑坡坡度分级预警 I-D 曲线

5)提出不同尺度地质灾害风险评估方法,初步建立山区城镇地质灾害风险评价体系

研究确定了武陵山区城镇尺度(1∶1万)地质灾害风险评估技术流程(图 9)以及武陵山区降雨型土质滑坡和顺层岩质滑坡单体风险评估技术流程(图 10)。根据 Varnes(1984)对地质灾害风险的解释和 Van Westen(2006)提出的区域崩滑灾害风险分析技术流程,结合武陵山区地质灾害的地质条件和成灾特点,认为武陵山区城镇尺度地质灾害风险分析的技术流程可分为 4 个层次表达:第一层次为地质灾害所在区域的地质环境、诱发因素以及历史滑坡灾害编录数据分析等;第二层次为灾害易发性和灾害发生时间概率分析;第三层次为灾害危险性分析、易损性分析及损失分析;第四层次为灾害风险分析。武陵山区单体尺度地质灾害风险分析的技术流程与区域尺度表达层次类同,但在定量评价细节上要求更高,且增加了灾害风险防控方案建议措施的详细比选工作,并完成了 9 个重点城镇的地质灾害风险评估工作(图 11)。

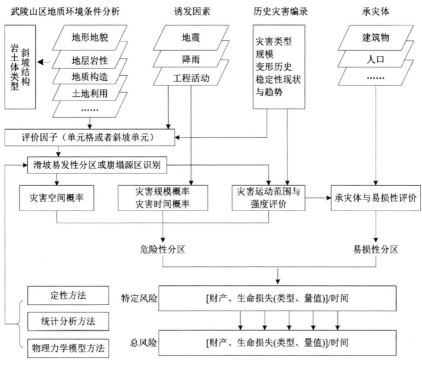

图 9 武陵山区城镇尺度(1∶1万)地质灾害风险评估技术流程

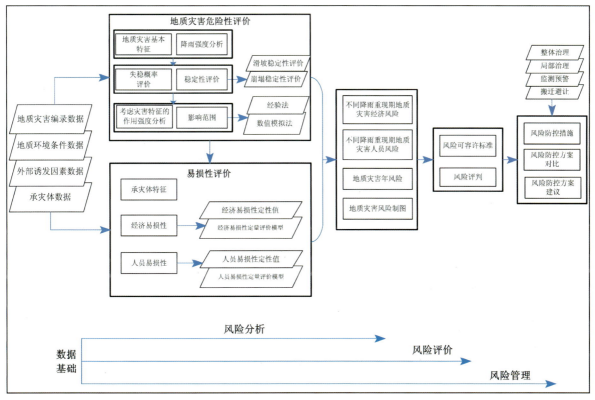

图 10 武陵山区单体地质灾害风险评估流程图

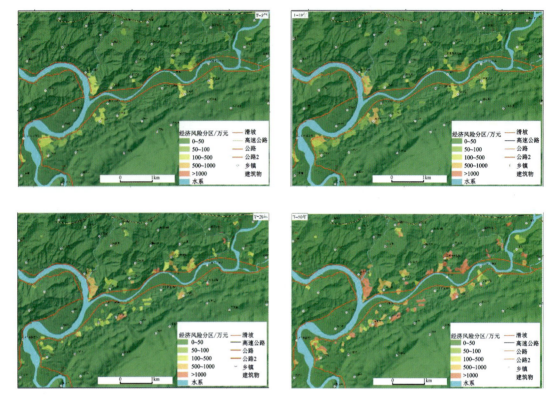

图11 桑植县澧源镇地质灾害经济评估成果之区域经济风险分区

三、成果意义

通过对工作区斜坡结构特征、工程地质岩组、典型斜坡段稳定性分析以及针对不同工程地质区的地质灾害发育特征、分布规律进行系统的研究，对地质灾害的形成条件和影响因素进行评价，划分地质灾害易发区，总结工作区地质灾害的成灾模式，对典型地质灾害点进行剖析，初步建立了地质灾害早期识别标志，为区内隐患斜坡的识别和划分提供了技术依据；针对工作降雨型灾害及风险问题，提出不同尺度地质灾害风险评估方法，初步建立山区城镇地质灾害风险评价体系，提出武陵山区典型降雨型滑坡成灾机理及演化规律，建立了区域及城镇尺度不同类型滑坡的降雨量预警阈值；总结了灾害地质图、地质灾害分布图等基础图件及风险评价图系的编图技术方法，编制1∶5万灾害地质图示范图件；提出了地质灾害风险管理及防治对策建议，建立了地质灾害信息系统，为武陵山湘西北地区防灾减灾和制订防灾规划奠定了科学基础。

徐勇(1975—)，男，湖北十堰人，高级工程师。中国地质大学(武汉)校外导师，中南地质科技创新中心三峡库区灾害地质团队负责人之一。主持完成地质灾害调查项目3项，总经费5140万元。依托武陵山区城镇地质灾害调查，整合"空-天-地-深"多维度调查监测技术方法，提出不同尺度地质灾害风险评估方法，初步建立了山区城镇地质灾害风险评价体系。多次支撑鄂西、湘西及三峡库区地质灾害应急指导工作。合作编写出版专著2部，发表论文30余篇。多次获得"优秀工作者""先进工作者"等荣誉称号；获得中国地质学会"优秀论文"、中国地质调查局"优秀图幅"奖。

连志鹏(1985—),高级工程师,硕士。研究方向为地质灾害调查及风险评价。曾承担武陵山区慈利县零阳镇、古丈县古阳镇、凤凰县沱江镇、石柱县南宾镇4个城镇的地质灾害调查和评价研究工作,2项国家青年自然科学基金项目重要参与者,3项地质灾害危险性评估项目(一级评估)技术负责人。

雪峰山区地质灾害调查提升防灾体系建设

王洪磊

中国地质调查局水文地质环境地质调查中心

摘 要：通过对雪峰山区3个图幅地质灾害调查，总结了区域地质灾害发育规律，提出了成灾模式及早期识别特征，开展了重点城镇地质灾害风险评价；同时依据研发升级的监测设备，开展了辰溪县地质灾害监测预警示范区建设，为地质灾害防灾体系建设提供了技术支撑。

一、项目概况

雪峰山区是湖南省地质灾害最严重的地区之一，成灾模式与易发地质条件有待深入分析评价，并且地质灾害监测预警工作处于起步阶段，需进一步开展调查评价与监测预警示范。为此，2016—2018年中国地质调查局水文地质环境地质调查中心开展了"雪峰山区北部地质灾害调查"项目，以图幅为单元完成了3个图幅地质灾害调查与评价，并建立了辰溪县监测预警示范区。

二、成果简介

（1）在完成辰溪幅、潭湾镇幅、黄溪口镇幅3个图幅地质灾害调查的基础上，总结了区域内地质灾害类型、分布规律及发育特征，完成了工程地质岩组划分、斜坡结构分类等工作，编制了1∶5万灾害地质图，提出了区域内地质灾害成灾模式。完成了黄溪口镇等重点城镇1∶1万地质灾害调查及风险评价（图1），并结合当地建设开发规划，提出了土地利用建议。

（2）结合区内地质灾害发育特点及危害特征，在与辰溪县地质灾害防治部门充分沟通的基础上，开展了34处典型地质灾害点群专结合示范区建设，共安装雨量监测仪、位移监测仪等设备50余套，并开发了地质灾害防治信息化管理系统，初步形成辰溪县群专结合、点面结合、人防加技防的综合防治体系。

（3）体系运行以来预警小田坪、岩溪口等多起地质灾害险情，为江东村滑坡地质灾害防治提供了技术支撑；通过对示范区建设及监测数据分析，总结了辰溪县地质灾害重点防治的日降雨强度区段，提出区域内地质灾害监测方法的适宜性，并编制了《雪峰山区地质灾害监测预警技术指南》。同时，开展了数显裂缝报警器等五类群专结合监测设备研发与升级，并进行了室内与野外测试应用，丰富了监测方法，降低了

图1 黄溪口镇区滑坡风险性评价图

设备成本,提升了产品工程化水平。

(4) 项目实施期间在辰溪县国土资源局配合下开展形式多样的地质灾害科普宣传,并编制了临灾避险图。重点培训讲解如何认识地质灾害、合理切坡建房及如何应急处置,并发放了宣传挂图,累计培训受地质灾害威胁的群众1500余人。

三、成果意义

地质灾害调查成果支撑了地方政府地质灾害防治规划编制,重点城镇风险评价为当地土地利用提出了建议,示范区建设提升了地质灾害监测设备工程化应用水平,总体上项目成果提升了地方政府开展地质灾害防治综合体系建设的水平。

王洪磊(1982—),2006年毕业于中国地质大学(北京),本科,水文与水资源工程专业。先后主持和参加地质调查项目6项、科研项目2项、成果转化项目8项,发表论文10余篇,申请专利3项。主要从事地质灾害调查与监测预警工作,先后深入雅安、鲁甸等地震灾区、地质灾害高易发区开展应急调查与监测预警工作,获"单位先进个人"称号5次,荣获第九届"保定青年五四奖章"提名奖荣誉称号。目前担任"重大自然灾害监测预警与防范"重点专项中"复杂山区泥石流监测预警技术装备集成"专题负责人。

大别山连片贫困区1∶5万水文地质调查成果

王清

中国地质调查局武汉地质调查中心

摘　要：在孝昌县国家级贫困县开展饮用水和矿泉水调查并取得了突破。查明了工作区水文地质条件、地下水赋存规律和矿泉水类型等，总结了大别山变质岩贫水基岩山区富水模式与水文地质物探调查技术方法，科学评价了整个工作区和富水地块地下水资源量，查明了地下水环境质量现状与形成机制。建立地下水监测点42处，获取地下水动态特征与降雨入渗参数，为地下水补给资源量提供了科学参数。在贫水基岩山区圈定了一批相对富水地块，实施了30口探采结合井。

一、项目概况

"大别山连片贫困区1∶5万水文地质调查"项目隶属于"生态脆弱区和特困区水文地质环境地质调查"工程，由中国地质调查局武汉地质调查中心承担，项目周期为2016—2018年。以服务支撑扶贫攻坚和生态文明建设为目标，在连片特困缺水区开展水文地质调查，圈定富水地段，解决人畜饮水困难，提出地下水合理开发利用与保护建议，为经济社会发展和地质环境保护提供科学支撑。

聚焦国家级贫困县孝昌县水资源缺乏现状，以地球科学系统理论为指导，在充分收集工作区已有的资料和研究成果的基础上，以水文地质测绘、重点区域综合研究的工作手段，综合运用遥感解译、水文地质测绘、物探、水文地质钻探、水文地质试验、地下水动态监测、水文地球化学分析、同位素示踪等技术在大别山区域开展了肖家港幅、安陆市幅、花园镇幅、王家店幅、平林市幅、小河镇幅、松林岗幅7个图幅的1∶5万水文地质调查工作，完成调查面积3010 km²。

二、成果简介

（1）查明了工作区地下水类型及分布范围、含水岩组透水性和富水性、含水层接触关系、地下水赋存空间、地下水补径排特点和地下水化学特点，提出了以大理岩岩溶水和岩浆岩构造裂隙水作为新的找水方向。

松散岩类孔隙水含水岩组Qh^{al}、Qp^{al}砂砾石层含水层富水性及透水性最好，震旦系灯影组（$Z_2 \in_1 d$）大理岩岩溶含水层、岩浆岩构造裂隙含水层次之，碎屑岩孔隙裂隙含水层、变质岩裂隙含水层最差。

第四系Qh^{al}孔隙水主要接受大气降水及相邻含水层侧向补给，主要排泄通道是河流及下游相邻含水层、人工开采和蒸发。白垩系—古近系（K_2E_1g）孔隙裂隙水多呈无压状态赋存，含水层大部分出露地表接受大气降水补给，通过侧向径流、人工开采、蒸发等方式排泄。变质岩风化裂隙水接受大气降水补给，受地形及含水介质空间分布控制，排泄方式为径流排泄、人工开采、蒸发排泄等。岩浆岩类风化-构造裂隙水接受大气降水补给，主要排泄方式为泉点排泄、径流排泄、人工开采、蒸发排泄等。岩溶裂隙水主要接受大气降水入渗补给，主要排泄方式为泉点排泄、径流排泄、人工开采、蒸发排泄等，岩溶地下水自成系统。

（2）进一步梳理大别山区构造特点与断裂导水特征，从宏观上明确了找水的方向，并在侵入岩张性断裂破碎带部位取得找水重大突破。

贫水基岩山区断裂构造对地下水起着决定性控制作用，而工作区主要是脆性岩石（侵入岩、大理岩）发育脆性断裂（张扭性）的部位富集地下水。因此，提出了以侵入岩构造裂隙水作为新的找水方向。将发育于脆性侵入岩中的张扭性断层归类为储水断层，发育于脆性大理岩中的张扭性断层归类为富水性断层，发育于软质塑性岩层（片岩、片麻岩）中的压扭性断层归类为阻水断层。基于此理论，采用音频大地电磁测深和高密度电阻率法进行探测验证，侵入岩构造裂隙含水层共实施探采结合井7口，单井涌水总量达1 747.29m³/d，水质均达到矿泉水标准。

（3）总结了大别山贫水基岩山区地下水富水模式，明确了大别山扶贫、抗旱找水方向与取水的部位，可有效服务于大别山区安全供水。

基岩风化裂隙水型富水模式形成于冲沟汇水范围较大、风化裂隙带厚度较大、裂隙较发育的地段（图1），其分布广泛，埋藏浅，便于开采利用。该含水块段可作为分散的山区居民生活用水和农牧业用水的水源。

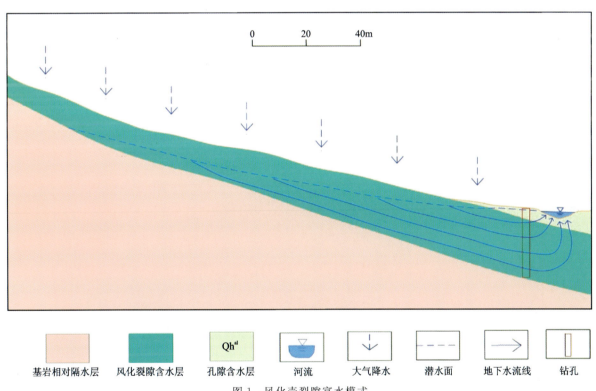

图1　风化壳裂隙富水模式

侵入岩体断裂储水型富水模式斑块状分布在孝昌县季店乡，安陆市赵棚镇、寿山镇和洑水镇，广水市陈巷镇和大悟县芳畈镇。岩体主要受断裂构造控制呈北东向或北西向展布，岩体裂隙发育，为地下水的赋存提供了空间，当岩体规模较大时，则构成具有供水意义的基岩裂隙含水层。大构造裂隙和断裂破碎带往往是地下水的强径流带，也是岩体基岩裂隙含水层中的导水通道与集水廊道，因此在辉绿岩体基岩裂隙含水层下游断层的破碎带处，是设置钻井开采地下水的最佳部位（图2）。该富水块段水量较丰富、水质优良，均达到矿泉水标准并具有一定开发价值，可作为集中供水水源地和矿泉水水源地。

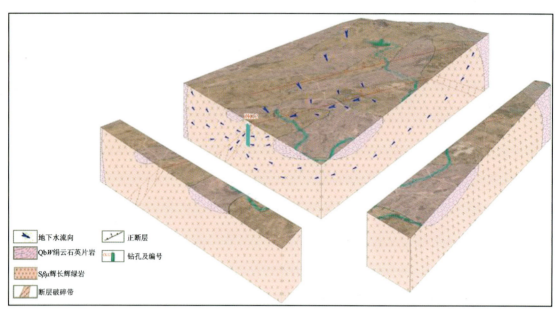

图 2 断裂储水型富水模式

岩溶条带型富水模式主要集中在 $Z_2\epsilon_1d$ 大理岩条带状分布区,呈北西向展布,位于工作区东部芳畈镇至周巷镇一带。地下水主要富集于大理岩和大理岩红层断层接触带(图3)。

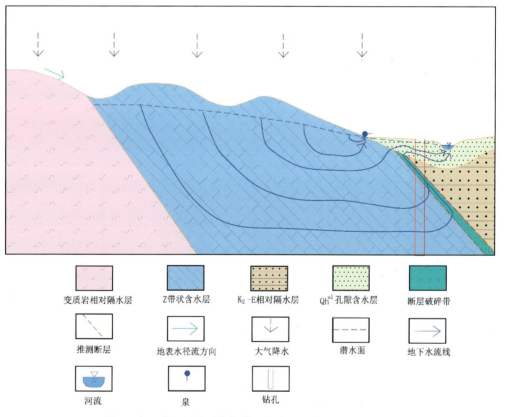

图 3 大理岩红层断层接触带状含水层型富水模式示意图

本次调查在上述理论的指导下,在松林岗幅孝昌县小河镇沙窝村,成井探采结合井 SLGZK02,井深 120.2m,在 54~64m 的位置揭露断层破碎带,钻进过程中漏失浆液,经抽水试验,单井涌水量为 428.06m³/d,出水量大且水质优良。

(4)圈定 10 处富水块段,并评价其地下水资源量,保障地方供水安全。综合工作区调查成果,划分的 10 个富水块段主要集中在工作区东部碳酸盐岩区及北部岩浆岩区(图 4)。此举对当地居民今后打井找水具有指导性作用。

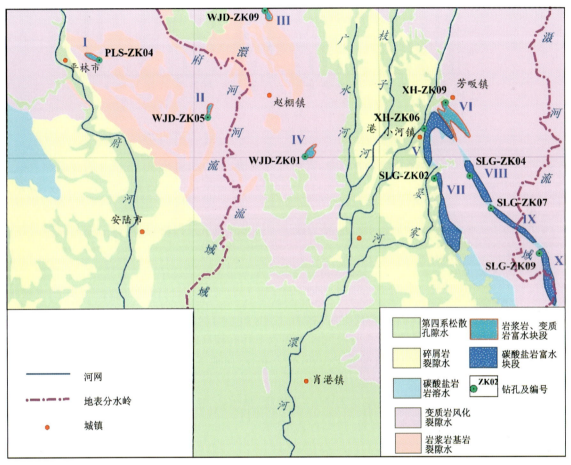

图 4 工作区富水块段分布图

根据各富水块段所布置钻孔的抽水试验流量(Q)-降深(s)数据,求取 Q-s 拟合曲线方程。已知各钻孔揭露各含水层厚度 M 以及承压含水层承压高度 D,此处按照承压含水层水位降深等于承压高度(D)、潜水含水层水位降深等于含水层厚度的 1/2(M/2)计算工作区富水块段总开采量为 10 036m³/d。当人均用水定额取 0.100m³/d 时,每天可供 10 万人日常生用水。

(5)查明了富锶矿泉水分布规律,揭示其成因机制,探明矿泉水水源地 6 处,圈定具有开发潜力矿泉水水源地 3 处。

根据地层岩性分析,工作区地层 Sr 元素含量较高,辉绿岩或变质岩锶丰度可达或高于自然界平均值(图 5)。且辉绿岩中辉石在蚀变的情况下,可生成碳酸盐矿物,充填于岩体裂隙之中。在野外调查中,辉绿岩体裂隙多见白色方解石薄膜,滴盐酸剧烈起泡。该地区地下水在经过充分的水岩相互作用之后,形成富锶地下水。

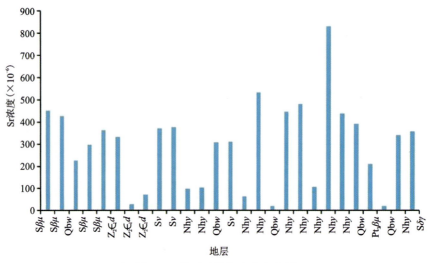

图 5　工作区地层锶丰度直方图

矿泉水水源地主要分布在孝昌县季店乡、安陆市赵棚镇、寿山和洑水镇、孝昌县周巷镇和大悟县芳畈镇。实施探采结合井 7 口,钻孔涌水量 2 841.45 m³/d。此成果可助力地方发展绿色产业,助力精准扶贫。

(6) 查明了工作区地下水环境问题,主要为原生劣质水和地下水污染,并对其分布规律及其成因机制作了初步研究。

原始劣质水问题是地下水中 Fe、Mn 含量较高并在某些地方形成高浓度地下水,影响用水安全。根据调查结果,第四系松散岩类孔隙含水层 Fe、Mn 超标率为 15%~20%,且分布面积最广,白垩系孔隙-裂隙含水层超标率为 10%,侵入岩裂隙含水层超标率 11.8%,变质岩裂隙含水层超标率为 19.15%,岩溶裂隙含水层中 Mn 超标率为 27%。基岩山区变质岩中具有较高的 Fe、Mn 地球化学背景。在水岩相互作用的影响下,地下水中溶蚀大量的含 Fe、Mn 化合物,在向地下水侧向径流的过程中由于氧化还原环境的变化而逐步富集。

SO_4^{2-} 超标主要集中于工作区西南角木梓乡、棠棣镇、巡店镇,该段地层普遍存在石膏、膏盐层,在地下水溶滤作用下,SO_4^{2-} 在地下水中富集,检出 SO_4^{2-} 含量 217.29~1 241.41mg/L,含量超标主要与红层中膏盐段地层地下水原生环境有关。

地下水污染主要为 NO_3^- 污染和微生物学指标污染,均由于生产生活污水乱排放导致。

(7) 通过水文地质钻探及地下水动态监测,获取了高精度的降雨入渗系数和含水层渗透系数,科学评价了工作区地下水资源量。

经过以流域为系统进行评价,工作区大气降水入渗补给总量为 8 419.3×10⁴m³/a;以工作区为边界,区内侧向径流总体处于一个排泄的状态,排泄量为 67.16×10⁴m³/a;河流排泄量为 5206×10⁴m³/a;河流补给量为 161×10⁴m³/a;人工开采主要为居民生活用水与泉排泄,共计 3 317.6×10⁴m³/a,整体处于均衡状态。地下水可开采资源量为 4731×10⁴m³/a,占总补给量的 54%。

(8) 科技创新。建立大别山-江汉平原地下水转换关系试验场,开展江汉平原地下水补给机制研究,明确了第四系上更新统孔隙承压含水层的补给来源主要来自山前降雨和基岩山区裂隙水的侧向补给,面上降雨入渗补给量十分有限,为区内地下水资源量评价和水资源合理开发利用提供了理论依据。

三、成果意义

(1) 通过对国家级贫困县孝昌县"偏硅酸+锶"矿泉水源地进行了初步勘查,完成探采结合井 4 口,涌水量可达 1 218.42m³/d,并编制《孝昌县地下水资源开发利用对策建议专报》,已移交地方使用,支撑服务大别山精准扶贫、乡村振兴战略。该项成果获地方政府高度肯定,获得感谢信 8 封,应用证明 2 项,相关专报获中国地质调查局水环部批示 1 项。

(2) 3 年共完成探采结合井 30 口,出水量达 7 466.38m³/d,解决了 7.46 万人饮水困难,可为 30 万人提供饮用水源保障。

(3) 圈定 10 处富水块段,总开采量为 10 036m³/d,可供 10 万人日常生活用水。

(4) 建立了大别山-江汉平原地下水转换关系试验场并开始运行,为研究大别山-江汉平原地下水转换关系奠定了监测场地基础。开展原生地下水铁、锰迁移规律研究,服务地方安全供水。

(5) 总结了大别山贫水基岩山区的赋存规律与控水构造模式,提出以大理岩岩溶水和辉绿岩裂隙水作为新的找水方向,初步建立了贫水基岩山区水文地质调查方法,取得了较好的找水成效,为大别山连片贫困区的扶贫工作提供了支撑。

(6) 获国家实用型专利 9 项,发表论文 8 篇,其中 SCI 1 篇,核心期刊 7 篇。

(7) 培养了中国工程院"中英创新领军人才"1 名,获科技部国家重点研发计划课题"污染场地土壤及地下水原位采样新技术与新设备"1 项;同时"新型土壤入渗系数原位测试方法"申报方案获湖北省自然科学基金初审通过。培养硕士研究生 4 名,组成大别山变质岩-红层地区水文地质调查团队 1 支。

王清(1986—),男,硕士,工程师,中国地质调查局武汉地质调查中心职工。参加工作以来主要从事水工环地质调查,先后参加 4 个 1∶5 万水工环地质调查项目,获得软件著作权 1 项,发表论文 6 篇,实用新型专利 9 项,(其中第一作者论文 2 篇),实用新型专利 1 项。

桂林漓江流域水资源调查评价取得新进展

覃小群　黄奇波

中国地质科学院岩溶地质研究所

摘　要：建立了漓江上游流域基于 SWAT 的水循环模型，探索了综合评价地下水、地表水资源的技术方法。通过室内模拟，取得了研究污染水体修复机理和修复潜力的关键数据，提出修复污染地下水体的可行方法。

一、项目概况

"西江中下游流域 1∶5 万水文地质环境地质调查"项目隶属于"岩溶地区水文地质环境地质综合调查"工程，工作周期为 2016—2018 年，由中国地质科学院岩溶地质研究所承担。主要任务是掌握区域岩溶水文地质条件、地下水赋水性分布和变化规律；查明区域水文地质条件及水资源开发利用对地下水环境的影响，提出地下水合理开发与保护建议。

二、成果简介

（1）编制了桂林市系列水文地质图件，包括水资源分布图、水资源利用状况图、水文地质图、岩溶水点分布图。总结了桂林市水资源调查的成果，评价了桂林市水资源数量、质量、开发利用现状以及可持续发展潜力。

（2）建立了漓江上游流域基于 SWAT 的水循环模型，探索了综合评价地下水、地表水资源的技术方法。

西江中下游岩溶峰林区，沿岸的地下河几乎全部淹没于河水下，无法测流，加之岩溶地下水系统的管道流与裂隙流并存高度非均质特征，使地下水资源评价困难，这种情况在岩溶峰林区很普遍。如何定量描述地下水与河水之间的相互转化关系，计算地下水资源量是要解决的一个关键问题。

针对工作区需求以及地表水与地下水频繁转换等特点，在陆地水文、水文地质条件分析的基础上，运用 SWAT 模型，定量分析研究区地下水与地表水的相互转换关系，利用流域内水文站、水库蓄放水的实测数据对模型进行识别、建模。对研究区进行水量平衡分析及评价，计算地下水、地表水资源量。

模型的特点：①通过对研究区地下河产流过程的分析，强调表层岩溶带对地下水的调蓄作用，并利用衰减方程描述降雨通过表层岩溶带的入渗过程。修改 SWAT 模型源代码，添加表层岩溶带功能模块，更加准确地刻画了其物理机制。②建立水库放水和控制断面需水的定量响应关系，模拟水库放水对漓江河水量的影响，对漓江的防洪和实时补水优化调度，为改善漓江生态环境、通航条件、旅游景观保育等政府决策提供信息服务。

（3）通过水生植被吸附重金属，修复污染水体室内模拟试验，重现水生生物吸附污染物过程，取得了研究污染水体修复机理和修复潜力的关键数据，推进了水生生物修复污染水体的研究。

调查发现在污染水体中有两种藻类——黑藻和水绵生长状态良好，生物量丰富。在黑藻和水绵体内，积累 Pb、Cd、Zn 和 Mn 等金属元素，说明黑藻和水绵对重金属具有良好的吸附或吸收效果。依据野外调查结果,开展室内植被吸附重金属,修复污染水体实验。修复污染水体实验结果表明:①不同水生植物对水中重金属的去除率平均达到了 86%(图 1);②水生植物有较强的富集重金属的能力;③水生生物在吸附重金属的过程中发生了阳离子交换;④傅里叶变换红外光谱分析羟基 O-H、羧基 C-O、甲基 C-H、硫酸基官能团在水葫芦分别去除 Pb、Cd、Zn 和 Mn 的过程中起到了重要的作用。

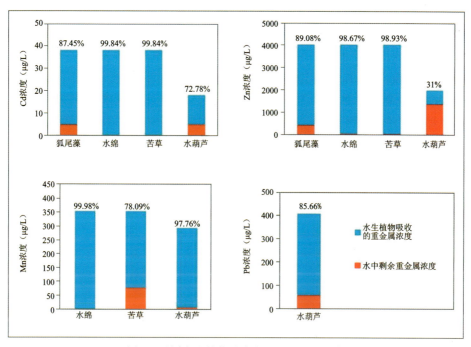

图 1　不同水生植物对水中重金属的去除率

(4)通过有机污染吸附室内试验,提出地下水有机污染应急处置技术方法。

以某污染地下河为研究对象,在该地下河水中美国环保局确认的 16 种 PAHs 优先控制污染物全部被检出。国际癌症研究机构(IARC)提出的 6 种潜在致癌、致畸和致突变的物质 BaA、BbF、BkF、BaP、InP 和 DbA 的浓度之和在枯水期达 260.59 ng/L,处于重污染风险。调查分析表明,石油等化工燃料是该地下河流域主要有机污染源。在调查的基础上,选择吸油毡、活性炭纤维、颗粒活性炭、粉状活性炭、海绵材料对 93 号汽油进行吸附试验,试验结果表明活性炭纤维处理地下水有机污染效果显著,4min 后活性炭纤维把高浓度(137mg/L)的 93 号汽油可溶性有机污染物石油类迅速降低至 6.08mg/L,去除率达 95.5%(图 2)。根据试验提供的参数和处理过程,提出地下河水有机污染应急处置工艺流程和方法。

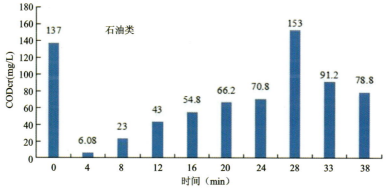

图 2　活性炭纤维对有机污染水石油类处理效果

三、成果意义

"桂林市可持续发展议程科技创新示范区"于2018年2月被国务院批准。2014年以桂林山水为代表的"中国南方喀斯特"地貌被联合国教科文组织列入《世界自然遗产名录》。但是桂林市干旱缺水、水土污染等问题严重,一方面漓江在非汛期河流干涸,季节性缺水严重,枯水问题一直困扰和制约着桂林市的旅游和社会经济发展;另一方面,岩溶峰林区溶洞、地下管道发育成为了天然的污染通道,矿山开采、城市发展、农业活动导致了水土的严重污染。开展漓江流域水循环研究,探讨岩溶峰林区地下水资源评价方法,为我国西南岩溶地区地表水-地下水频繁转化区地下水资源评价提供重要手段。开展岩溶区污染地下水修复研究,服务于把桂林建设成为"宜游宜养的生态之城""宜居宜业的幸福之城"的理念。

覃小群(1961—),女,1982年毕业于武汉地质学院水文系,研究员,主要从事岩溶地区水文地质和环境地质研究,主持或参加水文地质模型研究、岩溶水资源调查评价和地质碳汇调查等项目30多项。发表论文86篇(其中SCI论文5篇),其中第一作者论文或通讯作者论文23篇。获省部级科技成果奖7项,其中一等奖2项、二等奖3项和三等奖2项。

富锶矿泉水调查助力新田县精准扶贫

苏春田 罗飞 巴俊杰

中国地质调查局岩溶地质研究所

摘 要：湖南省新田县资源贫乏，为传统的农业经济县，是国家级贫困县。2016年启动实施新田县扶贫区地下水勘查，通过多技术方法、多工作手段，开展的富锶矿泉水调查，发现大型富锶矿泉水田，为新田县打造富锶矿泉水产业提供了技术支撑。

一、项目概况

新田县地处湖南省南部，自然条件差，资源贫乏，为传统的农业经济县，年人均国内生产总值（GDP）、人均财政收入、农民人均纯收入远低于已列入国家片区范围和西部地区平均水平，其指标仅为7828元、324元、1887元，是革命老区县、国家扶贫开发工作重点县。2016年，中国地质调查局启动了二级项目"湘江上游岩溶流域1∶5万水文地质环境地质调查"，任务之一就是查明新田县境内富锶矿泉水资源状况，圈定富锶矿泉水分布区域，为新田县着力打造"富锶"品牌、培育新的经济增长点提供技术支撑。

二、成果简介

1. 查明了新田县富锶矿泉水的分布区域以及富集环境

新田县富锶矿泉水集中分布于北东部的莲花乡、中南部的茂家乡、大坪塘乡、新圩镇以及东南部的新隆镇，面积约176.7km²，其中下降泉中Sr元素平均含量为0.38mg/L，机井中Sr元素平均含量为2.76mg/L，下降泉、机井中Sr元素平均含量分别是饮用天然矿泉水Sr元素限制含量的1.90倍、13.80倍。

富锶矿泉水分布于泥盆系佘田桥（D_3s）含水岩组，地层岩性为浅灰色中薄层泥灰岩夹灰岩、页岩、泥岩（图1）。

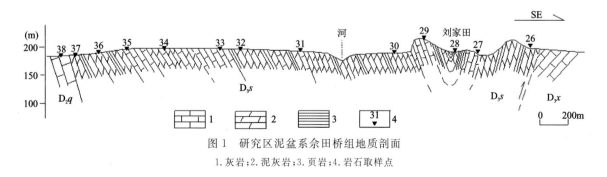

图1 研究区泥盆系佘田桥组地质剖面

1.灰岩；2.泥灰岩；3.页岩；4.岩石取样点

2. 分析了新田县富锶矿泉水的地球化学特征

新田县富锶矿泉水中，下降泉中pH平均值为7.07，呈弱碱性；TDS平均值为291.57mg/L，属于淡水,硬度平均值为 262.61mg/L,属于微硬水—硬水,水化学类型全部为 HCO_3-Ca 型。

机井中 pH 平均值为 7.20,呈弱碱性;TDS 平均值为 425.66mg/L,属于淡水;硬度平均值为 318.84mg/L,属于硬水—极硬水。水化学类型以 HCO_3-Ca 型、HCO_3-Ca·Mg 型为主。

3. 掌握了新田县富锶矿泉水资源量

大气降水为新田县富锶地下水的唯一补给来源,大气降水通过泥盆系佘田桥组(D_3s)岩石的裂隙、缝隙等通道入渗补给地下水。根据地下水均衡原理,采用大气降水入渗系数法,在不同保证率下,计算了丰水期、平水期、枯水期地下水天然补给量,分别为 $Q_{25\%}=4.83\times10^7 m^3/a$、$Q_{50\%}=4.25\times10^7 m^3/a$、$Q_{75\%}=3.72\times10^7 m^3/a$,地下水天然补给资源量是地下水系统中参与现代水循环和水交替,可恢复、更新的重力地下水。富锶矿泉水水资源储藏量估算为 $8.07\times10^8 m^3$,不消耗原有资源量前提下,以锶含量为 1.0m/L 的标准开采,年允许开采量为 725.5 m^3/d,水质以良好为主。

4. 编制了新田县富锶矿泉水开发利用区划

富锶矿泉水开发利用区划依据富锶矿泉和机井(勘探井)的分布特点、水资源量或可开采资源量、开发利用程度等特征而划分,划分为 2 个时期,第一期划分为 3 个开发利用块段,涉及龙泉镇大历县村、白云山村与曾家岭村一带、火里塘、三占塘一带与道塘一带,包括 5 个下降泉、4 个勘探机井、3 个居民机井;第二期也划分为 3 个开发利用块段,涉及大窝岭一带、新隆镇野乐村、樟树下村、候桥村一带与黄土园村、下村、枇杷窝村、晒鱼坪村一带,包括 6 个下降泉、1 个勘探机井、9 个居民机井。两期合计开发量超过 5000m^3/d。

三、成果意义

锶是人体必需的微量元素之一,而富锶矿泉水又是中国稀缺的矿泉水资源,新田县富锶矿泉水开发潜力巨大,经济效益显著,做大做强富锶矿泉水产业必将带动新田县精准扶贫事业的发展。

苏春田(1981—),男,高级工程师,中国地质调查局"湘江上游岩溶流域 1∶5 万水文地质环境地质调查"二级项目负责人,从事岩溶区水文地质环境地质调查与研究。
Email:suchuntian@karst.ac.cn

罗飞(1988—),男,助理研究员,中国地质调查局"湘江上游岩溶流域 1∶5 万水文地质环境地质调查"项目副负责人,从事岩溶区水文地质环境地质调查与研究。
Email:luofei@karst.ac.cn

宜昌长江南岸岩溶水文地质环境地质调查服务脱贫攻坚 完善技术方法体系

周宏

中国地质大学(武汉)地质调查研究院

摘　要：在宜昌长江南岸岩溶地区，新增了陡山沱组三段和水井沱组二段2个含水岩组作为良好的岩溶供水层位；探索了岩溶地区多级地下水流动系统模式；建立了国际IGCP岩溶关键带观测网络节点站——三峡地区岩溶关键带剖面；完善了我国岩溶流域1∶5万水文地质环境地质调查的技术方法体系；建立了三峡地区水文地质调查高级人才培养基地。

一、项目概况

宜昌长江南岸岩溶流域地处中国地形第二阶梯向第三阶梯的过渡地带，是长江上游和中游的节点，区内岩溶地质现象丰富，水资源时空分布不均，环境地质问题多样。2016以来，中国地质大学(武汉)承担了"宜昌长江南岸岩溶流域1∶5万水文地质环境地质调查"项目，以查明岩溶水文地质条件及水资源时空分布特征，服务武陵山区东段脱贫工作，完善我国岩溶流域1∶5万水文地质环境地质调查评价的技术方法体系，建立三峡水文地质调查高级人才培养基地为主要任务。

二、成果简介

（1）查明了宜昌长江南岸岩溶流域水文地质条件，提高了水文地质工作精度。圈定了3个一级含水系统、7个二级含水系统、6个三级岩溶含水系统；划分了12个地下河系统、7个岩溶大泉系统、18个分散流系统及若干表层岩溶泉系统；确定了各地下水系统的边界性质、边界类型；总结了单斜单层裂隙分散排泄型等6种地下水流系统的模式；总结了宜昌三峡长江南岸地区岩溶地貌及其发育特征。

（2）查明了主要环境地质问题及成因，为环境地质问题防治提供保障。区内地质条件复杂，环境地质问题以局部出现的矿坑污染、农业污染、旱涝灾害、台原干旱、岩溶石漠等为主，整体环境地质质量较好。大型水利工程及交通线路工程对区内地下水循环具有一定影响，三峡库区水位涨落导致渗流场频繁变动加速了库区涨落带的岩溶发育。区内岩溶隧道较多，大多数隧道涌水量较小，对交通工程影响不大。

（3）新增了2个供水层位和3个大型后备水源地，服务了脱贫攻坚、促进了地区发展。确定了陡山沱组三段、水井沱组二段2个供水层位，地下水径流模数分别为158m³/(d·km²)和224m³/(d·km²)，富水性好；查明该层位内3个岩溶大泉，共计可为4000余人解决生活用水问题，服务了脱贫工作。圈定了鱼泉洞、白龙潭、风洞3个大型水源地，为秭归县城、郭家坝镇、土城乡共计约4万人提供后备水源，支撑宜昌"物流港"建设，服务了地区发展。

（4）探索了岩溶地区多级地下水流动系统模式，推动地下水系理论在岩溶区的应用。通过多种技术方法手段对表层岩溶泉、岩溶大泉或地下暗河、钻孔揭露的深部水流等进行试验或监测，对各系统中岩溶裂隙空间分布、地下水动力场、地下水化学场、地下水温度场、地下水生物场的刻画，得到了局部-

中间-区域多级地下水流系统的结构概念模型。

(5) 构建了三峡地区岩溶关键带剖面,纳入了国际IGCP岩溶关键带观测网络,促进了岩溶水文地质学科发展。通过面上调查、裂隙测量、地球物理勘探、地下水示踪试验、水文动态监测、水化学与同位素分析等技术方法,对泗溪流域"庙坪-鱼泉洞"关键带剖面进行调查,查明了该关键带剖面的地质结构特征(图1),构建了三峡地区岩溶关键带水分及物质成分运移监测系统,纳入了国际IGCP岩溶关键带观测网络节点站。

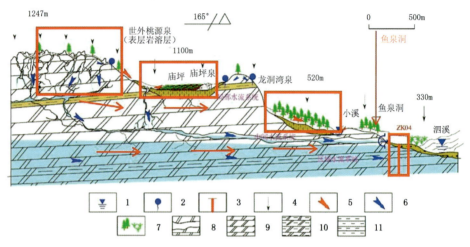

图1　三峡地区"庙坪-鱼泉洞"岩溶关键带剖面

1.水位;2.泉;3.钻孔;4.降雨;5.地表水流;6.地下水流向;7.植被;
8.表层破碎带;9.白云岩;10.泥质白云岩;11.泥岩

(6) 完善了我国岩溶流域1∶5万水文地质环境地质调查的技术方法体系,建立了三峡地区水文地质调查高级人才培养基地。通过对宜昌长江南岸岩溶流域地下水系统圈划与分析、宜昌长江南岸岩溶流域地表水-地下水耦合模型研究、三峡库区库水位变化与岩溶地下水的响应、九畹溪和茅坪河生态旅游圈水资源承载力评价、鄂西岩溶山区交通线路工程建设岩溶问题处置建议、三峡秭归水文地质环境地质野外教学基地建设6个专题的研究,完善了我国岩溶流域1∶5万水文地质环境地质调查的技术方法体系。在中国地质大学(武汉)秭归产学研基地的基础上,新增了泗溪和车溪2个水文地质环境地质综合野外教学区(图2);补充建设了长坪洼地、九畹溪花桥场2个独立填图区,建立了三峡地区水文地质调查高级人才培养基地。

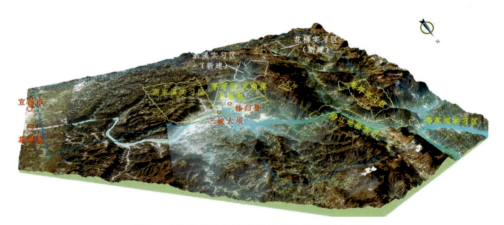

图2　三峡实习基地建设野外教学实习区分布图

三、成果意义

本项目成果对于提高三峡库区岩溶流域水文地质调查精度、服务宜昌地区发展和武陵山区脱贫攻坚、促进岩溶水文地质学科发展有一定意义。同时,完善了我国岩溶流域1∶5万水文地质环境地质调查的技术方法体系,为服务地质人才培养提供了坚实的野外实训平台。

周宏,男,教授,博士生导师,毕业于中国地质大学(武汉)水文系,水文地质及工程地质专业,现任中国地质大学(武汉)地质调查研究院副总工程师。主要从事水文地质学、水文地球化学、同位素水文地质学、岩溶水文地质学方面的教学与科研工作。近年来在流域水文地质与水资源调查评价、地下水流系统理论与应用、岩溶水系统识别、岩溶流域水循环规律等方面进行了有益的探索,系统提出了岩溶流域水文地质环境地质调查理论与方法。作为项目负责人主要承担中国地质调查局水工环调查项目、国家科技支撑计划项目、国家重点研发计划(骨干)、军民融合地质工作项目、地方水工环横向科研项目50余项。发表论文数十篇。

我国三大流域岩溶碳循环特征及通量

张春来　曹建华　于奭

中国地质科学院岩溶地质研究所

摘　要：探讨和提出了岩溶碳循环调查技术方法，查明了流域尺度的岩溶碳循环机制，提交了行业标准《岩溶流域碳循环与碳汇效应调查规范》送审稿；查明影响各流域碳汇强度、通量及主要因素，总结了植被恢复、土壤改良、外源水和水生生物4种人为干预固碳增汇措施技术；阐述了北方全新世时段高分辨率记录气候变化特征。

一、项目概况

"长江、珠江、黄河岩溶流域碳循环综合环境地质调查"项目为"岩溶地区水文地质环境地质综合调查"工程的二级项目，工作周期为 2016—2018 年，承担单位为中国地质科学院岩溶地质研究所。总体目标任务之一是在典型岩溶区开展 1∶5 万岩溶碳循环综合环境地质调查，查明岩溶碳循环的发生、迁移过程、转化特征及碳汇通量。

二、成果简介

1. 查明了流域尺度岩溶碳循环的基本过程，查清了流域尺度岩溶碳循环机制

查明了调查区岩溶碳循环特征及地质、水文、生态等影响因素，碳形态在迁移过程中的转化特征，计算了各调查区及长江、珠江、黄河流域干流断面碳汇通量和碳汇强度；对长江、珠江、黄河流域岩溶碳循环特征进行了对比研究，分析了岩溶碳循环在全球碳循环中的地位。

长江流域碳汇通量为 2981.91×10^4 t/a，碳汇强度为 $17.54 t/(km^2 \cdot a)$，碳酸溶蚀碳酸盐岩通量为 1520t/a。珠江流域碳汇通量为 753.46×10^4 t/a，碳汇强度为 $17.03 t/(km^2 \cdot a)$，其中岩溶区碳汇通量为 515.35×10^4 t/a，碳汇强度为 $30.77 t/(km^2 \cdot a)$。黄河流域碳汇通量为 632×10^4 t/a，碳汇强度为 $8.43 t/(km^2 \cdot a)$，碳酸溶蚀碳酸盐岩通量为 2.95t/a。

对比分析水循环作用下的岩溶碳汇，发现水动力条件、岩溶分布（比例、面积、方式）等是岩溶碳汇强度或者碳汇通量的重要控制因子。

不同土地利用方式下碳酸盐岩溶蚀量基本上呈现出随着植被恢复，碳汇强度增加趋势，气候、不同岩性造成的土壤条件差异也是碳酸盐岩溶蚀速率变化的主要因素（图1、图2）。

2. 建立了固碳增汇试验示范区，评价了植被恢复、土壤改良、外源水和水生植物等固碳增汇技术和效应

广西果化石漠化综合治理固碳增汇试验示范区的监测结果显示：牧草地增加碳汇达到最大

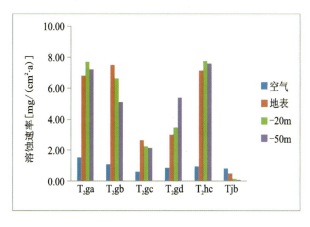
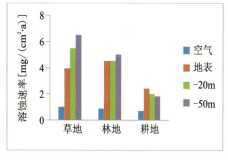

图 1　不同地层下溶蚀速率图　　　　图 2　不同植被类型条件下溶蚀速率图

11.58t/(km²·a),其次是人工造林地为 7.74t/(km²·a),土壤改良地增加碳汇量为 7.23t/(km²·a),坡改梯增加碳汇最大达到 3.68t/(km²·a)。贵州长顺县石漠化综合治理固碳增汇试验示范区的监测结果显示:人工造林的固碳增汇量为 5.026t/km²;人工种草的固碳增汇量为 3.570t/km²,坡改梯的固碳增汇量为 3.796t/km²。因此,可以推断出人工造林措施的固碳增量最大,能提高石漠化治理效率。

施用有机氮肥能够调控土壤碳/氮比值,增加微生物活性,乃至增加土层厚度,提高土下岩溶作用过程、增加碳汇通量。为了最大限度地获得碳汇通量,减少碳源,22g/m² 为最适施肥浓度。

流量和碳酸盐岩覆盖条件影响了碳酸盐岩面积比例与水体 DIC 的相关性。碳酸盐岩分布面积和 DIC 浓度相关性的季节变化还与水生态系统参与的碳形态转化有关。外源水参与的岩石风化提高漓江年总碳汇通量为理论年碳汇通量的 1.87 倍,较理论碳汇通量增加了 112.093×10³t/(km²·a)。外源水促进了岩溶作用的进行,流入岩溶区后,其 DIC 含量升高,碳汇通量也逐渐增加,济南玉符河流域西营外源水到达九曲出口处 CO_2 消耗量由 3.54t/(km²·a) 提高到 10.94t/(km²·a),碳汇量增长近 3.1 倍;大门牙外源水到达卧虎山水库上游出口处 CO_2 消耗量由 7.19t/(km²·a) 提高到 19.38t/(km²·a),碳汇量增长近 2.7 倍。

3. 开展了北方岩溶洞穴石笋全新世时段高分辨率记录气候变化研究,重建了华北平原多年尺度上夏季局部降水变化和干湿变化

在河北石家庄市天桂山珍珠洞开展相关的全新世石笋研究,利用 AMS ^{14}C 定年技术,并结合 ^{210}Pb 定年,以及对比多种年代拟合模式(StalAge、Bacon、多项式拟合和分段线性等方法),最终确定在排除死碳影响较大的年龄点之后结合多项式拟合模式,可以准确建立石笋年代模式,确定其生长于 1150~2012a,AD,平均分辨率 9~10a,局部高分辨率达 1~2a(图 3)。

ZZ12 的 $\delta^{18}O$ 记录主要反映了华北平原季风降水的变化,发现研究区湿润期在公元 1200 年左右、公元 1270~1300 年、公元 1550 年、公元 1600 年、公元 1650 年、公元 1700~1820 年、公元 1875~1905 年和公元 1920~1955 年。在小冰期早期(14~15 世纪)及 20 世纪 70 年代,东亚季风减弱,气候干燥。

4. 编写《人为干预增加地质碳汇建议报告》,提交了《岩溶碳汇调查研究为固碳增汇开辟新途径》地质调查专报

调查成果成为国际岩溶研究中心国际培训班教案,依托项目获批国家自然科学基金 8 项,是"全球

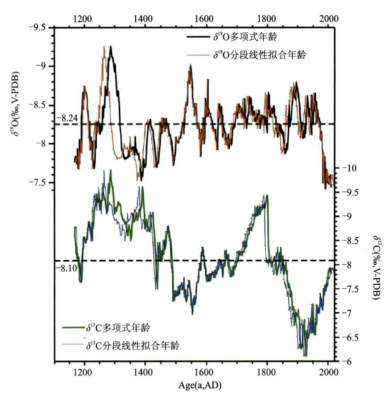

图 3 多项式拟合以及分段拟合的 ZZ12 石笋 $\delta^{18}O$ 与 $\delta^{13}O$ 记录

岩溶动力系统资源环境效益"国际大科学计划的重要组成部分,服务国家生态文明建设和桂林市可持续发展创新城市建设。

5. 人才培养和团队建设成效显著

自然资源部"高层次创新型科技领军人才"1名;自然资源部"高层次科技创新人才第三梯队人才"称号获得者1名;第一批广西高层次人才B层次人才1名;广西壮族自治区青年科技奖获得者1名。"国土资源部杰出青年科技人才"称号获得者2名;培养研究生12名。支撑服务国际岩溶研究中心、岩溶动力系统与全球变化国际联合研究中心和岩溶动力学重点实验室岩溶碳循环领域建设。实验室岩溶动力学创新团队荣获"国土资源部科技创新团队"称号。发表SCI论文11篇、EI论文14篇,中文核心论文20篇,出版专著1部。

三、成果意义

调查成果首次给出了长江、珠江、黄河流域,不同地质、气候、水文、生态等背景下岩溶碳汇强度及影响因素,为流域尺度碳循环和碳汇效应地质调查技术及规范提供实例与参考,计算出三大流域碳汇通量和人为干预固碳增汇潜力,为地质碳汇应对全球气候变化国土空间规划提供基础支撑。为"全球岩溶动力系统资源环境效益"国际大科学计划在推进全球岩溶关键带监测网站建设和对比研究方面提供技术方法支撑,为国际标准化组织岩溶技术委员会组织制定岩溶领域的通用基础标准,调查、评价技术标准等方面提供基础数据。

曹建华(1963—),男,博士,研究员,二级研究员/博士生导师,联合国教科文组织国际岩溶研究中心常务副主任,中国科学技术部岩溶动力系统与全球变化国家级国际联合研究中心常务副主任。主要从事生物岩溶、岩溶生态系统的研究工作。主持国家重点研发专项项目和国家自然科学基金重点基金项目、国家自然科学基金面上项目及中国地质调查局、广西科技厅等各类省部级项目20余项,发表科研论文100余篇,出版岩溶生态系统专著《受地质条件制约的中国西南岩溶生态系统》《中国西南岩溶碳循环及全球意义》和《岩溶动力学的理论和实践》等,培养博士、硕士30余名。

E-mail:jhcaogl@karst.ac.cn

首次系统掌握珠江三角洲地区地下水水质污染时空演化规律和主控因素

刘景涛

中国地质科学院水文地质环境地质研究所

摘　要：构建含水层水质综合调查理论框架，自主研发快速优化调查、定质原位采样、现场精确测试和系统科学评价相关技术方法，显著提升了区域地下水水质污染调查评价技术，达到国内领先水平。"丘陵区垂直入渗""平原区直接接触含水层""河网区侧向补给"是该区3种主要的地下水污染模式。地下水酸化程度有所减轻，但仍为该区影响最为广泛深远的区域地下水水环境问题；"三氮"污染明显，成因复杂，局部已呈面状分布；以铅、砷为主的重金属污染在工业区、污灌区集中分布；有机污染较轻，与污染源分布相对应，以氯代烃类为主，抗生素类新型污染物检出率高，应引起关注。珠三角地区地下水水质状况较10年前总体有所好转，局部污染加剧，影响珠三角地下水环境演化的主要控制因素为降雨和地表径流增加，酸雨频率降低，工业趋于集中排污强度降低，生活区扩张污染源强度增加。

一、项目概况

"珠江三角洲松散含水层水质综合调查"二级项目属"主要含水层水质综合调查"工程，由中国地质科学院水文地质环境地质研究所承担，国家地质实验测试中心、北京理工大学、西北大学、河北地质大学、中国矿业大学（北京）、广东省地质实验测试中心、广东省地质局第四地质大队等十余家单位参与完成，工作周期为2016—2018年。主要目标任务是开展珠江三角洲地区含水层水质综合调查，以主要含水层为调查单元，以重点区水质变化为主要对象，开发集成调查技术方法体系，查明主要含水层水质现状和演化规律，评估主要含水层水质恶化带和风险带，进行水质预警分析，提出珠江三角洲地区主要含水层空间优化利用与分区防控策略，为全国主要含水层水质综合调查提供示范和技术支撑，为贯彻《水污染防治行动计划》执法检查以及防治地下水污染和保护地质环境提供科学依据。

项目各项工作圆满完成，连续3年质量检查和二级项目考核均为优秀，2年工程考核优秀，在2016—2018年二级项目质量评比中被评为3个优秀项目之一，野外验收和成果验收均为优秀。取得丰硕成果：参与修订国家标准1项，自主开发软件系统2套，编制技术指南3项，研发硬件设备4种，获国家专利10项（其中发明专利7项，实用新型专利3项），发表论文20篇（其中SCI/EI期刊论文12篇，核心期刊论文6篇，科普论文2篇）。

二、成果简介

1. 构建地下水水质污染调查评价技术理论框架，在区域地下水水质污染调查研究领域达到国内领先水平

在首轮地下水污染调查评价的基础上，完善了分阶段、变精度、选指标的调查方法；提出含水层水质异常区编录与评级技术方法;研究了针对典型调查区的浅层地下水代表性样品布设技术和监测井优化布置技术;探索积累了探地雷达在水土污染晕调查的参数选择和解译方法。逐渐完善了一套以遥感信息和物探解译为先导,融合原位取样及现场水、土、气联测为一体的精细化调查监测技术,开发了"重点地带含水层水质动态预警分析系统",编制《含水层水质综合调查技术导则》《水土污染应急调查规程》《水土污染场地探地雷达探测技术指南》。建立了"基础调查—污染编录评级—动态变化分析—污染防治区划"为一体的地下水水质污染调查评价技术方法体系(图1)。在区域地下水水质污染调查、取样、质控、评价、编图等方面均达到国内领先水平。

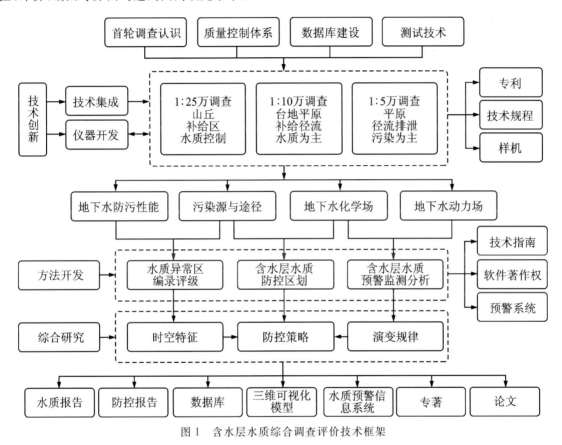

图1 含水层水质综合调查评价技术框架

2. 多项自主研发技术取得关键突破,构建完善了我国首个地下水-地表水-土壤污染应急调查平台,显著提高成果转化周期

研发车载和单人版绿色光伏供电系统,解决移动实验室野外绿色供电问题,实现便携式单人仪器设备野外供电;扩充仪器装备,探索了基于便携式气相色谱仪的水中有机污染现场调查、测试方法,从无到有建立了有机污染物野外现场测试技术体系;开发了多功能现场有机水样数控存储箱,研发了定时定质地表水、地下水样品自动采集系统,实现预定时间、预定深度和预定物化参数,自动采集有机、无机样品,样品即取即冷藏,全程无潜在污染物泄露干扰,保障了样品质量,大大提升了样品采集自动化水平;开发了"水土污染快速调查信息系统"软件,整合调查经验,快速给出报告;根据野外一线现场测试需求,研制了便携式电分析化学测试探头、即抛式测试电极和便携式电分析化学工作站,将实验室测试技术成功移植到野外(图2)。通过以上研发工作,构建并逐步健全了我国首个地表水-地下水-土污染应急调查平台,可以现场快速查明不同类型场地污染特征,现场溯源、判断污染程度和范围,将成果转化周期由数月甚至一年以上缩短至几天,部分调查内容实现即时研判。

图 2 自主研发的定质采样系统(a)、绿色供电系统(b)、样品存储系统(c)以及便携式电化学工作站(d)

3. 查明珠江三角洲地区主要含水层水质污染空间演化特征，解析主要地下水环境问题及其成因

珠三角地区水质状况总体较差(图 3、图 4)，主要受原生环境控制，多为天然因素影响，其中 V 类水主要分布在广州、佛山、东莞，以及深圳西北部近海地区等三角洲平原地区，尤其是平原区深层孔隙水受海水入侵和天然背景影响，水质最差。地下水中主要超标指标为 pH、锰、耗氧量、氨氮、铝、碘化物、亚硝酸盐等共 36 项指标，其中 pH 和锰多为原生成因，是该区影响地下水水质的最主要指标。地下水污染状况相对较轻，重污染水主要分布在佛山东部禅城、南海至以南顺德一带，广州市区以南至番禺北部地区，东莞东部河网平原以及深圳宝安东部的沿海平原区等地。

区域地下水酸化严重，仍为最大的区域地下水环境问题，对该地下水水质产生了广泛而深远的影响；"三氮"污染明显，成因复杂，既有生活排污、工农业活动影响，又有高铵地下水分布，局部已呈面状分布特征；以铅、砷为主的重金属污染在工业区和污灌区集中分布；有机污染较轻，呈点状分布特征，与污染源分布相对应，以氯代烃类为主，超标极少出现，以四氯化碳和苯并(a)芘超标为主，抗生素类新型污染物检出率高，在各类型地下水、地表水样品中多有检出，应引起关注，有机污染相对较轻，多以点状分布，检出指标以氯化碳和三氯甲烷最为普遍。

在分析主要指标空间分布规律的基础上，建立水质空间演化剖面，研究了水化学演化过程，界定了珠江三角洲地下水水质影响指标的原生和人为污染成因。原生成因指标主要包括 pH、铁、锰、砷、铝、铍和氨氮，人为污染指标主要为"三氮"、砷、铅和有机污染物。地下水系统天然防污性能与排污强度共同控制了污染的分布。

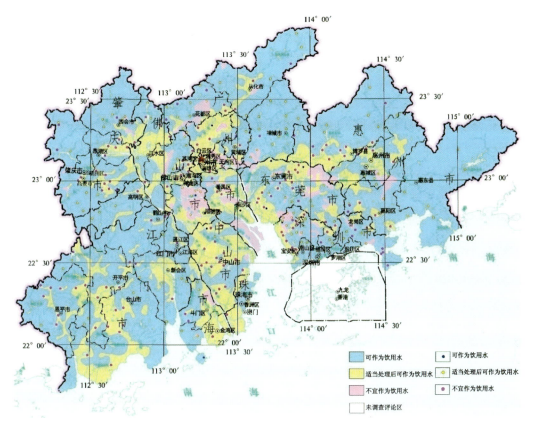

图 3　珠江三角洲地下水水质状况示意图

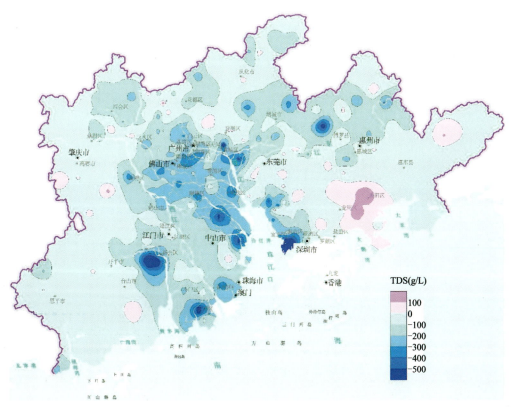

图 4　珠江三角洲地区地下水 TDS 变化分布示意图

4. 分析不同时间尺度上地下水水质污染演化规律,研究主要控制因素,为区域地下水环境恢复治理提供新思路

从十年、三年和年际3个尺度,解析了珠江三角洲水质污染时间上的演化规律,水质污染指标变化不大,总体具有水环境变好的趋势,以污染最严重的河网发育平原区水质优化最为明显,丘陵区优化程度相对较小。从变化强度来看,以防污性能较差、补径排途径较短的丘陵区变化最为剧烈。降雨量增加,酸雨频率和程度降低,对区域地下水环境产生了广泛影响,地下水酸化程度降低,对金属离子活化和沉淀产生了重要影响,地表水环境好转,工业趋向于集中分布,环境监管力度加大,工业污染排放强度降低,对不同部位水环境向好产生了一定影响,生活污染源分布变化和局部强度增加,是"三氮"污染变化的一个重要原因。

5. 解析该区地下水系统主要污染途径,概化地下水污染模式,编录主要污染场地,划定污染区和风险区,提出地下水环境恢复治理措施

珠江三角洲平原区防污性能较好,表层粉质黏土及淤泥质黏土的分布隔绝了许多的污染物,但污染强度非常大,导致平原区污染最重;丘陵区边缘及山间河谷地区防污性能较差,污染物很容易通过包气带下渗或者河水侧向影响进入含水层,伴随该区污染强度持续增加,导致丘陵区地下水污染程度仅次于平原区。

编录污染场地77处,其中无机毒理污染场地3处,重(类)金属污染场地4处,有机污染场地13处,复合型污染场地18处,风险场地39处。其中,轻微恶化区14处,中等恶化区14处,严重恶化区10处,恶化风险区39处。

根据珠江三角洲地区水文地质结构、污染源及地下水污染分布特征,通过海量数据分析和典型案例解剖,概化了珠江三角洲地区地下水3种主要污染模式,分别为丘陵与平原过渡地带的垂直入渗型污染、平原区的开挖接触式扩散污染、河流深切区的侧向补给污染(图5)。

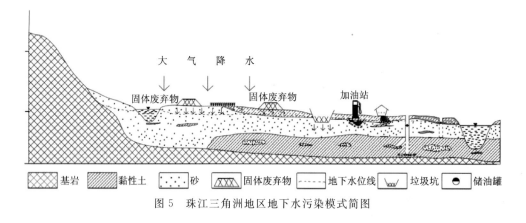

图5 珠江三角洲地区地下水污染模式简图

结合调查认识,提出珠江三角洲地区地下水环境恢复治理建议如下。

(1)依据污染场地编录和污染防治区划,部署区域性地下水水质动态监测网络,建立长期运行的水质动态监测预警运行机制。针对本次调查发现的重污染场地和污染高风险地带,编制地下水污染监测预警方案,设置污染动态监测井,选择特征指标进行污染预警监测,为区域水环境恢复和水污染治理提供支撑。

(2)根据防污性能评价结果和珠江三角洲地区地下水污染模式概化,建议:①逐步规划重污染企业迁离丘陵区以及台地、平原过渡地带;②对河网发育平原区强化地下构筑物和填埋体整改,规范并强制

推行化粪池、地下储油设施和开挖垃圾填埋场防渗措施;③取缔、关闭作坊式企业,进行工业集中化和污染物集中处置,加强村镇及污水和生活废弃物处理设施建设,实现地表水环境逐步好转;④建立市场竞争修复机制,划定污染修复试点区,发展经济适用的针对性修复恢复技术。

(3) 贯彻尊重自然、顺应自然的区域水环境修复理念,对山前地带重要地下水水源补给区和地下构筑物阻滞区进行用地整改和规划,适当修复关键带补径排途径,恢复、强化水循环过程,借助区域强降水、短补径排途径优势,人为管控协助,依托自然力量,加快地下水环境恢复过程。

(4) 系统整合和深入挖掘社会科学、气象水文、污染排放与水文地质条件演化数据,进行全指标调查分析,在进一步掌握新型污染问题的基础上,开展水环境恢复战略研究,进行区域防控和重点地带解剖研究,梳理环境演化主要控制因素和内在联系,提出区域水环境治理实施方案。

三、成果意义

作为改革开放的前沿和"一带一路"倡议的枢纽,珠江三角洲已成为我国经济规模最大、城市化和工业化水平最高的地区之一,快速的城市化、工业化进程也引起生态环境发生了剧烈的变化。本项目紧密结合地方需求,为广东省基础环境状况评估工作提供支撑,针对重点污染源地区建立的地下水监测井直接与广东省地质环境监测总站的地下水监测网进行对接,实现了监测井位和数据的共享;对含水层水质污染现状、演化规律、成因模式等方面的研究成果和基础数据,将为粤港澳大湾区环境保护规划提供参考;项目开发集成的现场快速调查技术方法体系以及相关的规范、指南处于行业领先地位,对提升行业技术水平具有重要的示范作用。

作为主要含水层水质综合调查工程核心和示范项目,参与组织总结我国首轮地下水污染调查评价成果,编制了中国地下水水质污染调查评价报告、图集和系列专题研究报告,首次系统掌握了我国地下水水质污染状况,为我国重要决策制定实施提供了科学依据,为中央办公厅、中央政策研究室、自然资源部、生态环境部,以及不同省市相关调查、评估和规划工作提供支撑。

刘景涛(1981—),男,副研究员,"主要含水层水质综合调查"工程首席专家,中国地质科学院水文地质环境地质研究所污染水文地质研究室副主任(主持工作),地下水环境调查方向学科带头人,青年科技协会首任理事长,银锤奖和"优秀地质人才"称号获得者。获地质科技十大进展、中国地质调查成果一等奖、国土资源部科技进步二等奖各1项。主持了"湟水河流域水文地质调查""珠江三角洲地区主要含水层水质综合调查""西北地区主要城市地下水污染调查评价"等项目。
E-mail:liujingtao@mail.cgs.gov.cn

土地质量地球化学调查创新重金属高背景区土地质量评价

杨忠芳

国家地质实验测试中心

摘　要：湘鄂重金属高背景区土地中的镉污染是制约土地资源开发利用的重要因素。本项目通过开展典型地区1∶5万土地质量地球化学调查评价，发现了富硒、锌特色土地资源和富硒等多种有益元素的特色农产品，助力地方精准脱贫攻坚和经济发展。查清了控制土壤中镉来源主要因素是成土母质和矿业活动，建立了湘鄂地区水稻、玉米土壤镉污染预测模型，结合开展典型地区硒、镉人体暴露风险研究，揭示了高镉、高硒地区人体中硒与镉的拮抗作用，提出了农用地土壤污染风险建议筛选值的确定方法和建议值，形成了湘鄂高背景区土地安全利用区划方案，为湘鄂高背景区耕地安全利用区划奠定了理论基础，完善了生态地球化学理论与方法。

一、项目概况

湘鄂地区是我国的"鱼米之乡"，又是土壤重金属地质高背景区（图1），农田重金属污染的来源、生物有效性等因素制约土地质量的科学评价和富硒土地的开发利用。

图1　湘鄂重金属高背景区研究区位置

国家地质实验测试中心承担了地质调查项目"湘鄂重金属高背景区1∶5万土地质量地球化学调查与风险评价"(2016—2018年),目的是查明湘鄂、赣南等调查区土地质量现状,为土地资源规划管理、革命老区脱贫致富与重金属污染农田安全利用服务。查清了Cd、Se等元素迁移途径与有效性控制因素,提出重金属污染区土地安全利用区划方法,完善生态地球化学理论与方法。

二、成果简介

1. 发现富硒土地资源,提升土地利用价值

通过1∶5万土地质量地球化学调查,为当地土地进行了一次全面的"体检",获得了湖北仙桃、监利等地,江西瑞金、石城等地的土壤-水体-大气-农作物高精度土地质量地球化学参数,在此基础上规划了绿色、无公害食品产地(图2)。湖北仙桃和监利605km²调查区内,分别有30%和53%的耕地符合绿色食品产地标准,面积为181.36km²和127.95km²,共发现富硒土地249.58km²,占调查总面积的41.84%,富硒与适中以上接近百分之百,达到99.85%,水稻富硒率达90%(图2)。

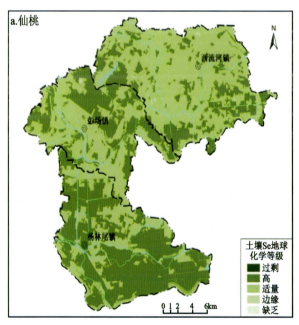
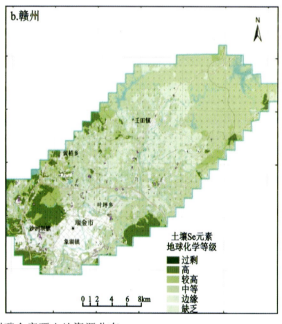

图2 湖北仙桃和江西赣州瑞金富硒土地资源分布

江西省赣州市瑞金和石城800km²调查区内分别有91%和99%的调查耕地符合绿色食品产地标准,绿色食品产地面积394km²和396km²。共发现富硒土壤37.45km²。瑞金的莲子、杨梅、花生富硒(图3),石城莲子富硒,调查区莲子、杨梅、花生、葡萄等农作物富含Ca、Zn、K、Cu、Mn、Mg等微量有益元素,堪称"天然善存"。

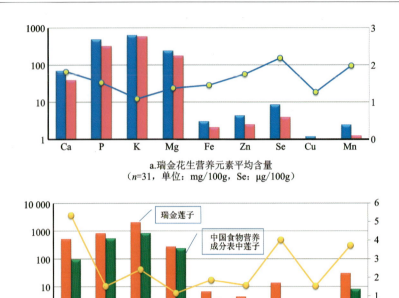

图 3　江西瑞金花生、莲子中微量元素含量与对比

2. 成果转化有效服务，助力地方经济发展

1∶5万土地质量地球化学调查，在湖北省仙桃工作区1∶5万土地质量地球化学调查的基础上，进行土地利用地球化学适宜性分区，提出富硒产业园规划建议。在彭场镇和杨林尾镇划出4个富硒产业园选区和1个潜在富硒产业园，为仙桃市政府规划富硒水稻、富硒蔬菜、富硒藕带、富硒水产品等富硒产业园8个。

基于瑞金市调查面积整体环境质量好，在无公害、绿色食品种植产地评价基础上进行了瑞金市无公害、绿色、富硒和富锌土地的综合评价。进行了集中连片的无公害、富硒、富锌产业基地圈定，共圈定农业产业基地16处，其中无公害绿色富硒产业基地9处，无公害绿色富锌产业基地7处。2017年7月恩施项目组为恩施沙地乡政府编制了图册，系统地介绍了土地质量地球化学调查评价成果。

2018年12月16日，国家地质实验测试中心向瑞金市人民政府移交了《赣州市瑞金市1∶5万土地质量地球化学调查成果报告》(包含附图)以及《瑞金市农业基地档案集》，助力了地方经济发展(图4)。

图 4　调查成果助力地方经济发展

3. 创新土地质量评价，推动土壤科学评价

针对湘鄂地区 Cd 污染问题，选择典型地区以元素地球化学理论为指导，以地质背景与成土过程为主线，查清了土壤元素富集贫化的控制因素是成土母质化学成分差异以及矿业活动的外源输入；以表生过程中元素在固相与液相分配为主体，研究了影响元素生物有效性的控制因素，为构建农作物籽实 Cd、Se 预测模型奠定了理论依据，使土地资源安全利用区划成为可能。

本项目通过研究发现，湘鄂地区根系土和水稻籽实 Cd 超标较为严重，进一步查清了 Cd 在土壤-水稻籽实之间迁移转化的关键控制因素，分区建立了 Cd 的生物有效性预测模型，利用两湖地区的多目标地球化学调查数据，采用 3 种不同的土地区划方案对研究区进行了区划，区划结果表明长江与湘江水系两岸土地安全状况不容忽视；利用湖南省株洲市三门镇和湖北省洪湖市曹市镇的 1∶5 万地球化学调查数据对区划结果进行了验证，验证结果表明高镉地区和低镉地区需采用不同的区划方案，基于此提出了湖南和湖北重金属高背景区农用地土壤镉污染风险建议筛选值（表1）。确定土壤 Cd 重金属风险筛选值的方法，同样可以应用于土壤 Se、Cu、Zn、Mo 等有益元素双阈值的确定，对类似地区制订适合于本地区实际情况的土壤环境质量标准与富硒、富铜、富锌等土壤的开发标准具有重要的示范意义。利用表1中建议值和土壤环境质量《农用地土壤污染风险管理标准（试行）》(GB15618—2018)中的筛选值，评价结果见图5，该结果进一步说明对于弱酸至碱性区，在保证安全的前提下，土地优先保护比例大大提高了。

表1 湘鄂农用地土壤污染风险建议筛选值

pH值	风险筛选值（mg/kg）	
	建议值	GB15618
pH≤5.5	0.3	0.3
5.5<pH≤6.5	0.6	0.4
6.5<pH≤7.5	1.0	0.6
pH>7.5	2.0	0.8

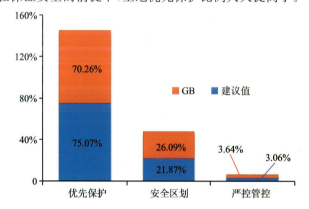

图 5 利用不同筛选值进行土地利用安全区划结果对比

查明了恩施镉硒共生区土壤与农作物镉、硒地球化学特征及富集规律。发现了在土壤高镉低硒暴露区，由于镉的肾毒害作用，当地居民已出现早期肾功能损伤，而在高镉高硒暴露区，镉对当地居民肾健康暂无明显影响，表明硒对镉具有明显的拮抗作用，这为高镉区土地资源开发提供了理论依据。基于此提出了高硒背景下的土壤镉环境容量的确定方法，建立了镉硒共生区土地资源安全区划方法技术，并据此进行了研究区的土地安全利用综合区划，划分了 5 类种植区，为当地的土地资源安全利用和农产品开发提供了科学依据。

三、成果意义

本项目的实施查明了湘鄂、赣南等调查区土地质量现状，为土地资源规划管理、革命老区脱贫致富与重金属污染农田安全利用提供了有力支撑；揭示了湘鄂高背景区土壤中 Cd、Se 等元素迁移途径与有效性控制因素；创新了硫化物矿区潜在风险评价方法与遥感监测技术；形成了重金属污染区土地安全利用区划方法；完善了生态地球化学理论与方法。

杨忠芳(1961—),女,任职于中国地质大学(北京),教授。长期从事环境地球化学、生态地球化学、土地质量与生态管护等方面的研究与教学,主持了国家自然科学基金面上项目、国家863子课题、中国地质大调查和财政部专项等40余项科研项目。发表SCI和核心刊物论文180余篇,出版专著(包括教材和科普)4部。10多年来,作为全国土地质量地球化学调查工作的专家组核心成员之一,负责修订了《区域生态地球化学评价规范》(DZ/T 0289—2005)、《土地质量地球化学评价规范》(DZ/T 0295—2016)等多项行业标准。先后获得地矿部"优秀青年"称号、中国地质学会第六届青年地质科技奖(银锤奖)、全国教育总工会建功立业标兵、北京市"三八"红旗奖章,以及四川省科学技术奖励一等奖等多项奖励。

粤桂湘鄂土地质量地球化学调查成果

雷天赐 鲍波 姜华

中国地质调查局武汉地质调查中心

摘 要：通过开展粤、桂、湘、鄂四省(区)连片耕地区1∶25万土地质量地球化学调查,查明了元素地球化学分布、分配特征,基本摸清了调查区土地质量"家底"。发现了大面积富硒、富锶的优质土地资源,筛选了一批富硒农产品及绿色食品生产产地,利用同位素示踪技术探索了高镉成因来源、迁移转化和富集规律,为国土空间规划与生态修复、特色农产品开发等提供了依据。

一、项目概况

粤、桂、湘、鄂四省(区)位于我国中南部,跨亚热带、热带两个气候带,雨、热、光条件优越,农业生产发达,是中国南方粮食作物的主产区,素有"湖广熟,天下足"之美誉。为摸清中南地区土地质量基本状况,支撑服务土地资源管理和优质耕地资源开发利用,2016—2018年,由中国地质调查局下达了"粤桂湘鄂1∶25万土地质量地球化学调查"二级项目,工作区部署在恩施西部、随州北部、永州南部、娄邵盆地、崇左东部、桂东南、桂中-桂东北和雷州半岛8个地区,总面积$8.61\times10^4 km^2$。项目全面评价了土壤养分、土壤环境及土壤质量地球化学综合等级,优选出10处潜在的优质农业区实施了1∶5万土地质量地球化学评价,并发现了一批富硒水稻、花生、玉米、辣椒等农副产品,为地方政府进行特色农业种植规划与开发提交了第一手数据和建议。

二、成果简介

1. 圈定了大面积富硒(锶)、优质的土地资源

1) 富硒土地资源分布特征及来源

全区圈定富硒土壤面积$59 800 km^2$,占调查区总面积的68.74%(图1)。其中无污染风险富硒土壤面积$25 740 km^2$、绿色富硒土壤面积$18 894 km^2$。8个工区中,桂中-桂东北、崇左东部和娄邵盆地富硒土壤面积占其调查区总面积比例均在70%以上,尤其桂中-桂东北工区比例最高达到94.82%。

区内土壤中硒来源主要受成土母岩控制,最主要来源于沉积地层出露区的石炭系和二叠系,其次为玄武岩。沉积地层由于沉积环境的不同,各工区硒的富集程度和富集层位又有所差异,岩石硒含量较高地层主要为石炭系鹿寨组,二叠系孤峰组、大隆组等,岩性均为一套碳硅质岩、生物碎屑灰岩夹钙质页岩、含燧石生物碎屑泥晶灰岩等,富含铁锰质结核,部分地层夹煤线。恩施地区孤峰组硒含量最高,岩石硒平均含量达13.26mg/kg,上覆土壤硒含量平均值1.16mg/kg,岩石硒含量远大于土壤硒含量。此外,该区硒还存在一个显著特征,即与重金属元素含量相关性明显。研究认为,早二叠世晚期,浅海滞留盆地的沉积环境下,生物大量繁殖、有机质聚集以及碱金属组分的贫乏使水介质呈现弱碱性的还原环境,为赋硒层的原始沉积创造了有利条件;而早、晚二叠世之间大规模的深部岩浆活动带来了深源的

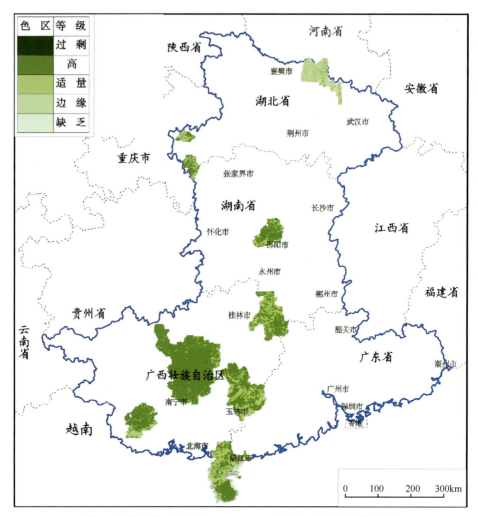

图1 粤桂湘鄂四省(区)2016—2018年调查区土壤富硒分布图

Se、Mo、Cu、Zn、Hg等金属元素。由于封闭海盆还原环境中海水流动性较差,生物死亡堆积后,Se及其他金属元素也被大量固定在沉积物中,形成富硒的含碳硅质岩层,碳质吸附了海水中异常高的Se元素、也同时沉积了海水中背景值很高的其他金属元素,以至于二叠纪中晚期的沉积岩层不仅富集Se元素,重金属元素也异常高。

雷州半岛南部土壤硒富集与玄武岩背景有关,岩浆作用时,基性、超基性岩石中,在岩浆硫化物与硅酸盐岩浆发生分离的过程中,硒与硫同时在进行硫化物熔离体中发生硒的富集并分散到硫化物的矿物中,形成镍、钴、钼、铜等的某些硫化物,受后期成土和风化淋滤影响在地表发生富集。

2)富锶土壤分布特征及来源

随州北部工区表层土壤Sr元素含量38.5~981mg/kg,平均值263.40mg/kg,中位数217mg/kg,变异系数58.27%,平均值高于全国背景值(165mg/kg)。圈定富锶土壤(锶含量≥200μg/g)面积2824km²。其中,满足无公害农产品种植业产地环境条件要求的富锶土壤面积2740km²,主要分布于七尖峰岩体周边、新城—殷店—蔡河与淮河—草店—三里城所夹区域,与区内二长花岗岩展布方向一致。

空间分布上,表、深层土壤表现出高度的一致性,且明显受成土母岩控制,高值区分布于中酸性侵入岩区,岩石中Sr元素含量18.9~2005mg/kg,平均值达659.91mg/kg,岩石中Sr元素平均含量是表层土壤Sr元素平均含量的2.5倍、深层土壤Sr元素平均含量的2.6倍,说明高锶岩石为土壤富锶提供了丰富的物质基础。

3）圈定大面积优质土地资源

全区开展了土壤养分、土壤环境和土壤质量综合等级评价,圈定土壤养分综合等级较丰富以上等级面积 28 677 km²、土壤环境质量无风险等级土壤面积 50 318 km²、土壤质量优良等级面积 41 095 km²。

2. 发现了一批富硒农产品,推荐优质农业生产基地 8 处

针对优质富硒富锶土壤区、特色农业种植区、重金属污染农耕区、黑色岩系出露区等典型地区,开展了 1∶5 万土地质量地球化学评价 636 km²(10 处),编制了部分评价区土地资源利用开发规划图和成果转化应用建议,为地方政府优选、推荐可供开发的优质农业生产基地 8 处。采集了水稻、玉米、花生、土豆、蔬菜、水果、甘蔗等 16 种农副产品,筛选出多种富硒大宗农产品,其中水稻富硒率达 80%、玉米富硒率达 92.6%、花生富硒率达 93.4%,辣椒果实、大蒜茎、红薯块茎、四季豆果实、药用木瓜果实富硒率均达到 100%,雷州半岛吴阳地区富硒大米被冠以"俏农民"状元贡米,成功实行商业化生产。

3. 西江流域平南—苍梧段沿江高 Cd 成因来源同位素示踪研究

采用沿岸土壤和底积物 Cd 同位素对比分析,发现浔江(西江主流)上游沿岸土壤和底积物 Cd 同位素的分馏可以达到 0.4‰~0.6‰之间,而在蒙江镇陡然出现下降(图 2a),说明了浔江上游 Cd 富集是自然风化淋滤的结果,而在蒙江镇附近有人为源加入,下游则受人为与自然源混合作用影响;同理,蒙江(西江支流)大黎铅锌矿区以上土壤-底积物 Cd 同位素的分馏达到 0.5‰之间,大黎铅锌矿区以下则迅速降低且底积物同位素组成变轻与土壤同位素组成趋于一致(图 2b),说明矿山开采冶炼过程中的废渣废水直接进入蒙江,是造成蒙江底积物中 Cd、Zn、Pb、As 强烈超标的重要原因。

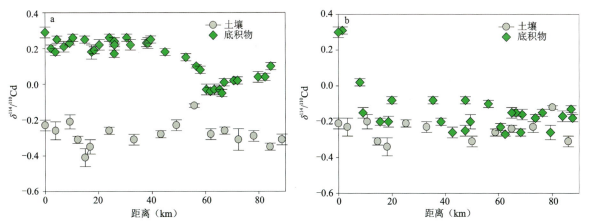

图 2 浔江段河流沿岸土壤及底积物 Cd 同位素组成变化(a)和蒙江段河流沿岸土壤及底积物 Cd 同位素组成变化(b)

综合元素地球化学特征和 Cd 同位素分析,西江流域广西平南—苍梧段高镉背景来源除了上游携带少量污染外,大量污染则源于蒙江上游采矿所致。

三、成果意义

对调查区耕地质量状况形成基本判断,有效服务了土地资源管理和安全利用;对提高农产品附加值,推动优质农副产品"名、特、优"品牌创建提供了支撑,助力脱贫攻坚战略实施;为重金属高背景区生态风险评价与生态修复提供了科学依据。

雷天赐(1977—），男，研究生，高级工程师，毕业于东华理工大学矿产普查与勘探专业，获工学硕士学位。2006年7月至今，一直任职于中国地质调查局武汉地质调查中心，主要从事地、物、化、遥方面的生产和科研工作。先后主持地质大调查项目4项，以第一作者发表论文7篇、编写出版专著1部，参与编写出版专著4部。

湖南柿竹园-香花岭矿产集中开采区主要矿山地质环境问题及其环境效应

胡俊良　刘劲松

中国地质调查局武汉地质调查中心

摘　要：通过对矿产集中开采区1∶5万环境地质调查，查明了柿竹园、瑶岗仙、香花岭矿集区存在的矿山地质环境问题，并分析了它们产生的原因、诱发因素和发展趋势。通过Pb同位素示踪，发现矿集区由于矿山开发导致的土壤污染占比非常高。研究了矿集区及周边地区重金属元素迁移转化规律和大米中Cd超标的成因。对工作区矿山地质环境现状进行了环境影响评价分区和地质环境保护与治理分区；提出了矿山地质环境保护与恢复治理建议。

一、项目概况

"湘南柿竹园-香花岭有色稀有金属矿产集中开采区地质环境调查"项目，归属于"矿山地质环境调查"工程，由中国地质调查局武汉地质调查中心承担，工作周期为2016—2018年。主要任务是摸清矿区水文地质、环境地质条件，水、土壤地球化学特征，以及地质灾害现状，查明工作区主要矿山地质环境问题及其影响的主要因素，开展矿山环境问题对比研究和矿山地质环境问题及其成因和动态变化研究；对演化趋势进行分析，提出合理化建议，为矿山环境恢复治理提供基础数据。

二、成果简介

（1）全面调查了湘南柿竹园-香花岭地区的柿竹园、瑶岗仙、香花岭3个有色金属矿产集中开采区和水东煤矿集中开采区。查明了矿集区存在的矿山地质环境问题，包括地形地貌景观破坏、土地资源破坏、矿山地质灾害、含水层破坏、水土污染（表1）。并对其产生的原因、诱发因素和未来发展趋势进行了分析。

表1　工作区矿山地质环境问题特征表

矿山地质环境问题				危害面积或长度		发生的矿山个数/处
水土污染程度	严重/处	较严重/处	轻微/处	污染土地/km²	污染河流/km	
土壤污染	35	5	2	560.78	—	42
地下水污染	29	2	2	506.66	—	33
地表水污染	28	1	0	—	158.27	29
地形地貌景观破坏/hm²	0	56.52	85.11	视觉污染，其中瑶岗仙矿山靠近东江湖景区		12

续表 1

矿山地质环境问题					危害面积或长度		发生的矿山个数/处
占用破坏土地资源/hm²	耕地	林地	草地	园地	建筑	其他	合计
	52.29	806.86	37.32	0	86.33	284.31	1 267.11
矿山地质灾害	类型	巨型/处	大型/处	中型/处	小型/处	人员伤亡/人	经济损失/万元	
	崩塌	0	1	6	39	0	800	10
	滑坡	0	1	3	35	32	1540	14
	泥石流	1	8	23	17	82	15 311	10
	地面塌陷	0	0	0	19	0	3255	6
合计		1	10	32	110	114	20 906	34
含水层破坏	柿竹园矿产集中开采区含水层破坏面积 15.68km²,瑶岗仙矿产集中开采区含水层破坏面积 8.59km²,香花岭矿产集中开采区含水层破坏总面积约 26.86km²,水东煤矿产集中开采区破坏总面积约 0.52km²				破坏区域含水层,居民和牲畜饮水困难,井泉干枯		

工作区地形地貌景观破坏共计 21 处,主要由废石堆、尾砂库、露天采场引起。景观破坏主要由废石堆、尾砂库、露天采场引起。瑶岗仙钨矿和香花岭锡矿区地形地貌景观破坏有进一步恶化的趋势,其他金属矿区维持原有状况;而煤矿区内地形地貌景观将逐步好转。土地资源破坏面积共计 1 267.11hm²,其中耕地 52.29hm²、林地面积 806.86hm²、草地 37.32hm²、建筑用地 86.33hm²、其他地类面积 284.31hm²,主要由露天采场、矿部及道路、废石堆、尾砂库等所致,目前开发生产技术条件落后及矿业权人环境保护意识不强是主要原因。随着绿色矿山建设推广和矿山固体废弃物综合利用率增长,土地资源破坏情况将趋于好转。

工作区有矿山地质灾害及其隐患共计 153 处,类型有崩塌、滑坡、泥石流及隐患、地面塌陷(图 1),成因主要有过度开采、环保意识落后、技术落后等人为因素和气象水文、地形地貌、地层、构造等自然因素。随着小矿山整合和规范生产管理,矿山地质灾害将得到缓解,但是露天开采区情况仍有加剧趋势。含水层破坏方面,4 个矿集区破坏面积共计 56.33 km²;矿山地下开采势必形成采空区,破坏岩矿体完整性,产生众多的卸荷裂隙,是导致开采范围内含水层结构遭到破坏的主要原因;同时矿业活动中矿坑水、尾矿渗漏水、矿渣淋滤水的垂直入渗也会导致下部含水层地下水水质恶化。

图 1 地质灾害及其隐患照片

水土污染方面,根据本次调查评价的范围,地下水污染面积506.6 km²,占评价面积的61.3%,其中柿竹园矿产集中开采区地下水污染分级图见图2;河流污染长度168.46km,占评价长度的81%;土壤中污染面积560.78km²,占评价面积的92.5%,柿竹园矿产集中开采区及周边土壤污染程度较为突出。水质污染的主要原因是矿坑水、淋滤水等的直接排放;经过处理的矿坑水排放后污染程度明显降低。土壤污染的主要成因是粗放型的矿产开采、"三废"处理不当、污染水体灌溉等人为活动;另外本地区为南岭成矿带成矿有利区域,土壤重金属背景值高也是原因之一。华南地区雨水充沛(丰水期相比枯水期样品水质有明显改善),只要加大对"三废"处理力度,防止直排,水质污染情况将趋于好转。加强绿色矿山建设、加大土壤污染修复技术攻关和资金投入,土壤污染问题也会得到缓解。

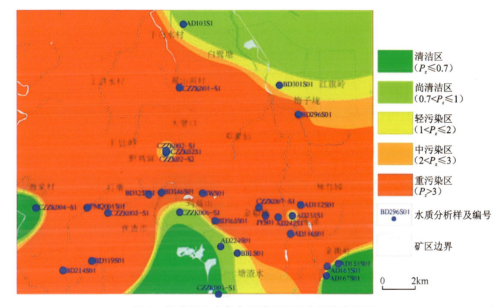

图2 柿竹园矿产集中开采区地下水污染分级图

(2) 探索土壤污染源中矿山开采所占比重取得进展。通过土壤Pb同位素示踪试验,发现柿竹园矿产集中开采区由于矿山开发导致的土壤污染贡献值为100%,矿区下游贡献值为87.5%~92.8%(图3a)。离矿区越远,矿山开发对土壤污染的影响越弱,贡献值降低。香花岭矿产集中开采区及周边地区土壤中由于矿山开发导致的土壤污染贡献值为60.1%~88.2%(图3b),表明矿产集中开采区土壤重金属污染的来源与矿产开发关系十分密切。

(3) 用野外调查与室内实验两方面结合的方法,研究矿山不同介质中重金属元素的迁移规律。研究结果表明,不同岩性及其风化产物在重金属元素的迁移上也具有不同的影响,灰岩及其风化层表现出了明显的截留作用;重金属元素迁移共性的迁移驱动来自于水土搬运,具有很明显的同源性,其最终分布则受到背景岩性特征、pH、氧化还原等条件的影响。酸度(可能来自酸性废水)对重金属的迁移起到了重要作用,促进了Pb、Zn、Cd等元素的迁移,尤其在水土之间的迁移上具重要作用,As受pH影响小,分布更为广泛,更均匀;Cd具有和Pb、Zn类似的特征,但由于其在地表的活跃性(生物有效性/可迁移能力),在更多的介质中有体现。

(4) 工作区乃至整个湘江流域镉大米污染成因研究取得进展。大米镉污染除了与土壤中镉含量高有关外,还与土壤中镉有效态含量高有关。其中镉有效态含量高可能才是促进稻谷对Cd元素吸收的真正原因。柿竹园矿产集中开采区稻谷镉含量超标与矿业活动密切相关,矿业活动产生的废水排放是矿区周边水土环境污染的直接途径,矿业活动富含重金属的粉尘、废气排放是矿区周边水土环境污染的间接途径。

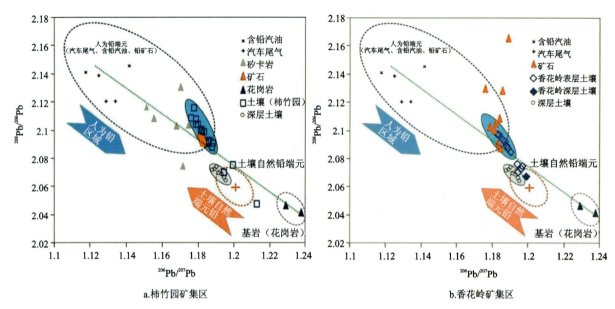

注：汽车尾气、含铅汽油数据引自Zheng等（2004），岩石（花岗岩、矽卡岩）数据引自王谦等（2011），矿石数据引自吴胜华等（2016）。

图 3　柿竹园和香花岭矿产集中开采区表层土壤 Pb 同位素组成特征

（5）对工作区矿山地质环境现状进行了评价分区，影响严重区 18 个，其中柿竹园地区 4 个、瑶岗仙地区 8 个、香花岭地区 6 个；影响较严重区 23 个，其中柿竹园地区 6 个、瑶岗仙地区 8 个、香花岭地区 9 个。主要影响评价因素为地质灾害、土地资源破坏、水土污染，其次为含水层破坏和地形地貌景观破坏。

根据工作区矿山地质环境调查和评价，将工作区划分为 25 个矿山地质环境保护区、14 个矿山地质环境预防区、59 个矿山地质环境治理区，并针对环境治理区提出了具体治理建议。

（6）结合华南植被茂密、水系发达、雨水多等特点，对矿集区及周边地区矿山地质环境保护与恢复治理提出了建议。①主要针对露天采场、工矿场地、尾矿库和废石堆等破坏景观、破坏土地和诱发次生灾害方面，建议尽快完成小矿山整合，加强绿色矿山建设，合理规划，规范建设工矿场地和道路，避免削坡过陡，以尽少占用土地、减少地质灾害发生概率；露采区可以边开采边治理，覆土复绿。建议矿山企业对占地面积大、堆置体积大的废石堆进行清理或加以综合利用（回收有用共伴生元素）、回填矿坑等，对已闭库尾砂库进行覆土和复绿工作。②水土污染方面，建议有关部门加强对"三废"排放的有效管理，建立集中污水处理厂，废石堆和尾砂库做好防渗措施，防止污水直排。土壤污染治理方面常用的修复方法包括物理修复技术（包括客土、换土、去表土、深耕翻土等）、化学修复技术［包括化学淋洗、固化（稳定化）技术、电动修复等］、生物修复技术（包括植物修复和微生物修复），其中植物修复技术较传统的物理、化学修复技术具有技术和经济上的优势，植被形成后具有保护表土、减少侵蚀和水土流失的功效，建议采用。

三、成果意义

在成矿地质背景有利、矿产资源丰富、开采历史悠久的南岭腹地——湖南郴州地区开展矿产集中开采区 1∶5 万尺度的矿山地质环境调查，在华南乃至全国具有引领示范作用。由于历史时期粗放型经济增长模式和矿山企业环保意识不够造成了典型的五大类矿山地质环境问题，其中根据华南植被厚、水系发达、雨水充沛的特点，最为突出的问题为土地资源破坏与环境污染。而矿区及周边农作物重金属超标危及人类生存条件，湘江流域镉大米污染更是一直以来困扰湖南作为粮食大省的重大问题。

本次调查研究以查明问题为导向,发挥武汉地质调查中心专业优势,针对问题探索新技术方法,开展机理研究和成因分析,为绿色矿山建设和生态保护与修复提供数据支撑和理论依据,为郴州地区乃至整个湖南省生态文明建设和绿色产业发展提供了有力支撑。

胡俊良(1982—),男,高级工程师。自然资源部中国地质调查局"湘南柿竹园-香花岭有色稀有金属矿产集中开采区地质环境调查"项目负责人。现任自然资源部中国地质调查局武汉地质调查中心矿产地质室副主任。长期从事矿产地质、环境地质工作。先后参加和主持矿产调查评价、1∶5万地质矿产调查、矿山地质环境调查、生态环境综合地质调查类项目8个。
E-mail:hjl1982da@163.com

刘劲松(1982—),男,高级工程师。自然资源部中国地质调查局"湘南柿竹园-香花岭有色稀有金属矿产集中开采区地质环境调查"项目副负责人。就职于自然资源部中国地质调查局武汉地质调查中心。长期从事矿产地质、环境地质工作。先后参加和主持矿产调查评价、1∶5万地质矿产调查、矿山地质环境调查类项目6个。
E-mail:283432799@qq.com

长江中游磷、硫铁矿基地矿山地质环境调查助力长江经济带生态保护

刘军省

中化地质矿山总局

摘 要：磷矿、硫铁矿作为长江经济带分布较广泛、资源较丰富的化工矿产资源，矿山开发对生态环境造成较大影响。通过开展鄂西荆襄磷矿基地和安徽铜陵硫铁矿基地矿山地质环境调查，为长江经济带生态环境保护和修复提供了基础数据支撑与服务。

一、项目概况

为了查明典型化工矿山集中开采区的矿山地质环境问题，夯实化工矿山地质环境调查工作基础，建实健全全国矿山地质环境信息系统与服务平台，加快构建我国矿山地质环境调查、监测、治理与修复技术方法和标准规范体系，中国地质调查局向中化地质矿山总局下达了"长江中游磷、硫铁矿基地矿山地质环境调查"项目，工作周期2016—2018年，所属工程为"矿山地质环境调查"。项目主要目标任务是查明长江中游磷、硫铁矿基地矿山地质环境问题，为长江中游城市群地质环境保护与治理提供基础数据支撑，为长江经济带区域地质环境的保护提供服务；开展铜陵地区硫铁矿基地集中开采区矿业活动对长江中下游水体影响的研究，建立硫铁矿矿山水资源恢复治理模型。

二、成果简介

（1）查明了长江中游化工矿产资源开发利用现状及矿山地质环境现状。总结了磷矿、硫铁矿矿山地质环境问题特征，预测了矿山开采引发的地质灾害的发展趋势。

长江经济带磷矿查明资源储量占到了全国的86%，主要分布在湖北、湖南、四川、贵州和云南（图1）等省份，磷矿数量合计为321座，按生产状态划分，生产矿山167个、闭坑矿山117个、在建矿山37个；按生产规模划分，大型矿山43个、中型矿山109个、小型矿山169个。硫铁矿数量138个，主要分布在四川、贵州、安徽等省份。按生产状态划分，生产矿山13个、闭坑矿山107个、在建矿山18个；按生产规模划分，大型矿山6个、中型矿山10个、小型矿山122个。矿山地质环境问题及特征：荆襄磷矿调查区矿山地质环境问题主要为含水层破坏、土地资源破坏及地形地貌景观破坏，其次是地质灾害（崩塌、地面塌陷）、水土环境污染等问题；而铜陵硫铁矿调查区地质环境问题主要为地面塌陷、含水层破坏、水土环境污染，其次是土地资源破坏、地形地貌景观破坏、地质灾害（崩塌、滑坡）等问题。

磷矿、硫铁矿开采过程中主要引起的是地质灾害、含水层破坏、土地资源破坏、地形地貌景观破坏，磷矿、硫铁矿矿石选冶和产品加工过程中主要引起的是水土环境污染。两个化工矿种矿山地质环境问题具有共同的特征，但是各自又具有不同的特点：磷矿区别于其他矿山的典型特点是"矿肥结合"，磷肥及复合肥厂一般建在矿山周边。矿区水土污染主要来源于未严格处理的矿坑排水、选矿废液或不合理堆放的磷石膏堆受淋滤等作用与附近水土存在联系，产生水土环境污染。硫铁矿区因矿石成分中所含硫及硫化物极易被氧化成硫酸而产生酸性水，从开采、矿石选冶到加工利用，整个开发利用过程中均可

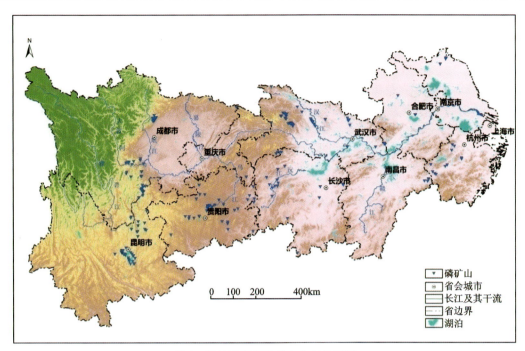

图 1　长江经济带磷矿山分布位置图

能造成"酸性水"污染的地质环境问题。

查明了工作区地质灾害现状,分析了地质灾害发生与矿山开采活动的关系,预测了地质灾害的发展趋势。工作区内共调查地质灾害 101 处,规模以小型为主,地质灾害发生绝大多数与矿山开采活动有关。岩溶塌陷主要分布在大中型生产矿山,随着矿山进一步开采,预测岩溶塌陷将加剧。采空塌陷主要分布在小型闭坑矿山,由于部分矿山的采空区未充填且随着周边矿山开采深度的加大,预计未来采空塌陷仍将发生。随着矿产资源开发的整合与优化调整,以及矿山环境保护与治理力度的加强,区域矿区地质环境好转,滑坡、崩塌地质灾害也将减少。

(2) 查明了调查区磷矿资源开发利用过程中所产生的地质环境问题及特征,指出了磷石膏堆不合理堆放是磷矿区产生地质环境问题首要原因,提出了磷石膏综合应用建议,服务了长江经济带生态保护(长江"三磷"专项排查整治工作)。

调查及收集资料显示,长江经济带磷石膏年产量总计 7000 多万吨,主要分布在湖北、云南、贵州、四川 4 个省份(图 2)。

目前我国磷石膏较好的处置措施是作为建材产品和井下充填材料。磷石膏综合利用建议:①磷石膏制硫酸联产水泥工艺;②磷石膏制作新型建材(如开磷集团);③利用磷石膏改良盐碱地;④及时调整资源综合利用的优惠和扶持政策,在磷石膏制品的推广和应用方面给予大力支持。尽快修订磷石膏相关标准,规范约束排放磷石膏的品质,使其更利于下游产业的应用。

(3) 建立了磷矿和硫铁矿集中开采区的矿山地质环境评价体系,示范引领了全国化工矿山地质环境调查评价工作。

基于两个调查区矿种不同,地质环境背景不同,矿山地质环境问题特征也不尽相同的特征,为了能够准确反映出两个地区矿业开发活动对地质环境的影响程度,选择了适用于各地区特点的评价因子指标和分级赋值方法进行评价,评价分区结果显示影响评价效果较好,磷矿和硫铁矿集中开采区的矿山地质环境评价体系初步建立。

(4) 完成了调查区的影响评价分区、保护与治理分区,成果资料有效服务了化工矿山地质环境保护与恢复治理。

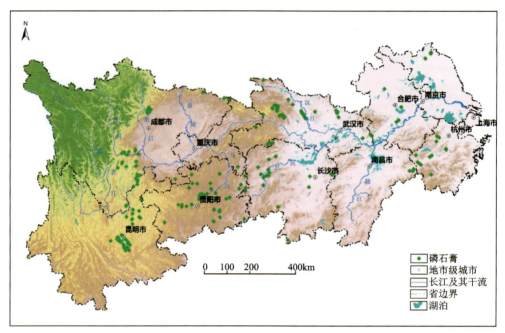

图 2　长江经济带磷石膏堆分布位置图

调查区共划分了矿山地质环境影响严重区 13 个,总面积 182.26 km²,占工作区范围的 6.89%;影响较严重区 22 个,总面积 466 km²,占工作区范围的 17.61%;影响轻微区 14 个,总面积 1 997.03 km²,占工作区范围的 75.50%。总体上看,鄂西荆襄磷矿调查区矿山地质环境质量一般,安徽铜陵硫铁矿调查区矿山地质环境质量较差。

调查区划分了矿山地质环境保护区 25 个,总面积 198.95 km²,占工作区范围的 8.29%;矿山地质环境预防区 27 个,总面积 57.87 km²,占工作区范围的 2.41%;矿山地质环境治理区 22 个,总面积 531.81 km²,占工作区范围的 22.16%。

(5)总结了磷矿山和硫铁矿山污染、迁移规律,建立了磷矿和硫铁矿矿山污染防控机制,提出了磷矿和硫铁矿矿山保护治理对策建议,为《化工矿山生态修复技术规范》的编制提供了基础数据支持与服务。

(6)在开展铜陵地区硫铁矿基地集中开采区矿业活动对长江中下游水体影响研究的基础上,总结了硫铁矿山矿业活动对水资源影响破坏的方式,提出了硫铁矿山水资源恢复治理方式,建立了硫铁矿矿山(铜陵式)"源头防控-过程监管-后效治理"的水资源恢复治理模式(图3)。

三、成果意义

磷矿、硫铁矿集中开采区矿山地质环境调查工作,示范引领了化工矿山集中开采区 1∶5 万矿山地质环境调查工作。本项目系统总结研究了典型磷矿和硫铁矿基地矿山地质环境问题类型、分布、特征及危害,为矿山地质环境保护与恢复治理提供了支撑与服务,为长江生态环境保护与修复提供了基础数据。

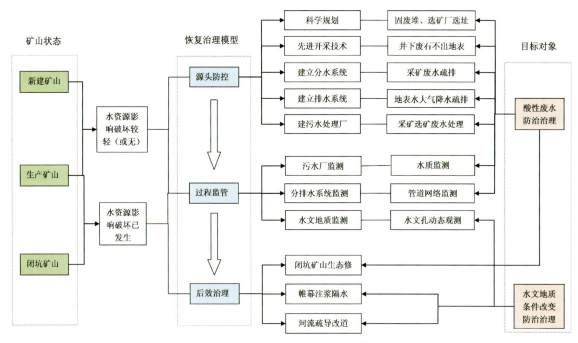

图 3 硫铁矿山水资源恢复治理模式

刘军省(1981—),男,高级工程师,中化地质矿山总局高级专家。自然资源部中国地质调查局"长江中游磷、硫铁矿基地矿山地质环境调查"项目负责人。就职于中化地质矿山总局地质研究院。从事水文地质、环境地质、地质灾害调查与研究工作。
E-mail:514061786@qq.com

第三部分
基础地质与矿产调查

◇ 区域地质调查
◇ 基础矿产调查
◇ 战略矿产调查
◇ 基础地质研究

现代型海洋生态系统重建过程中的生物和环境事件记录

程龙[1]　文芠[2]　张启跃[2]　阎春波[1]

[1] 中国地质调查局武汉地质调查中心
[2] 中国地质调查局成都地质调查中心

摘　要：现代型海洋生态系统是指以活动性底栖、内生和肉食性生物共同繁盛的海洋生态系统。地质历史中最大的生物绝灭事件——二叠纪末生物大灭绝之后，三叠纪早中期是全新的现代型海洋生态系统从形成到成熟的关键时期。华南三叠纪海生爬行动物化石数量丰富、类型多样，是全球其他任何地方都无法比拟的。这些海生爬行动物化石以早三叠世南漳-远安动物群和巢湖龙动物群、中三叠世安尼期中期罗平/盘县动物群、拉丁期末期贵州龙动物群和晚三叠世关岭生物群为代表，构成了全球最连续的宏演化序列。早三叠世南漳-远安动物群和巢湖龙动物群是全球最早的以海生爬行动物为特色的动物群落，标志着海生爬行动物已经复苏，云南罗平/盘县生物群是分异度最高的三叠纪海生化石库之一，标志着海洋生态系统全面复苏，是中三叠世生物大辐射的窗口。因此，华南三叠纪海生爬行动物不仅对全球海生爬行动物的起源与演化过程的研究有重要研究价值，而且充分展示了二叠纪末生物大灭绝之后，海洋生物从复苏走向辐射的现代型海洋生态系统重建过程（图1）。

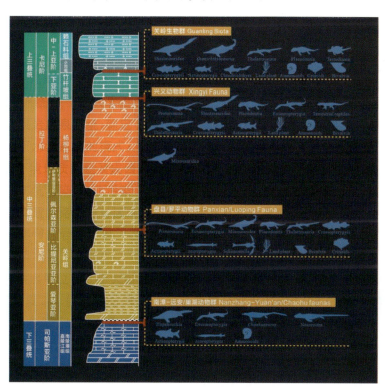

图1　华南三叠纪海生爬行动物群垂向分布

一、工作开展情况

中国地质调查局自2000年以来持续开展了海生爬行动物群的研究工作。2000—2010年武汉地质调查中心首先开展了晚三叠世关岭生物群的调查和研究。随着武汉地质调查中心对华南重要海生爬行动物群落调查研究的深入和成都地质调查中心2007年发现罗平生物群,中国地质调查局在华南三叠纪海生爬行动物研究中取得了系列重大突破。

2016—2018年期间,武汉地质调查中心承担的"扬子陆块及周缘地质矿产调查"工程"湘西-鄂西成矿带神农架-花垣地区地质矿产调查"项目设立了"早三叠世南漳-远安动物群特征及其对三叠纪生物复苏的响应"专题,成都地质调查中心承担的"东特提斯成矿带大型资源基地调查"工程"南盘江成矿区贞丰和富宁地区地质矿产调查"项目设立了罗平生物群专题,主要工作量为1:5万区域地质调查880 km²及剖面测量和化石发掘等,主要工作任务是进一步查明三叠纪海生爬行动物群地层分布规律,建立精细地层格架,重建动物群古地理特征,完善三叠纪海生爬行动物组合特征及环境背景等,分析早期海生爬行动物的系统发育关系及生态学特征,为研究海生爬行动物的起源及三叠纪海洋生物复苏过程提供重要线索。

3年来,三叠纪海生爬行动物研究团队发表论文22篇(SCI论文14篇,中文核心6篇,科普文章2篇),出版科普专著2部,完成硕士毕业论文4篇。依托中国地质调查局古生物与生命-环境演化重点实验室、罗平野外科学观测研究基地和长江三峡古生物宜昌野外研究观测基地积极开展科普活动,产生了重大的社会效益和经济效益。

二、主要成果与进展

1. 南漳-远安动物群的生物多样性标志着早三叠世海洋生物完全复苏

南漳-远安动物群分布在湖北省西部南漳县和远安县交界地区下三叠统嘉陵江组二段顶部纹层状灰岩中,以早期海生爬行动物为主体,其他生物极为稀少。南漳-远安动物群是了解海生爬行动物起源与演化及早三叠世生物复苏的重要窗口。

(1) 查明南漳-远安动物群海生爬行动物组合特征。通过科学化石发掘,新发现20余件保存较完整的海生爬行动物新材料。通过对其中部分材料修理和初步鉴定,发现了一件迄今为止个体最大的湖北鳄类化石,全长超过2m(图2);发现了始鳍龙类两个新类型。海生爬行动物已经超过了10属11种,均为国家一级化石保护属种。这些发现进一步证实了南漳-远安动物群中海生爬行动物以湖北鳄类-始鳍龙类-巢湖龙为主的组合特征。

图 2 细长似湖北鳄(Chen et al, 2014)

(2) 提出湖北鳄类具有盲感应的捕食方式。通过对湖北鳄类卡洛董氏扇桨龙新材料研究,重新厘定了卡洛董氏扇桨龙的骨骼特征,尤其是头骨的结构。通过与其他四足动物对比分析,发现其与现生的原始哺乳动物——鸭嘴兽具有极为相似的头骨结构(图3),从而得出卡洛董氏扇桨龙可能营盲感应探测猎物的捕食方式。该研究结果不仅代表这种捕食方式最早的化石记录,而且暗示了二叠纪末生物大灭绝之后,海洋生物在早三叠世末已经复苏。

图3　卡洛董氏扇桨龙盲感应捕食方式(Cheng et al,2019)

（3）重建了南漳-远安动物群古地理格局。在1∶5万区域地质调查的基础上,重新厘定了南漳和远安交界地区嘉陵江组。该地区嘉陵江组分为三段:一段为中厚层白云岩;二段为薄中层泥晶灰岩夹白云岩;三段底部为薄层白云质泥岩,上部为岩溶角砾岩。南漳-远安动物群产自于嘉陵江组二段顶部。总体上,嘉陵江组自北东向南西相变迅速。在嘉陵江组二段精细地层对比和地层格架综合分析的基础上,重建了南漳-远安动物群的古地理特征,认为南漳-远安动物群的环境为北西向展布的潟湖相。

（4）揭示了影响南漳-远安动物群繁盛的环境因素。通过中扬子地区嘉陵江组剖面稳定碳氧同位素的分析,将嘉陵江组$\delta^{13}C_{carb}$的变化特征划分为4个阶段,而南漳-远安动物群最为繁盛的时期对应$\delta^{13}C_{carb}$的正偏阶段(第Ⅳ阶段)。推断海生爬行动物的繁盛可能和两种因素相关,一是海平面的变化;二是生态环境的改善,特别是藻类等自养生物的增加。

（5）初步查明南漳-远安动物群与下扬子巢湖龙动物群的关系。通过详细探讨分析,南漳-远安动物群发育时期扬子台地北缘的秦岭洋依然存在,并作为主要通道连接南漳-远安动物群和安徽巢湖龙动物群,之后因地理隔离阻断了两个动物群之间的联系,并最终造就了安徽巢湖龙动物群以鱼龙为主而南漳-远安动物群以湖北鳄类为主的动物群面貌的形成。

2. 研究证实罗平生物群是中三叠世生物大辐射的标志

罗平生物群是全球重要的海洋生物化石库,产自中三叠世安尼期Plesonian亚期关岭组二段,距今约2.44亿年。化石门类包括海生爬行类、鱼类、节肢动物、棘皮动物、软体动物、腕足动物、牙形石、植物化石以及遗迹化石等,数量庞大,保存精美,是研究二叠纪末生物大灭绝后生物复苏和辐射的窗口。

（1）罗平生物群新鳍鱼类增添新成员。通过区域地质调查,新发现了4块保存完好的新鳍鱼标本,归于Platysiagidae科*Platysiagum*属,命名为中华扁鱼*Platysiagum sinensis*,这是Platysiagidae科在亚洲的首次发现(图4),该科分类位置一直不太清楚,曾被归入到肋鳞鱼目或者裂齿鱼目。罗平生物群新发现的标本保存精美,通过创新运用谱系关系分析手段,重新厘定了Platysiagidae科在新鳍鱼类中的分类位置,认为Platysiagidae科比裂齿鱼目更原始,分类位置应属于新鳍鱼类中更靠下的基干类群。

图 4　*Platysiagum sinensis* 化石标本

（2）改写棘皮动物类基干类群演化史。一直以来认为海胆类整个基干类群在二叠纪末生物大灭绝事件后消失。但是罗平生物群中发现了海胆类新属种——罗平云南海胆 *Yunnanechinus luopingensis*。通过分支系统学方法认为罗平云南海胆并不是属于冠类群，而是属于基干类群。这一类群的海胆经历了二叠纪末生物大灭绝事件和早三叠世动荡的环境存活到了中三叠世。因此，基干类群的海胆类并不是像从前认为的在古生代就灭绝了，而是与冠类群一起共存了至少 2300 万年。

（3）发现鲎类在演化上的停滞。在罗平生物群中共发现了 20 余块鲎的化石标本，归入鲎科，命名为罗平云南鲎 *Yunnanolimulus luopingensis*（图 5）。鲎科包括了中生代绝大部分鲎类化石及所有现生类型。鲎类化石在罗平的发现是该类化石在中国的首次发现。这一发现不仅扩大了鲎类在中生代的地理分布范围，也为研究鲎类的演化、生态变迁以及特异埋藏等提供了新材料。近年来在罗平生物群的鲎化石上新发现保存完好的附肢、书鳃和刚毛等软体构造，为研究其形态功能和演化提供了独特的材料。研究还发现雄性云南鲎的第二对和第三对呈钩状向前弯曲，起到交配时抓住雌鲎的作用。通过对鲎化石整体形态及书鳃、肌肉等软体特征深入的研究对比，认为罗平云南鲎与现生的鲎类十分相似，尤其与圆尾鲎最为接近，说明现代鲎类的直接祖先至少起源于距今 2.4 亿年左右的三叠纪中期，充分显示了该类动物在演化上的保守和停滞。

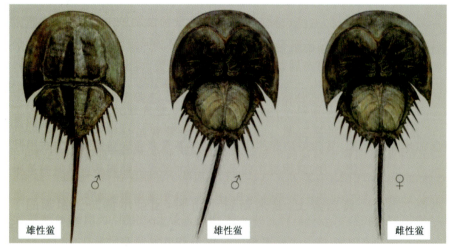

图 5　罗平云南鲎复原图

（4）甲壳类节肢动物研究取得重要进展。新建节肢动物3属4种。在罗平发现的40多件圆蟹类节肢动物标本，是描述和建立瘤点云南圆蟹 Yunnanocyclus nodosus（新属新种）的基础，标本背面外壳上具有显著的圆形瘤点，是三叠纪圆蟹类中独一无二的构造，这也是该类化石在中国的首次报到，扩大了圆蟹类在中生代的地理分布范围；倍足纲节肢动物化石罗平中华千足虫 Sinosoma luopingense 是中国最古老的千足虫节肢动物化石，其由39体节构成，千足虫是典型的陆生生物，却保存于中三叠统关岭组二段海相薄层灰岩中，据此推测罗平生物群周边可能有岛屿的存在。糠虾类化石新种长尾云南糠虾 Yunnanocopia longicauda 和大型云南糠虾 Yunnanocopia grandis 的发现也代表了疣背糠虾类在世界上最早的发现，为研究糠虾的系统演化提供了新材料。

（5）牙形刺多分子器官研究领域取得重要进展。罗平生物群研究团队联合英国布里斯托大学、西班牙巴伦西亚大学、中国地质大学（武汉）、南京地质古生物研究所与武汉地质调查中心对罗平生物群三维立体牙形刺齿串化石进行了系统性研究，运用扫描电镜和同步辐射等技术对40多个牙形刺齿串标本进行了解译，成功重建了牙形刺 Nicoraella 属的多分子器官模型。研究表明 Nicoraella 属多分子器官由15个元素分子构成（包括1个S0分子和7对S1－4，M，P1－2分子），两侧对称，组成元素形态与早三叠世 Novispathodus 和中三叠世 Neogondolella 相似，新确立的多分子器官模型对检验 Gondolelloidea 超科内其他属种多分子器官特征具有重要意义，也可与石炭纪 Ozarkodinins 牙形石多分子器官进行空间结构对比。罗平生物群的牙形刺齿串化石是目前保存最好的具有原位信息的三维立体齿串化石标本，为揭示牙形刺多分子器官的完整结构构造提供了最直接的材料证据。通过对罗平生物群特异保存的牙形刺多分子器官的构成元素、元素形态及空间位置进行研究，为将来研究牙形刺属种间分类、异同性、演化关系、结构、功能和捕食方式等方面奠定了重要基础。

（6）遗迹化石研究揭示罗平生物群时期海洋生态系统全面复苏。利用遗迹化石阐明二叠纪末大绝灭后早、中三叠世生物复苏的时限和过程是一种有效的手段，近10年来早三叠世遗迹化石研究已经非常深入，然而来自中三叠世早期的遗迹化石记录却知之甚少。罗平生物群的实体化石记录了中三叠世早期浅海生态系统已完全从大绝灭中恢复到正常水平。其中保存丰富的遗迹化石为探知完全复苏期后造迹生物的行为学和对比复苏早期早三叠世遗迹化石特征提供了重要材料。罗平生物群目前共发现14个遗迹化石属，其中在浅海潮下带发现9个遗迹化石属。这些遗迹化石多样性和明显增大的遗迹潜穴直径，以及代表复苏高级阶段遗迹化石属（如根珊瑚迹 Rhizocorallium，海生迹 Thalassinoides）的出现，表明以遗迹化石为代表的造迹生物已经完全复苏。

（7）在南盘江盆地首次发现早三叠世海生爬行类化石。成都地质调查中心在望谟地区罗楼组灰岩中首次发现了海生爬行动物化石，经牙形石厘定其时代为早三叠世奥伦尼克期Spathian亚期，相伴产出的凝灰岩中锆石测年2.47亿年。该发现对华南三叠纪海生爬行动物从扬子东部起源的假说提出质疑，而认为应是东西部同时发展。这对研究早三叠世海洋生态复苏、海生爬行动物类群起源及其早期演化具有十分重要的科学意义，同时填补了南盘江盆地早三叠世生态复苏的研究空白。

3. 以多样形式探索古生物化石成果转化与推广应用模式

武汉地质调查中心以南漳-远安动物群为依托，通过与南漳县和远安县国家重点保护古生物化石集中产地合作，探索了古生物化石成果转化与推广应用新模式，在南漳县巡检镇成立了中国地质调查局古生物与生命-环境协同演化重点实验室野外研究基地及展览馆。作为地质主讲参与CCTV科教频道拍摄，邀请外国专家赴南漳县开展科普讲座。撰写科普文章，制作了《南漳-远安动物群》科普视频。中央电视台《新闻联播》和《新闻直播间》在报道最早的"鸭嘴兽"龙时，引用了该视频，引起了广泛关注，有效促进了"美丽乡村"和"地质文化村"建设，支撑了中国地质调查局古生物与生命-环境协同演化重点实验室、自然资源部湖北宜昌古生物野外科学观测研究基地的建设。

成都地质调查中心以"4·22"地球日、科技活动周为依托开展科普讲座,并在《华夏地理杂志》和《大自然》上发表科普文章,制作科普影视片《寻找诺亚方舟——解谜罗平生物群》一部,出版科普《罗平、关岭生物群》和《劫后重生:南盘江盆地三叠纪生物大复苏》。开通了"罗平生物群"微信公众号,2016年至2018年发布各类图文信息128条,图文阅读总人数20 719人,图文阅读总次数38 556次,关注人数561人。

2016年12月18日,经国土资源部批准,"古生物群——云南罗平野外科学观测研究基地"正式挂牌,这是国内首家挂牌的国土资源部科学观测研究野外基地。同年,罗平生物群国家地质公园顺利挂牌,目前已完成投资6275万元,建成大洼子园区四级公路8km、化石库房360m^2、博物馆136m^2、科普影视厅80m^2、化石保护玻璃罩156m^2、化石剖面点3个、公园主副碑、游客步道16km、停车场3000m^{2}等。罗平生物群国家地质公园已打造成为罗平旅游的又一张靓丽名片,并获批第四批国土资源部科普基地及第二批国家重点集中古生物化石产地,有力推动了三叠纪地学研究和当地旅游业的发展。

三、结论

华南海相三叠纪地层中产出连续而丰富海生爬行动物化石,为揭示三叠纪海洋生态复苏、生物辐射的过程和机制提供了得天独厚的机会,尤其是早三叠世南漳-远安动物群和中三叠世早期罗平生物群反映了二叠纪末生物大灭绝之后海洋生态系统由复苏至繁盛的过程。南漳-远安动物群研究团队和罗平生物群研究团队在深入开展研究的同时强抓科普教育,达到了将研究成果科普大众的目的。开展多方国际合作研究,扩宽眼界,将新思路、新方法运用到地质研究中,为实现科技理论创新和人才培养提供了平台。

主要执笔人:程龙、文芠、张启跃、阎春波。
主要依托成果:"扬子陆块及周缘地质矿产调查"工程下属的"湘西-鄂西成矿带神农架-花垣地区地质矿产调查"项目、"东特提斯成矿带大型资源基地调查"工程下属的"南盘江成矿区贞丰和富宁地区地质矿产调查"项目。
主要完成单位:中国地质调查局武汉地质调查中心、成都地质调查中心。
主要完成人:程龙、阎春波、李志宏、文芠、张启跃、胡世学、黄金元、周长勇、谢韬。

扬子陆块东南缘铅锌锰找矿取得重大突破

段其发 张予杰 李朗田

中国地质调查局武汉地质调查中心

摘 要：扬子陆块及其周缘是我国重要的锰矿、铅锌矿集中分布区。近年来，通过1：5万矿产地质调查，在区内圈定锰矿找矿靶区8处，提交锰矿产地6处，新发现国内石炭系最大的锰矿床和一批具有经济意义矿（床）点，探获(333+334)锰矿石资源量5620×10^{4}t；通过区域资源潜力分析评价，圈定锰矿找矿远景区54处，最小预测区99处；总结了基底断裂和同沉积断裂控盆、控相、控矿特点，提出了"行、列"断裂交会部位控制聚锰盆地沉积中心的新认识。同时，对区内铅锌开展了系统的调查研究，提出扬子型铅锌矿形成于伸展构造环境、矿床定位于碳酸盐岩台地边缘生物礁（或浅滩）相的新认识；建立了锰矿区域成矿模式和扬子型铅锌矿床两阶段成矿模式，为扬子陆块及其周缘铅锌矿、锰矿勘查提供了新的思路和方向。

一、工作开展情况

中国地质调查局于2016—2018年部署了"扬子陆块及周缘地质矿产调查"和"东特提斯成矿带大型资源基地调查"工程，组织实施了"湘西-滇东地区地质矿产调查""湘西-鄂西成矿带神农架-花垣地区地质矿产调查"和"武陵山成矿带酉阳-天柱地区地质矿产调查"项目，主要目标任务：一是以锰矿为主攻矿种，在湘中、黔东、渝北、桂中等锰矿找矿远景区开展1：5万矿产地质调查，新增锰矿石资源量4000×10^{4}t，提交找矿靶区8处、大中型矿产地2~3处；初步查明扬子陆块东南缘锰矿成矿地质背景，以松桃、湘潭和黔阳成锰盆地为重点，开展南华系锰矿成矿预测和靶区优选。二是研究扬子型铅锌矿成矿作用、形成机理与成矿环境，总结扬子陆块东南缘大型—超大型铅锌矿床时空分布规律，为区域找矿工作部署提供依据。

二、主要成果与进展

1. 锰矿找矿取得新进展，实现了扬子陆块东南缘锰矿找矿突破

（1）圈定锰矿找矿靶区8处、矿产地6处，新发现国内石炭系最大锰矿床和多处有经济价值的矿（床）点，探获(333+334)锰矿石资源量5620×10^{4}t。

在滇东南地区首次发现上石炭统顺甸河组、下三叠统石炮组2个新的含锰地层，为本区锰矿找矿工作提供了新的方向。在圈定广西忻城弄竹、塘岭找矿靶区基础上，原广西壮族自治区国土资源厅进一步投入地勘资金，在忻城洛富-塘岭探获锰矿资源量达7915×10^{4}t，一跃成为我国石炭系最大锰矿。

（2）总结了锰矿成矿作用，同沉积断裂控盆、控相、控矿规律和区域成矿规律，丰富了锰矿"内源外生"成矿理论。

厘清了扬子陆块东南缘南华系成锰盆地的构造格架及武陵-雪峰期断裂构造对南华系锰矿的控制作用，提出了近东西向断陷盆地控制湘潭成锰盆地、"行、列"断裂交会部位控制聚锰盆地沉积中心的新

认识;对含锰岩系和锰矿物结构构造、元素地球化学进行深入研究,得出大塘坡式锰矿具有幔源-热水沉积的特点。桃江中奥陶统磨刀溪组含锰岩系形成于次深海欠补偿沉积环境,锰质来源于火山-热水沉积岩和陆源细碎屑岩,经有机质的分解和运移,在弱碱性弱氧化条件下碳酸锰大量沉淀形成矿床。晚泥盆世桂南成锰盆地位于富宁-那坡被动边缘盆地,锰矿床聚集于北西向、北东向同沉积断层交会处及其附近地段,研究认为,来自深部的含锰热液沿深大断裂上升在海水中富集,并在较深水低能封闭的还原环境(台盆相)中沉积,形成含锰的碳酸盐岩-硅质岩组合。石炭纪里苗-塘岭矿区巴平组碳酸锰矿产于同沉积深大断裂的两侧深水台盆环境,从早期到晚期,锰矿沉积中心沿南丹→龙头→同德→里苗方向迁移,总体上构成两个主要成矿旋回,为受同沉积断裂控制的热水-沉积成矿。由此可见,扬子陆块东南缘产于不同时代的锰矿均与来源于深部的含锰热液和火山凝灰岩有关,显示锰质具有幔源的特点,锰矿最终定位于沉积盆地中心深水低能、封闭还原环境,具有外生矿床的特征。

(3)建立了南华系锰矿区域成矿模式和预测模型,为锰矿勘查工作提供了新思路。

对区内南华纪大塘坡组沉积早期、中奥陶世磨刀溪组沉积期、晚泥盆世五指山组沉积期、早石炭世巴平组沉积期、中二叠世茅口(孤峰)组沉积期、早三叠世北泗组沉积期等主要成锰期、成锰盆地结构、同沉积断层、堑垒构造特征、台盆分布格局、构造-火山活动与成矿的关系进行了深入研究,初步查明了扬子陆块东南缘大规模成锰的特殊地质背景;对区内锰矿的控矿条件、成矿作用、找矿标志以及时空分布规律进行了研究,总结了同沉积断裂构造复合控矿规律、锰矿水平(相变)分带规律等,进一步完善了区域锰矿成矿模式——深部含锰热液沿同沉积大断裂上升于深水盆地中,经有机质还原作用形成矿床。在对区域成矿要素研究的基础上,建立了区域锰矿预测模型,重新圈定锰矿找矿远景区54处,最小预测区99处,预测锰矿资源量26×10^8t,并提出了下一步锰矿勘查主攻区域为湘西-黔东、湘中、桂中、桂西南、渝北5个锰矿富集区,重点层位为南华系大塘坡组、奥陶系磨刀溪组、石炭系巴平组、泥盆系五指山组,提交了12个重点工作区锰矿勘查部署建议,明确了锰矿勘查工作重点及方向。在贵州铜仁松桃锰矿集区划分出3个A类、3个B类、7个C类最小预测区。通过研究分析预测区面积、含矿岩系延深、模型区含矿系数、相似系数等,最终获得500m以浅锰矿资源量246×10^4t;1000m以浅$11\,382\times10^4$t;2000m以浅$36\,713\times10^4$t;2000m以外资源量$16\,468\times10^4$t。结合已备案的锰矿资源量6.86×10^8t,使黔东地区成为我国最重要的十亿吨级锰矿资源基地。在重庆城口锰矿集区,开展了矿体空间赋存规律与成矿期后构造叠加破坏的调查和找矿预测等工作,圈定3处找矿预测区,预测锰矿远景资源量1×10^8t以上。

2. 铅锌矿形成时代与定年方法、成因和矿床定位机制取得新认识

(1)系统研究了花垣铅锌矿床成矿流体的性质和来源,明确了成矿流体的运移方向。

在花垣铅锌矿集区获得一批成矿温度、成矿流体盐度、密度和流体包裹体成分数据。成矿流体温度主要为150~220℃,总盐度为13%~23%NaCl eq.,密度多大于1g/cm³,属低温度、中高盐度、高密度成矿流体,以钠和钙氯化物为主的$NaCl-CaCl_2-MgCl_2-H_2O$热卤水体系;流体包裹体中普遍含有CH_4、CO_2、H_2S和H_2。脉石矿物流体包裹体中具有Pb、Zn、Fe、Mn、As等微量元素的富集。成矿流体均一温度具有由北而南降低的趋势,显示了成矿流体的运移方向为从北到南。氢、氧同位素特征显示成矿流体主要来源于建造水和大气降水,有少量变质水的混入,认为成矿流体可能是地层中封存的海水在埋藏过程中经过循环演化形成的热卤水,其特征与MVT铅锌矿床相似。

(2)提出硫酸盐热化学还反应是铅锌矿快速沉淀的重要机制。

通过典型铅锌矿床不同产状高密度甲烷包裹体和硫同位素的研究,认为硫酸盐热化学还原反应(TSR)是湘西-鄂西地区铅锌矿快速沉淀的重要机制,TSR消耗大量甲烷,生成H_2S,导致铅锌以ZnS、

PbS 等硫化物沉淀成矿。

（3）开展了闪锌矿 Rb-Sr 同位素定年方法研究,精确厘定了区内代表性铅锌矿床的成矿时代。

系统研究了 Rb、Sr 在闪锌矿及其残渣相、淋滤液相中的赋存状况,探讨了不同相态中 Rb、Sr 与 Zn、Fe、Ca 等元素的关系；在此基础上,对闪铅矿不同相态开展 Rb-Sr 定年研究,获得湘西-鄂西成矿带典型铅锌矿床的形成年龄,为重要成矿事件与重大地质事件的耦合关系提供了有力支撑。产于陡山沱组的冰洞山矿床成矿年龄为 510～506Ma,地质时代为中寒武世末,沅陵升天坪矿床成矿年龄为 494～490Ma,地质时代为晚寒武世；产于灯影组中的凹子岗矿床成矿年龄为 434Ma 和 409.6Ma,前者地质时代为早志留世,后者为早泥盆世晚期；产于清虚洞组的狮子山矿床成矿年龄为 412Ma,地质时代为早泥盆世中期；产于奥陶系南津关组的唐家寨矿床成矿年龄为 379Ma,江家垭矿床成矿年龄为 372Ma,地质时代为晚泥盆世早期。这些年龄数据表明扬子陆块东南缘的铅锌矿床在区域上具有多期成矿特点,所有成矿年龄均小于赋矿地层年龄,属后生矿床。同时,这些年龄数据为扬子陆块存在加里东期成矿作用提供了新的依据,对于今后在该区的找矿工作具有一定的理论指导意义。

（4）提出扬子陆块东南缘铅锌矿形成于伸展构造环境、矿床定位于碳酸盐岩台地边缘生物礁（或浅滩）相的新认识,建立了扬子型铅锌矿床两阶段成矿模式。

根据新获得的成矿年龄,探讨了与之相应构造环境,认为扬子陆块东南缘铅锌矿床的形成与伸展构造背景关系密切,主要矿床的形成与间歇性伸展运动相关。铅锌矿床在空间上多数分布于台地边缘,具有明显的相控特征。提出扬子陆块东南缘铅锌矿床的形成经历了成矿流体形成和成矿热液在拉张构造环境下运移至台边缘成矿的两阶段成矿模式,即在早期地层形成和埋藏过程中,地层水、残余海水和大气降水等流体在深部进行循环混合,沿途淋滤、萃取地层中的成矿物质,演化为含矿热卤水,即成矿流体,形成成矿元素的初始富集；在构造作用下,含矿热卤水沿深大断裂带往上运移,向碳酸盐岩台地边缘生物礁/浅滩等"隆起区"聚集,受上覆低渗透性岩层隔挡,成矿热液不断在多孔隙的礁/滩部位集中,在油气等有机质参与下,经 TSR 作用产生还原硫和 CO_2,或者成矿流体的大量聚集导致围岩破裂发生流体沸腾作用,最终促使成矿流体中的 Pb、Zn 等组分沉淀形成矿床。

（5）通过对典型铅锌矿床详细的研究,揭示了扬子陆块东南缘铅锌矿床的形成机理及成矿环境,总结了铅锌矿床成矿规律。

总结了上扬子陆块东南缘湘西-鄂西地区铅锌矿床的时空分布规律,包括区内铅锌矿赋矿地层、空间分布特征及成矿时间。鄂西地区铅锌矿床主要赋存于震旦系、寒武系、奥陶系碳酸盐岩地层中,含矿岩石主要为白云岩。湘西地区的铅锌矿床主要赋存于寒武系、奥陶系碳酸盐岩地层中,含矿岩石主要为生物礁灰岩与白云岩。铅锌矿床的分布具有丛聚性、分带性、环绕台地边缘分布的特点。同时总结了扬子陆块东南缘铅锌矿床的地层控矿、岩性与岩相控矿、构造控矿规律,探讨了成矿物质来源、成矿流体的性质、成分及来源,揭示了有机质与铅锌成矿的关系,分析了铅锌矿搬运形式和驱动力、沉淀机制,指出硫来自于海相硫酸盐的还原作用,Pb、Zn 等成矿元素主要来源于下伏基底岩系,成矿流体大规模迁移的动力是构造驱动力,铅锌矿的沉淀与有机质密切相关。

三、结论

通过扬子陆块东南缘南华纪成锰盆地演化及成矿作用研究,总结了同沉积断裂控盆、控相、控矿规律,建立南华系锰矿成矿模式及预测模型,为华南锰矿勘查提供了新的思路；在理论和技术方法创新指导下,通过项目的实施,在桂中发现了石炭系最大锰矿,实现了锰矿找矿新突破。通过湘西-滇东地区锰矿资源潜力评价,摸清了锰矿资源潜力,明确了找矿方向,为华南地区锰矿资源基地建设提供了有力支撑。

在上扬子陆块东南缘扬子型铅锌矿床的形成时代、形成机理、成矿环境与时空分布规律等方面取得了重要新认识，系统总结了上扬子东南缘扬子型铅锌矿床的地层控矿、岩性与岩相控矿、构造控矿规律，探讨了成矿物质来源，成矿流体的性质、成分及来源，揭示了有机质与铅锌成矿的关系，分析了铅锌矿搬运形式和驱动力、沉淀机制，建立了扬子型铅锌矿两阶段成矿模式。

主要执笔人：段其发、张予杰、李朗田、曹亮、叶飞、陈旭、周云、喻必用、吴继兵、雷玉龙。

主要依托成果："湘西-滇东地区矿产地质调查""武陵山成矿带酉阳-天柱地质地质矿产调查"和"湘西-鄂西成矿带神农架-花垣地区地质矿产调查"。

主要完成单位：中国地质调查局武汉地质调查中心、中国地质调查局成都地质调查中心、中国冶金地质总局。

主要完成人：段其发、张予杰、李朗田、曹亮、陈旭、喻必用、周云、刘延年、雷玉龙、景良、肖明尧、吴继兵、江沙、刘虎、刘东升。

湘西-鄂西成矿带神农架-花垣地区地质矿产调查进展

段其发 曹亮 周云

中国地质调查局武汉地质调查中心

摘 要：通过基础地质调查和矿产地质调查，初步查明了扬子陆核区崆岭群的物质组成和时代，新发现古太古代地质体、中太古代绿岩带和约3.0Ga时期的变质事件，获得3.91Ga、3.45Ga的继承锆石年龄；在南华纪冰期地层中发现丰富的宏体藻类化石，重新厘定了庙河生物群化石产出层位，进一步丰富完善了南漳-远安动物群的分类系统，并识别出具有鸭嘴兽相似捕食方式的海生爬行动物；圈定了一批物化探异常，新发现矿（化）点87处、矿产地4处，提交找矿靶区18处。出版专著2部，科普读物1部，制作科普视频1部，发表论文87篇、科普文章2篇，信息报道11篇，专报1份；获批国家自然科学基金项目1项。通过3年的工作，湘西-鄂西成矿带的基础地质、矿产地质、古生物等领域的工作程度得到明显提高，为部分重要地质问题的深入研究、资源开发和生态环境保护提供了丰富的地质资料。

一、项目概况

"湘西-鄂西成矿带神农架-花垣地区地质矿产调查"为地质矿产资源及环境调查专项一级项目"公益性基础地质调查"下设的二级项目之一，工作周期为2016—2018年，由中国地质调查局武汉地质调查中心承担。项目的目标任务是以重要经济区、重要找矿远景区、关键地质问题区和典型矿集区为重点，以铅锌矿、锰矿等为主攻矿种，兼顾铜矿、锑矿、金矿和磷矿，通过1∶5万区域地质、矿产地质调查和综合研究，提高工作区基础地质、矿产地质工作程度，为找矿突破、生态环境保护等提供地质技术支撑，先后完成了1∶5万区域地质调查13 220 km²、1∶5万矿产地质调查2386 km²；提交1∶5万地质图47幅、矿产地质图23幅；编制了相关成果报告和1∶50万系列图件。

二、成果简介

工作区位于华南板块中部，北部以襄（樊）-广（济）断裂带为界与秦岭造山带相接，东南部以安化-溆浦-三江断裂带为界，与华南造山带相邻，西部大致以齐岳山断裂带为界与四川盆地分隔，东邻江汉-洞庭坳陷，包括扬子陆块和雪峰山造山带两个二级构造单元，大巴山前陆褶冲带、神农架-黄陵隆起、八面山陆内变形带和江汉-洞庭湖坳陷4个次级构造单元（图1）。

1. 基础地质调查进展

陆核区崆岭群的物质组成、形成时代及构造热事件等取得新进展。

1) 新发现古太古代TTG片麻岩

在崆岭杂岩北部林老爷河一带发现一套由英云闪长质片麻岩、奥长花岗质片麻岩、花岗闪长质片麻岩和二长花岗质片麻岩组成的地层（图2），该套岩石逆冲推覆于中太古代东冲河TTG片麻岩之上，受

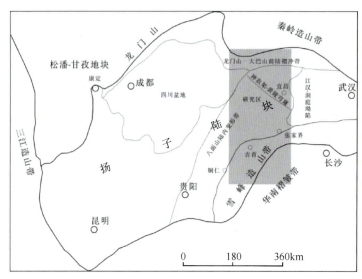

图1 湘西-鄂西地区大地构造分区简图

后期构造改造片理化强烈,并受到钾化等蚀变作用影响。锆石分析显示,奥长花岗质片麻岩、二长花岗质片麻岩中的锆石具有明显的震荡环带,显示岩浆岩的特点,部分锆石CL图像存在花斑,可能与后期构造-热事件有关。应用LA-ICP-MS锆石U-Pb定年方法,获得奥长花岗质片麻岩年龄为(3299±29)~(3285±20)Ma(图3),地质时代属古太古代,为陆核区发现最早的地质实体,本次将其命名为林老爷河片麻岩。

图2 古太古代TTG岩石外貌　　图3 奥长花岗质片麻岩锆石U-Pb谐和图

2) 厘定了中太古代斜长角闪岩,获得3.45Ga和3.91Ga等古老锆石年龄信息

在野马洞岩组下部斜长角闪岩(变质基性火山岩)(图4)中获得约3.0Ga的形成年龄(图5),属中太古代,并在其中发现3.45Ga具酸性岩浆成因结构特征的继承锆石和一颗古太古代继承锆石(3.91Ga),这是迄今为止扬子陆核区已知最老的锆石年龄数据,揭示扬子克拉通初始地壳可能在始太古代早期已经开始形成,在古太古代中期已初具规模,为限定地球早期陆壳形成和演化提供了重要资料。

图 4 中太古代变基性火山岩

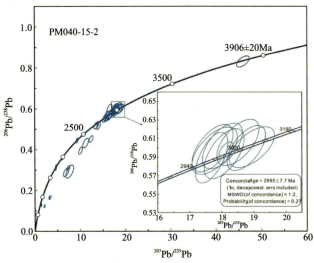

图 5 太古宙变基性火山岩锆石 U-Pb 谐和图

3) 新发现中太古代磁铁石英岩,同时获得 2.92Ga 的岩浆侵入事件和 2.88Ga 的变质事件年龄

据野外产状,条带状磁铁石英岩位于前述的中太古代斜长角闪岩之上,呈层状、透镜状产出(图6),可见 3～5 层,一般厚度为 5～15cm,最厚达 70cm,延长达百余米,磁铁矿含量 25%～50%。采用 LA-ICP-MS 锆石 U-Pb 法获得与磁铁石英岩共生的浅粒岩(变酸性火山岩)锆石年龄为 2.94Ga(图7),代表火山岩的形成时代;侵入该套岩石中的变质变形花岗岩脉年龄为 2.92Ga,同时获得变质锆石的年龄为 2.88Ga。

图 6 中太古代磁铁石英岩

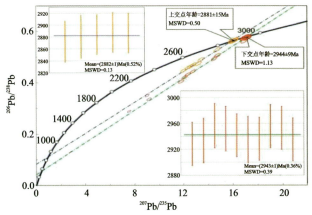

图 7 磁铁石英岩锆石 U-Pb 谐和图

4) 确认野马洞岩组属太古宙早期绿岩带的残留体,获得 3.0Ga 及 2.93Ga 变质年龄

在孔子河一带原中元古代孔子河岩组中识别出野马洞岩组,岩性为滑石透闪石片岩、透闪石片岩、变质细粒石英杂砂岩、变质含砂泥质粉砂岩、绿泥方解石钙质片岩等。滑石透闪石片岩和透闪石片岩多以包体形式产出(图8),原岩为玄武质科马提岩和科马提岩,MgO 含量 18%～28%,ΣREE 变化于 $(9.20～33.12)\times10^{-6}$,稀土配分模式与 E-MORB 特征相似,具绿岩带物质的地球化学特征。

图 8 野马洞组滑石透闪石片岩包体

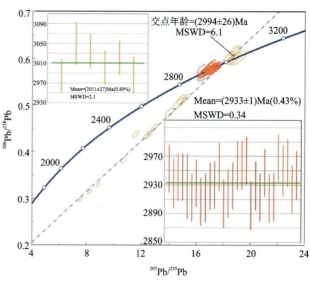

图 9 透闪石片岩中锆石 U-Pb 谐和图

透闪石片岩的锆石中普遍具有核-边结构,U-Pb 年龄为 3.0Ga 及 2.93Ga 两组(图 9),其中 3.0Ga 为具有核部的锆石年龄,阴极发光图像中颜色浅,为花斑状、云雾状(图 10),Th/U 值高,具重结晶锆石的结构特征,为早期变质事件的年龄记录。2.93Ga 年龄包括了核部锆石和增生边锆石,但核部锆石在阴极发光下颜色暗并具有震荡环带,结构上显示出有流体参与条件下的变质重结晶,使一些锆石具有很低的 Th/U 值(<0.1)。增生边锆石在阴极发光下结构均匀,具低的 Th/U 值(<0.1),代表了另一次构造热事件年龄记录,据此认为,该样品记录了 3.0Ga 和 2.93Ga 两期构造热事件,表明寄主岩石形成时代早于 3.0Ga,同时也暗示当时地壳已具有相当大的厚度。

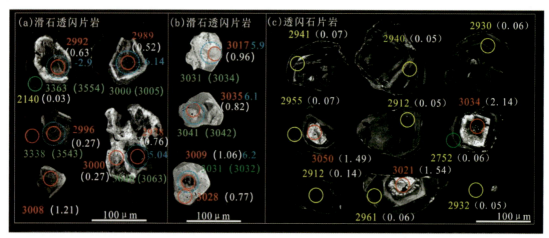

注:图中小圈为 U-Pb 年龄分析位置,大圈为 Hf 同位素分析位置,年龄为 $^{207}Pb/^{206}Pb$ 年龄,括号内白色数值为 Th/U 值。绿色数值代表 $T_{DM1}(Hf)$,括号内绿色数值代表 $T_{DM2}(Hf)$。蓝色数值代表 $\varepsilon_{Hf}(t)$,除绿色小圈为不谐和锆石外,其余均为谐和锆石。

图 10 野马洞岩组中代表性锆石 CL 图像及激光分析测试数据

5) 在东冲河 TTG 片麻岩中获得 2.94Ga 形成年龄和 2.88Ga 的混合岩化作用年龄

在东冲河 TTG 片麻岩中,呈条带产出的混合岩化钾长花岗岩的锆石 CL 影像呈面状分布图像显示,具有典型变质锆石特征,LA-CP-MS 锆石 U-Pb 约 2.88Ga,在误差范围内一致,可代表其混合岩化作用的年龄(图 11)。另一组上交点年龄 2.94Ga 代表东冲河片麻岩的成岩年龄。

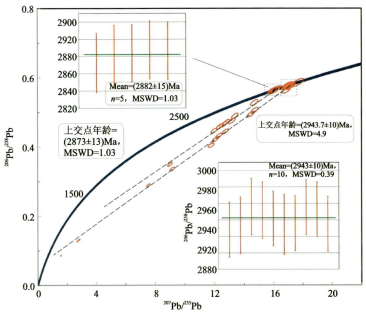

图 11　钾长花岗质条带状片麻岩中锆石 U-Pb 谐和图

6）解体了原黄凉河岩组，确定白竹坪火山岩形成于古元古代

将黄凉河岩组顶部的变粒岩、浅粒岩（变质火山岩岩组）独立划分出来，与力耳坪岩组一并归为构造混杂带的物质。

在黄陵背斜北缘白竹坪火山-次火山岩建造中，获得含石榴变质流纹斑岩（次流纹斑岩）和黑云二长变粒岩（变酸性晶屑凝灰岩），LA-ICP-MS 锆石 U-Pb 年龄分别为（1852±16）Ma 和（1856±24）Ma，同时获得（1959±11）Ma 围岩锆石年龄（图 12），确定该建造形成时代为古元古代，与华山观岩体、圈椅埫岩体、殷家坪基性岩脉等 Columbia 超大陆裂解事件记录基本同期。

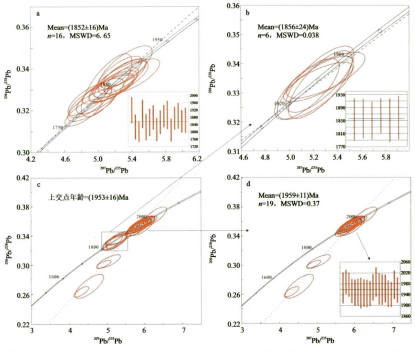

图 12　白竹坪流纹斑岩（a）与黑云二长变粒岩（b）及其围岩（c、d）锆石 U-Pb 谐和图

上述定年结果表明,在黄陵地区存在一套中太古代基性—超基性岩及其相关的沉积岩(碎屑岩、石英岩)组合和 2.94Ga 左右的 TTG 组合,共同组成花岗-绿岩带,初步确定其代表了与洋壳形成、板块俯冲拼贴有关的一套较完整的沉积-岩浆演化序列(图 13)。

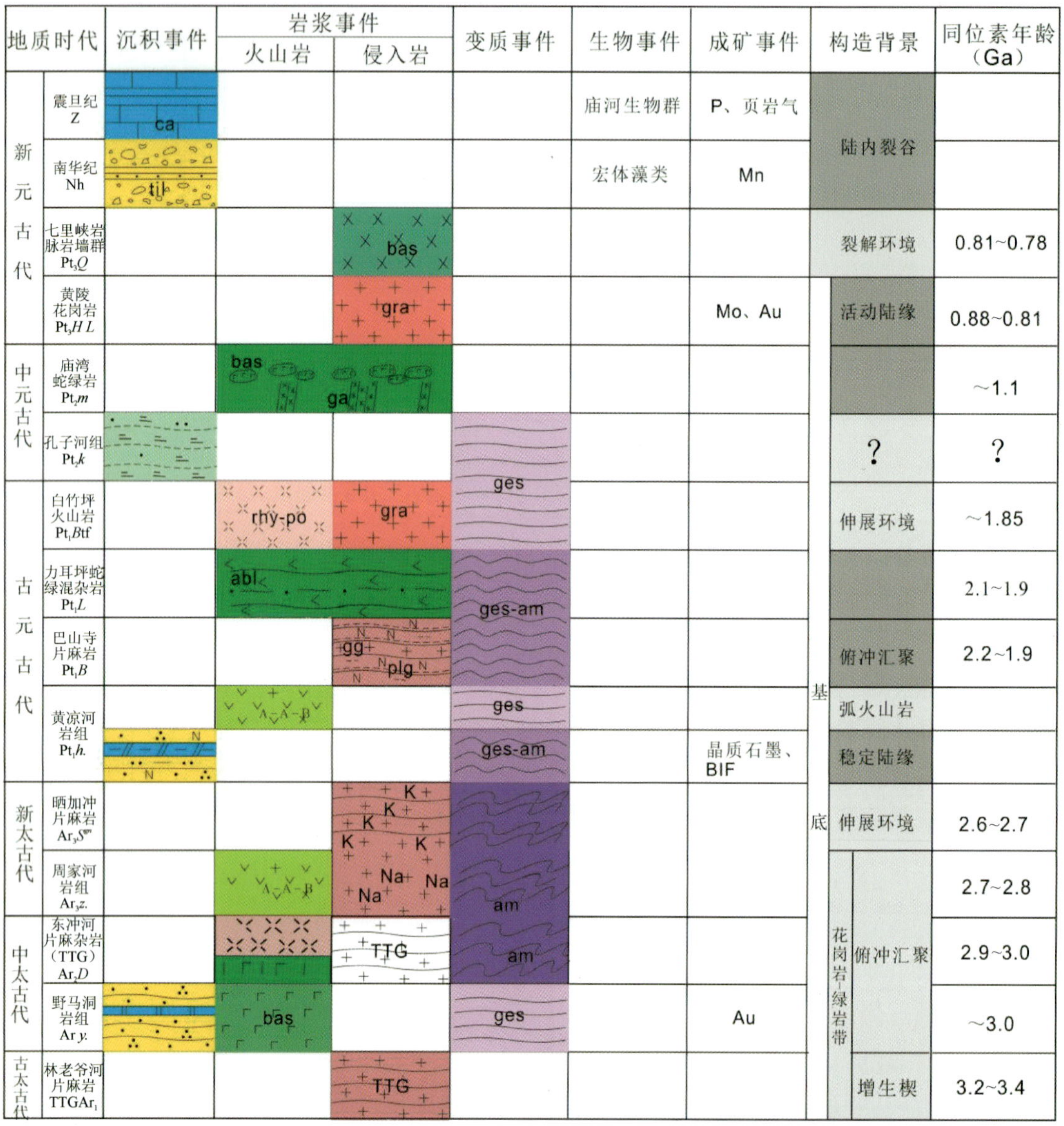

地质时代		沉积事件	岩浆事件		变质事件	生物事件	成矿事件	构造背景		同位素年龄(Ga)
			火山岩	侵入岩						
新元古代	震旦纪 Z	ca				庙河生物群	P、页岩气	陆内裂谷		
	南华纪 Nh	til				宏体藻类	Mn			
	七里峡岩脉岩墙群 Pt_3Q			bas				裂解环境		0.81~0.78
	黄陵花岗岩 Pt_3HL			gra			Mo、Au	活动陆缘		0.88~0.81
中元古代	庙湾蛇绿岩 Pt_2m		bas	ga						~1.1
	孔子河组 Pt_2k				ges			?		?
古元古代	白竹坪火山岩 Pt_1Btf		rhy-po	gra	ges			伸展环境		~1.85
	力耳坪蛇绿混杂岩 Pt_1L		abl		ges-am			俯冲汇聚	基	2.1~1.9
	巴山寺片麻岩 Pt_1B			gg plg						2.2~1.9
	黄凉河岩组 Pt_1h				ges			弧火山岩		
					ges-am		晶质石墨、BIF	稳定陆缘		
新太古代	晒加冲片麻岩 Ar_3S^m			K K K K				伸展环境	底	2.6~2.7
	周家河岩组 Ar_3z			Na Na	am				花岗岩绿岩带	2.7~2.8
中太古代	东冲河片麻杂岩(TTG) Ar_2D			TTG	am			俯冲汇聚		2.9~3.0
	野马洞岩组 Ar_2y		bas		ges		Au			~3.0
古太古代	林老爷河片麻岩 TTGAr_1			TTG				增生楔		3.2~3.4

图 13 扬子陆核区构造-岩浆-沉积演化序列

ges. 绿片岩相变质;am. 角闪岩相;gra. 花岗岩;gg. 花岗质片麻岩;plg. 斜长花岗岩;
rhy-po. 流纹质岩斑岩;bas. 基性岩;abl. 斜长角闪岩

2. 古生物化石新发现与研究进展

1) 南沱组宏体藻类碳质压膜化石新发现

化石产于神农架宋洛剖面南沱组下部的黑色碳质页岩中,已发现 2 个化石层位,其中下部厚 3~5m 的黑色页岩中化石较为丰富,成层出现,化石类型也相对较多;上部黑色页岩透镜体中化石数量少且类型单一,主要以圆盘状化石为主。通过研究,宋洛剖面南沱组宏体碳质压膜化石组合至少包括 5 种不同形态类群,分属于 8 个不同属种(图 14)。

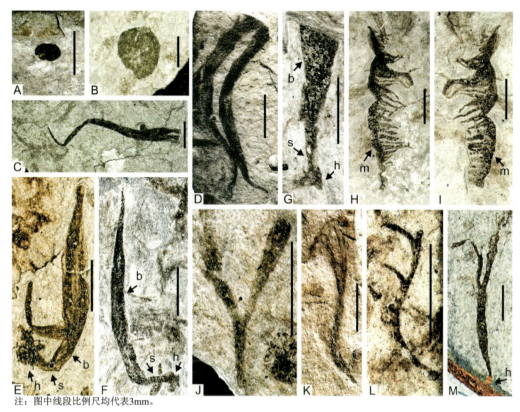

注：图中线段比例尺均代表3mm。

图14 宋洛剖面南沱组宏体碳质压膜化石组合典型代表

A-B. *Chuaria* sp.；C-D. 带状化石 *Vendotaenia*；E-F. 具有可能的固着器-叶柄-叶片分化特征的带状化石；G. *Baculiphyca*，具有须根状固着器、圆柱状叶柄和棒状叶片的分化特征；H-I. 似 *Parallelphyton* 的化石；J. *Konglingiphyton erecta*；K. *Enteromorphites siniansis*；L. 似 *Wenhuiphyton* 的一类单轴分枝状化石；M. *Enteromorphites* sp.，固着器被氧化呈红褐色；h. 固着器；s. 叶柄；b. 叶片；m. 主轴

化石组合中不仅包括一些形态简单、延续时间较长的化石类型（如 *Chuaria* 和 *Vendotaenia*），而且包括一些形态复杂、被解释为底栖固着生活的宏体藻类化石。尽管圆盘状、带状化石在成冰纪之前就有报道，但底栖类的棒状化石、二歧分枝和假单轴分枝类型化石却是最先在成冰纪发现并报道。也就是说，尽管底栖宏体化石在埃迪卡拉纪（震旦纪）发生辐射，但至少一些形态类型已经在成冰纪或者更早就开始孕育了。

2）庙河生物群化石重要进展

庙河生物群为研究早期多细胞生命起源和演化提供了重要素材，自发现以来的30多年里，除在黄陵西缘的庙河村发现外，从未在黄陵地区距离不远的其他相当地层中找到过，不禁让人思考是否这些化石的环境、生态、埋藏条件限制了它们的分布。

近年来，本项目先后在神农架-黄陵周缘地区埃迪卡拉纪（震旦纪）地层新发现多个宏体碳质压膜化石组合，包括芝麻坪、乡儿湾、廖家沟、麻溪、三里荒、莲花观等地，目前已经发现16属21种（包括1个新属3个新种）（图15）。

从化石组合特征来看，麻溪、三里荒和芝麻坪化石组合与庙河村化石组合可以进行对比，表明上述具宏体化石的庙河段是等时的，它们在区域上可以进行对比。

3）远安-南漳动物群

南漳-远安动物群是指分布在湖北省南漳县和远安县两县交界地区下三叠统嘉陵江组二段顶部，以早期海生爬行动物为特色的动物群落，是继华南早三叠世巢湖龙动物群、中三叠世安尼期盘县-罗平动

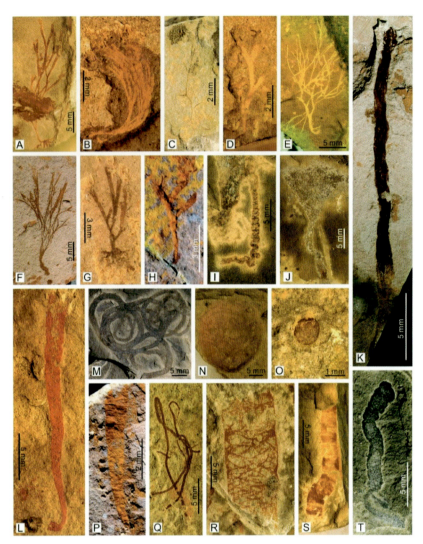

图 15 麻溪庙河生物群化石

A. *Doushantuophyton lineare*；B. *Doushantuophyton cometa*；C. *Doushantuophyton quyuani*；D. *Doushantuophyton? Laticladus*；E. *Enteromorphites siniansis*；F. *Maxiphyton stipitatum*；G. *Konglingiphyton erect*；H. *Konglingiphyton? Laterale*；I. *Megaspirellus houi*；J. *Longifuniculum dissolutum*；K. *Liulingjitaenia alloplecta*；L. *Baculiphyca taeniata*；M. *Grypania spiralis*；N. *Beltanelliformis brunsae*；O. *Chuaria circularis*；P. *Protoconites minor*；Q. *Sinocylindra yunnanensis*；R. *Sinospongia chenjunyuani*；S. *Sinospongia typical*；T. *Jiuqunaoella simplicis*

物群、中三叠世拉丁期兴义动物群和晚三叠世卡尼期关岭生物群之后，又一海生爬行动物群落。这些海生爬行动物群落构成了全球最为连续的三叠纪海生爬行动物群落，对研究中生代海生爬行动物的起源与演化具有举足轻重的科学意义。

南漳-远安动物群中的生物门类极为单一，除了丰富的湖北鳄类以及少量的始鳍龙类、龙龟类和鱼龙类化石外，目前只发现了少量的藻类和极少量的牙形刺动物化石。

4）新发现原始的鳍龙类、最早的龙龟类

将新发现的鳍龙类命名为襄楚龙（*Chusaurus xiangensis* gen. et. sp. nov.）（图16），属于小型的始鳍龙类新属种，与欧美地区的肿肋龙较为相似。它的特点是背椎的神经棘极低，手掌和脚掌收拢，指（趾）节宽短。该新属种的发现不仅丰富了早三叠世鳍龙类分类，而且能够为鳍龙类系统演化提供重要线索。

图 16　襄楚龙正型标本

新发现并命名的卞氏瘤棘龙 Tuberospina biani gen. et. sp. nov.(图 17),对其骨骼特征研究后认为,它是一类新的海生爬行动物类型,时代为早三叠世奥伦尼克期,为最早的龙龟类。龙龟类是一类极为神秘的海生爬行动物,目前发现甚少,且均产于中三叠世。

图 17　卞氏瘤棘龙正型标本

瘤棘龙具有与龙龟类相似的特征,不仅是因为其时代远早于目前发现的龙龟类,而且还因为瘤棘龙具有背部不发育硬骨化骨板,背椎横突短及背肋没有增宽等原始特征,所以瘤棘龙可能代表着更为原始的龙龟类,可能为龙龟类在海生爬行动物中的系统发育关系提供更多信息。

此外,还发现了迄今为止最大的湖北鳄类化石(图 18),该标本为研究湖北鳄的个体发育及系统分类提供重要证据,为南漳湖北鳄研究提供了新材料。

图 18　最大的湖北鳄类化石

5)发现具有与鸭嘴兽相似捕食方式的卡洛董氏扇桨龙

卡洛董氏扇桨龙是神秘的湖北鳄目中继孙氏南漳龙、南漳湖北鳄、细长似湖北鳄和短颈始湖北鳄之后又一个新属种。它的身体呈长桶状,头骨两侧缘近平行;吻部较短(图 19)。它的头骨小,约为湖北鳄的一半,吻部短而宽,侧缘发育纵向凹槽,一直延伸至眼眶前缘,在中线位置发育一巨大的椭圆形间隙,两前上颌骨前端未接触,与现生的鸭嘴兽吻部类似。眼眶由泪骨、前额骨、额骨、后额骨、眶后骨和轭骨围成,与其他湖北鳄类类似,但据眼眶相对身体的比例而言,其眼眶是湖北鳄类中最小的,代表了最早的具有极小眼睛的羊膜卵动物。

图 19　卡洛董氏扇桨龙化石标本

结合卡洛董氏扇桨龙头骨与现生鸭嘴兽具有大量相似的结构,推测它可能具有在弱光条件下捕食的能力,并具有与鸭嘴兽一样的盲感应捕食能力,显示了一类全新的靠触觉而非视觉探测食物的方式。

3. 江汉-洞庭盆地西缘第四纪地质调查与进展

1) 厘定了江汉-洞庭盆地西缘第四系岩石地层格架

从白垩纪以来江汉盆地和洞庭盆地是在统一的区域构造背景下形成的,二者的沉积体组成和演化过程也大致相似。本次工作认为广泛分布的网纹红土可能为洪水沉积的产物,其与下伏砾石层(宜昌砾石层、白沙井砾石层、常德砾石层、阳逻砾石层等)呈不整合接触,据此重新厘定了江汉-洞庭盆地西缘第四系岩石地层格架(表1)。

表 1　江汉-洞庭盆地第四纪地层划分对比方案

地层时代	江汉盆地周缘			洞庭盆地周缘		
	抬升区	凹陷区	抬升区	凹陷区		抬升区
	盆地西部	盆地内部	盆地东部	平原区		盆地周缘
Qh	平原组	平原组	平原组	河漫滩、边滩沉积等		冲积层
Qp_3	宜都组/古老背组	云梦组/沙湖组	宜都组/青山组	坡头组		白水江组
Qp_2	善溪窑组	江汉组	王家店组			马王堆组
				洞庭湖组		白沙井砾石层
Qp_1	云池组	东荆河组	阳逻组	汨罗组		常德砾石层
	//////		//////		华田组	//////

2) 开展了第四系高分辨率层序地层研究

在识别出研究层段短期、中期、长期旋回的基础上,以中期旋回作为层序对比的基础,建立了下更新统高分辨率层序地层对比格架,并对格架内沉积体展布规律进行了分析(图20)。

3) 获得完整的第四纪磁性地层剖面

根据磁倾角变化曲线,钻孔 CZ04 记录的地磁极性事件与标准极性柱具有很好的可比性(图21),孔深 0~85.88m 对应容正极性带,并可识别出 Black、Laschamp 和 Gothenburg 等短期磁性事件,B/M 界线位于 85.88m 处,孔深 85.88~201.13m 段对应松山负极性带,其中可识别出贾拉米洛、奥杜威和留尼汪正极性亚时。

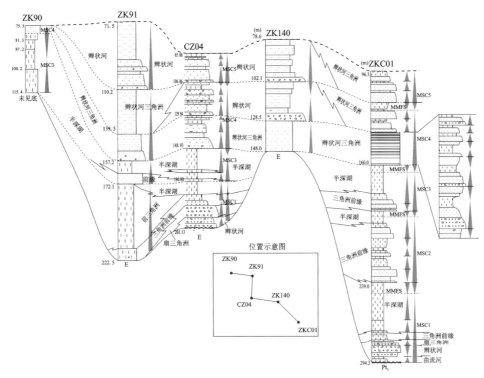

图 20　安乡凹陷北西-南东向第四系层序地层对比格架

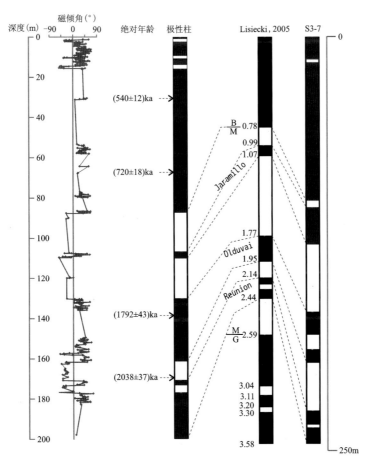

图 21　钻孔 CZ04 古地磁年代划分及对比图

（标准极性柱根据 Lisiecki, 2005）

(4) 探讨了中更新世—上更新世的植被类型和气候演化

在安乡凹陷钻孔 CZ04 剖面第四系获得丰富的孢粉化石,从下往上木本植物花粉属种比较丰富,草本植物花粉及蕨类植物孢子属种则较少。木本植物花粉 39 个属种,草本植物花粉 34 科属,蕨类植物孢子 9 科属。据孢粉组合特征,自下而上可划分为 16 个孢粉组合带(表 2)。

表 2　钻孔 CZ04 岩心孢粉组合反映的第四纪古气候信息

时代		层位	孢粉反映气候信息	磁化率气候信息	孢粉气候(柏道远,2010)	CIA 气候信息类型	
						(柏道远,2010)	(杨怀仁等,1980)
全新世		全新统湖冲积	温湿偏干(ⅩⅥ)	温湿	暖稍干(ⅩⅥ)	复杂,总体温温—暖湿	冷干→温干→暖湿→温干→凉湿
					暖稍湿(ⅩⅤ)		
晚更新世	晚期	坡头组上部	暖湿(ⅩⅤ)	温湿—寒冷	温较湿(ⅩⅣ)	温湿	温湿
	早期	坡头组中部	冷湿(ⅩⅣ)	寒冷	(寒冷)	寒冷	寒冷
中更新世	晚期	坡头组下部	湿热(ⅩⅢ)	湿热	(湿热化或网纹化)	暖湿	湿热
		洞庭湖组上段上部(无样品)	(冷干)				
	中期	洞庭湖组上段中部	湿热(ⅩⅡ)	冷干—温湿	暖稍湿(ⅩⅢ)	冷干—温湿	
		洞庭湖组上段下部(无样品)	(冷干)				
		洞庭湖组中段上部	暖湿(ⅩⅠ)	暖湿夹冷干		暖湿	
		洞庭湖组中段下部—下段上部(无样品)	(冷干)				
	早期	洞庭湖组下段中部	暖湿(Ⅹ)	冷干夹暖湿	无样品	冷干	寒冷
		洞庭湖组下段中部	温干偏湿(Ⅸ)				
		洞庭湖组下部(无样品)	(冷干)				
早更新世	晚期	汨罗组上段上部	暖湿(Ⅷ)	暖湿	暖较湿(ⅩⅠ,ⅩⅡ)	暖湿	温暖
		汨罗组上段下部	凉干(Ⅶ)	凉干			
		汨罗组中段上部	温湿(Ⅵ)	湿热			
		汨罗组中段下部(无样品)	(冷干)	冷干	较冷干间温湿(Ⅷ~Ⅹ)	冷干	冷
		汨罗组下段上部	暖干(Ⅴ)	暖湿			
		汨罗组下段下部(无样品)	(冷干)	冷干			
	早期	华田组上段上部	暖湿(Ⅳ)	温湿	暖湿间凉干(Ⅵ,Ⅶ)	暖湿	温暖
		华田组上段下部	温湿—凉湿(Ⅲ)	温湿夹暖湿			
		华田组下段上部	暖干(Ⅱ)	暖干	凉干(Ⅲ~Ⅴ)	冷干	冷
		华田组下段中部	温干(Ⅰ)	温干			
		华田组下段下部(无样品)	(冷干)	无样品	无样品		

4. 对地质构造变形特征进行了系统的分析总结,划分了变形期次

1) 在鄂西地区划分了7次构造变形期次,对侏罗纪以来的地壳隆升进行了研究

鄂西地区总体以发育北东向和北北东向褶皱与同方向的断裂构造构为特征,通过构造变形特征和构造应力场分析,认为该区至少经历7次构造变形。磷灰石裂变径迹模拟结果显示,早侏罗世(187.4~180.1Ma)、白垩纪晚期(115.6~78.8Ma)缓慢隆升并遭受剥蚀,前者导致九里岗组与桐竹园组之间的平行不整合;侏罗纪中晚期至早白垩世(180.1~115.6Ma)、白垩纪末至古近纪初(78.8~63.6Ma)发生区域沉降,并接受陆相碎屑沉积;63.6Ma之后,总体处于大幅度构造隆升状态,但2.6Ma后的第四纪开始有小幅沉降;晚侏罗世末,地壳缩短量为22.15km,缩短速率为1.11mm/a;早白垩世缩短量为3.1km,缩短速率为0.14mm/a;晚白垩世伸展量为1.1km,伸展速率为0.07mm/a。

2) 初步查明了湘西地区逆冲推覆构造的空间分布和变形特征

选择具有代表性的永顺-泽家逆冲推覆构造开展了系统调查,该逆冲推覆构造北起永顺县大明乡,往南西方向经飞涯角、凉水井,延伸至保靖县斗篷山一带,总体走向北东-南西向,全长约48km。在逆冲推覆构造的前锋断层沿线,寒武系及奥陶系向北西逆冲推覆于奥陶系及志留系之上,形成规模不等的串珠状排列的飞来峰与构造窗。由北东往南西估计运移量分别为4km、1.6km、3.2km、3.2km、1.6km、<100m,总体上推覆距离存在递减趋势。根据卷入逆冲推覆构造的地层变新方向和伴生、派生构造判断,该逆冲推覆构造的上盘是由南东向北西方向仰冲的,主压应力方向为南东→北西向,是慈利-张家界-保靖断裂带中生代以来继生性活动的产物。

5. 资源环境调查进展

(1) 圈定1:5万水系沉积物综合异常266处,新发现矿(化)点87个,提交找矿靶区18处、矿产地4处,为后续矿产勘查提供了丰富的找矿信息。

(2) 对扬子型铅锌矿和大塘坡式锰矿的时空分布、同位素地球化学特征、成矿流体、成矿条件、富集规律等进行了系统总结,取得了一系列新成果。

(3) 对区内重要页岩气赋存层位的空间分布、物性特征和总有机炭含量进行调查研究,初步总结了其时空分布规律。

(4) 划分了4个Ⅲ级远景区、13个Ⅳ级远景区、11个Ⅴ级远景区(矿集区),圈定了70个综合预测区,在重要矿集区开展了资源环境综合评价。编制了1:50万湘西-鄂西成矿带铅锌多金属矿成矿规律图和重要矿产成矿预测图。

(5) 开展了地质灾害调查,对区内地质灾害分布规律进行了初步总结,为防灾减灾提供了基础支撑。

6. 理论方法和技术进步

(1) 提出上扬子陆块东南缘铅锌矿(扬子型)形成于伸展构造背景、矿床受台地边缘生物礁(或浅滩)相控制的新认识,建立了扬子陆块东南缘铅锌矿两阶段成矿模式。

(2) 在新元古代冰期地层中新发现宏体多细胞藻类化石,新发现多处庙河生物群化石点,为地史早期生命起源与演化、"雪球地球"的研究提供了新材料。在南漳-远安动物群中新发现最早的具有盲感应捕食能力动物化石,显示早三叠世海生爬行动物中一种生态类型。该成果已在《自然》杂志的子刊《科学报告》上发表,美国生命科学网随后进行了跟踪报道,中央电视台等国内主流媒体也均作了报道。

(3) 利用单个流体包裹体及矿物微区分析方法研究了铅锌矿床成矿过程;开展了闪锌矿Rb-Sr定年方法研究,编写了《闪锌矿铷-锶体系同位素年龄热电离质谱法》,进一步优化了方解石Sm-Nd分析流程。

三、成果意义

本次地质矿产调查成果显著提高了湘西-鄂西成矿带的基础地质、矿产地质工作程度,为当地经济发展规划与建设、矿产资源开发和生态环境保护等提供了基础地质资料支撑;为早期地壳形成演化、生命起源、中生代大型海生爬行动物快速复苏的研究提供了丰富的地质信息;有效引领地方勘查基金和商业性矿产勘查投入,支撑了找矿突破战略行动;加强了地质矿产调查成果的综合集成和理论提升,促进了地质科技创新;建立了地质调查成果数据库,实现地质资料信息基于"地质云"的共享服务。

(1) 通过开展鄂西恩施地区富硒岩石中 Cd、As 等元素的调查,为该区富硒农业地质调查提供了基础地质资料,为地方经济建设提供了技术服务。

(2) 以本项目新发现的矿点和圈定的找矿靶为依据,引领地方资金投入 3382 万元,获国家自然科学基金项目 1 项。

(3) 组织开展了 3 次科普教育活动,发表科普论文 2 篇,出版科普读物 1 部,制作科普视频 1 部。联合建设古生物野外研究基地 1 个。

(4) 发表论文 87 篇,其中 SCI 检索 14 篇,EI 检索 15 篇,中文核心期刊 24 篇,出版专著 2 部,编写通讯报道 11 篇、专报 1 份,"1∶5 万建始县幅"获 2018 年度全国区域地质调查优秀图幅。

段其发(1966—),博士,教授级高级工程师。自 1987 年以来一直在中国地质调查局武汉地质调查中心工作。在工作过程中,作为项目负责人统筹部署,抓住关键地质矿产问题,细化落实各项工作任务,及时将新理论、新技术方法应用到工作,创新工作方式,及时对工作进展进行归纳总结。

武当-桐柏-大别成矿带武当-随枣地区地质矿产调查进展

彭练红 彭三国 邓新

中国地质调查局武汉地质调查中心

摘 要：通过开展1∶5万区域地质调查、1∶5万矿产地质调查及专题跟踪研究，系统清理了武当-随枣地区地层系统、总结了该区地质构造演化的基本过程、建立了该区时间-空间-物质（成岩、成矿）格架，编制了系列图件。同时，指出了该区存在的主要基础地质、矿产地质问题。圈定各类物化探异常125处，新发现矿（化）点46处，提交了找矿靶区15处，新发现矿产地5处，强力拉动省地勘基金跟进投入。开展了资源潜力-技术利用-环境评价"三位一体"综合地质调查工作。开展了科普活动、出版了科普读物，普及了中央造山带的形成及其相关矿产分布情况；总结了武汉城市圈咸宁地区地形地貌及稳定性等。出版专著2部，专辑1部，发表学术论文39篇（其中10篇国际SCI，3篇国内SCI，7篇国内EI）。

一、项目概况

"武当-桐柏-大别成矿带武当-随枣地区地质矿产调查"二级项目于2016年由中国地质调查局下达实施，实施周期为2016—2018年，承担单位为中国地质调查局武汉地质调查中心，参加单位有湖北省地质调查院、湖北省第六地质大队、湖北省第八地质大队及中国地质大学（武汉）等。项目所属计划/一级项目为"公益性基础地质调查"，所属工程为"扬子陆块及周缘地质矿产调查"。

项目总体目标任务：以金、铌-稀土、银、铜为主攻矿种，实现竹山-竹溪地区铌-稀土、随枣-大别地区金等找矿突破，支撑找矿突破战略行动。在武当、随州-大悟、大洪山等重点地区开展1∶5万地质矿产调查，初步查明武当-桐柏-大别成矿带区域地质背景、含矿建造构造特征、成矿规律及找矿方向，优选找矿远景区；取得造山带地质新认识；开展重要找矿远景区矿产资源潜力动态评价。厘定扬子陆块北缘岩石地层系列、岩浆活动及构造格局；研究桐柏-大别地区金银矿成矿地质背景、成矿时限与成因，建立成矿模式与找矿模型；深化造山带构造演化过程与成矿作用间耦合关系的认识。提交找矿靶区8～10处，新发现矿产地1～2处；提交31幅1∶5万基础地质图件。

二、成果简介

1. 找矿进展

（1）新发现矿（化）点。2016—2018年，共新发现各类矿（化）点44处，其中钨金银15处、铌钽稀土4处、铜7处、铅锌5处、萤石4处、石墨2处、钼4处、钒-铁3处。

（2）找矿靶区。共提交找矿靶区15处，其中铌钽-稀土3处、铜1处、钨2处、金4处、萤石1处、晶质石墨1处、钼2处等。

（3）矿产地。新发现矿产地 5 处，分别为"三稀"矿产地 3 处、白钨矿矿产地 1 处（中型），黑钨矿矿产地 1 处（小型）（表 1）。

表 1　武当-桐柏-大别成矿带 2016—2018 年度新发现矿产地一览表

序号	矿产地名称	矿种与类型	见矿情况	资源储量
1	湖北省竹山县土地岭铌钽矿	铌钽矿；火山岩型	初步圈定铌钽矿体 2 处，铌矿体 2 处。 NbTaⅠ矿体：厚度 67.83m，长约 800m，Ta_2O_5 平均品位 0.02%，Nb_2O_5 平均品位 0.28%。 NbTaⅡ矿体：厚度大于 26.88m，长约 500m，Ta_2O_5 平均含量 0.01%，Nb_2O_5 平均含量 0.147%。 NbⅢ矿体：厚度大于 28.5m，长约 1200m，向北陡倾，$(Ta,Nb)_2O_5$ 平均品位 0.084%。 NbⅣ矿体：厚 31m，长约 300m，$(Ta,Nb)_2O_5$ 平均品位 0.081%	初步估算（334）资源量 Nb_2O_5 13 996t，Ta_2O_5 920t，具中型规模，找矿工作仍在继续，资源量有望大突破，具大型—超大型铌钽矿资源潜力
2	湖北省竹山县南沟寨铌钽矿产地	铌钽矿；火山岩型	圈定 2 处矿体。其中Ⅰ号矿体由 3 个探槽控制，长约 2000m，厚 38.65m，$(Ta,Nb)_2O_5$ 含量 0.072%~0.1%。矿体东段南侧与围岩接触部位发现一层铌钽矿体，经 TTC9 揭露控制，铌钽矿体厚 3.96m，Nb_2O_5 含量 0.376%，Ta_2O_5 含量 0.02%	初步估算Ⅰ号矿体（334）资源量 Nb_2O_5 25 687.4t，Ta_2O_5 70.24×10^4t，具中型铌钽矿资源规模
3	湖北省竹山县文家湾铌钽矿产地	铌钽矿；火山岩型	初步圈定 4 处铌（钽）矿体。 Ⅰ号矿体：长 800m，厚度 17.91~31.44m。 Ⅱ号矿体：长 670m，厚度 51.8~55.02m。 Ⅳ号矿体：矿体长约 1100m，总体产状 150°∠70°，厚度 24.97~40.81m。平均品位 Nb_2O_5：0.12%，Ta_2O_5：0.006%	初步估算Ⅰ、Ⅱ、Ⅳ号矿体（334）资源量 Nb_2O_5 25 771.95t，伴生 Ta_2O_5 1 104.71t，具中型铌钽矿规模的潜力
4	湖北省麻城市两路口白钨矿	钨矿；构造热液型	钨矿体 2 条，Ⅰ号主矿体呈近东西向展布，矿体长度已达 1500m，控制矿体斜深达 480m，矿体厚度 1.10~10.30m，矿体品位 WO_3：0.08%~0.38%，平均品位 WO_3：0.16%。 Ⅱ号矿体长度达 1500m，厚度 1.00~3.04m，矿体品位 WO_3：0.08%~0.38%，平均品位 WO_3：0.18%	Ⅰ号矿体 WO_3（333+334）氧化物量达 1.112×10^4t；Ⅱ号矿体 WO_3（333+334）氧化物量达 2 959.48×10^4t；达中型钨矿规模
5	王家台金银钨多金属矿	金银钨矿；蚀变岩-脉型	初步圈定矿体 6 条，长 80~300m，宽 0.21~1.09m，含矿岩石主要为蚀变岩和含黑钨矿石英脉。矿体品位：Au(1.62~26.3)×10^{-6}；Ag(26.1~800)×10^{-6}；WO_3 0.24%~7.39%	（334_1）WO_3 资源量 5485t，伴生 Ag 资源量 29.25t，达小型钨矿规模

2. 主要矿种调查进展与矿产地概况

武当-桐柏-大别成矿带"三稀"矿产资源成矿条件优越,"三稀"矿产点多面广,矿床成因类型多样,找矿潜力巨大。2016—2018年武当-桐柏-大别成矿带新发现"三稀"矿(化)点4处,圈定"三稀"找矿靶区2处,并提交3处矿产地,找矿成果丰硕,引领湖北省地勘基金等资金及时跟进勘查,鄂西北国家级铌钽-稀土矿后备资源基地得以夯实。

土地岭铌钽矿矿产地:土地岭铌钽矿主要赋存于粗面质碱性火山岩中,矿化体近东西—北西西向展布,呈似层状、脉状、透镜状产出,产状较稳定,矿化体的产出严格局限于碱性火山岩内(粗面质熔岩、粗面质火山碎屑岩),与矿化体接触的含碳粉砂质绢云板岩、碳(硅)质板岩、含铁质黏土质微晶灰岩等围岩中无矿化显示。目前工作程度在区内共圈定铌钽矿体2处、铌矿体2处、铌钽矿(化)体2处。各矿体控制工程及矿体特征见表2。

表2 土地岭铌钽矿矿产地控制工程及特征一览表

主矿体编号	分矿体编号	控制工程	平均品位/% Nb_2O_5	平均品位/% Ta_2O_5	矿体真厚度/m	矿体特征
NbTaⅠ	NbⅠ2	TBT12	0.086	—	35.38	主矿体呈北西西向展布,长2050m。根据样品结果分为3个分矿体,其中NbTaⅠ1号矿体长1345m,由3个工程控制,矿体真厚度1.94~64.70m,Nb_2O_5含量0.161%~0.209%,Ta_2O_5含量0.011%~0.014%
	NbⅠ3	TBT10	0.098	—	1.98	
	NbTaⅠ1		0.161	0.011	1.94	
	NbⅠ2		0.086	—	37.69	
	NbTaⅠ1	TTC08	0.179	0.012	64.70	
		TTC16	0.209	0.014	19.56	
NbTaⅡ	NbTaⅡ1	TTC14	0.192	0.013	6.85	根据样品结果和矿石类型分为5个分矿体,其中NbTaⅡ1号矿体长380m,由2个工程控制,矿体真厚度5.55~6.85m,Nb_2O_5含量0.161%~0.192%,Ta_2O_5含量0.010%~0.013%。NbTaⅡ2号矿体长380m,由2个工程控制,矿体真厚度9.56~22.80m,Nb_2O_5含量0.150%~0.159%,Ta_2O_5含量0.010%~0.011%
	NbTaⅡ2		0.159	0.011	9.56	
	NbⅢ	YK1	0.165	—	2.22	
	NbTaⅡ1		0.161	0.010	5.55	
	NbⅣ		0.145	—	5.18	
	NbTaⅡ2		0.150	0.010	22.80	
	NbⅤ		0.109	—	1.14	
NbⅢ	—	TTC02	0.083		25.97	矿体呈近东西展布,长1100m,由2个工程控制,矿体真厚度25.97~29.30m,Nb_2O_5含量0.081%~0.083%
		TTC3	0.081		29.30	
NbⅣ	—	TTC04	0.094	—	40.20	矿体呈北西向展布,长460m,为单工程控制,矿体真厚度40.20m,Nb_2O_5含量0.094%
Nb(Ta)Ⅴ	—	TTC20	0.086	0.005	99.90	矿体呈北西西向展布,长3026m,由3个工程控制,矿体真厚度50.74~99.90m,Nb_2O_5含量0.082%~0.107%,钽矿化较普遍,Ta_2O_5局部含量达边界品位0.008%
		TTC22	0.082	0.004	96.74	
		TTC24	0.107	0.004	50.74	
Nb(Ta)Ⅵ	—	TBT18	0.147	0.005	18.99	矿体呈北西西向展布,长500m,由单工程控制,矿体真厚度18.99m,Nb_2O_5含量0.147%,钽矿化较普遍,Ta_2O_5含量0.005%~0.006%

3. 建立了武当-随枣地区新元古代地质构造过程时空结构

本项目建立的武当-随枣地区新元古代地质构造过程时空结构如图 1 所示。

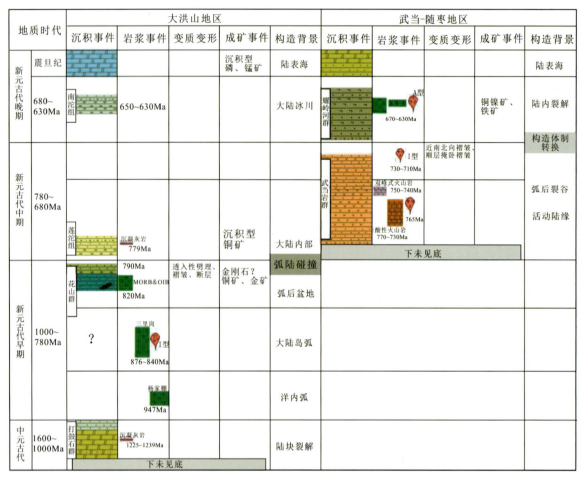

图 1　武当-随枣地区新元古代地质构造过程时空结构图

4. "三位一体"综合地质调查成果

鄂西北地区"三稀"矿产资源丰富,已探明庙垭、天宝、杀熊洞、南沟寨、土地岭、蒋家堰、黑虎寨等多个大型—超大型铌钽-稀土矿产,开展了资源潜力-技术利用-环境评价"三位一体"综合地质调查,助力了鄂西北国家级铌钽-稀土矿后备资源基地建设。

5. 清理了武当-随枣地区地层系统,总结了该区地质构造演化的基本过程

通过开展1:5万区域地质调查、1:5万矿产地质调查及专题跟踪研究,系统清理了武当-随枣地区地层系统(图2),总结了该区地质构造演化的基本过程,建立了该区时间-空间-物质(成岩、成矿)格架,编制了系列图件。同时,指出了该区存在的主要基础地质、矿产地质问题。

地层分区			南秦岭地层区				扬子地层区
地质年代			随州-枣阳小区	郧县-郧西小区	武当小区	兵防街小区	
代	纪	世					
古生代	三叠纪	早—晚三叠世					
		早三叠世					嘉陵江组
							大冶组
	二叠纪	晚二叠世					吴家坪组
		中二叠世					龙潭组
							茅口组
							栖霞组
							梁山组
		早二叠世			羊山组		黄龙组
	石炭纪	晚石炭世		三关垭组	四峡口组		大埔组
		早石炭世		梁沟组	袁家沟组		
				下集组			
	泥盆纪	晚泥盆世		葫芦山组	铁山组		
				王冠沟组			黄家磜组
				白山沟组	星红铺组		
		中泥盆世			古道岭组		云台观组
					大枫沟组		
					石家沟组		
		早泥盆世			公馆组		
					西岔河组		
	志留纪	中-顶志留世				五峡河组	
		早志留世	雷公尖组	张湾组	竹溪组	陡山沟组	纱帽组
					梅子垭组	白崖垭组	罗惹坪组
					大贵坪组	斑鸠关组	龙马溪组
	奥陶纪	晚奥陶世	兰家畈组	蛮子营组			五峰组
							临湘组
							宝塔组
		中奥陶世	高家湾组	蚌蛐组			牯牛潭组
							大湾组
		早奥陶世		石瓮子组	竹山组	权河口组	红花园组	钟祥组
							南津关组	温峡口组
				孟川组		高桥组	
	寒武纪	晚寒武世	立秋湾组			黑水河组	娄山关组
		中寒武世		岳家坪组		八卦庙组	覃家庙组
		早寒武世	双尖山组			毛坝关组	石龙洞组
						箭竹坝组	天河板组
			庄子沟组	庄子沟组	庄子沟组	庄子沟组	石牌组
		底寒武世	杨家堡组	杨家堡组	杨家堡组	杨家堡组	刘家坡组
							灯影组
震旦纪		晚震旦世	灯影组	灯影组	霍河组	霍河组	
		早震旦世	陡山沱组	陡山沱组	江西沟组	江西沟组	陡山沱组
南华纪		晚南华世					南沱组
		中南华世	耀岭河组	耀岭河组	耀岭河组	耀岭河组	
		早南华世					莲沱组
青白口纪		晚青白口世	武当群	双台组	武当群	拦鱼河组	武当群	拦鱼河组	武当群	拦鱼河组	土门岩组
						双台组		双台组		双台组	洪山寺岩组
		早青白口世		杨坪组		杨坪组		杨坪组		杨坪组	六房岩组
											绿林寨岩组
中元古代								太阳寺岩组
								打鼓石岩群 罗汉岭岩组
								洪山河岩组
								当铺岭岩组
								筱泉湾岩组
								斋公岩岩组
古元古代								
新太古代				陡岭岩群				

图 2 武当-桐柏-大别成矿带武当-随枣地区太古宙—三叠纪地层划分与对比表

6. 古生物学与地层学方面进展

（1）对调查区各岩石地层进行了重新清理，建立了地层格架，按时代划分了地层分区，进行了区域地层对比。

（2）在扬子北缘钟祥地区发现了早奥陶世对笔石化石，兼具太平洋（北美型）和大西洋生物区系（欧洲型）特征，是连接两大生物区系的纽带和桥梁。

（3）对花山群进行了解体，新建4个岩石地层单位，其中土门岩组为岛弧火山岩，结合新划分的三里岗弧花岗岩，建立了扬子北缘大洪山地区新元古代岛弧-弧后盆地层-岩浆岩-构造格架。解决了数十年来该地区构造格局无法厘定的难题，为新元古代扬子陆块北缘构造演化提供了重要支撑。

（4）重新厘定了武当岩群地层序列。该期间有大规模的酸性和基性火山活动，为典型的双峰式火山岩，代表伸展裂解背景；耀岭河组为武当岩群后期延续，结合其上部沉积的江西沟组可大致推断，伸展裂解环境应早于～630Ma，总体表现为伸展-间歇-伸展的火山沉积过程。

7. 第四纪地质调查进展

划分了武汉城市圈（咸宁地区）第四系沉降区和剥蚀区域的第四系沉积特征、主要土壤类型，初步确定了长江两岸隐伏的节理裂隙发育带特征，为武汉城市圈中南部城镇建设、土地资源规划利用等提供了科学依据。

三、成果意义

（1）引领和拉动地方政府和商业性矿产勘查，支撑找矿突破战略行动。通过本项目的实施，有力地拉动了地方政府和企业矿产勘查投资，2016—2018年累计投入勘查资金6912万元，共42个项目。

（2）服务经济区环境治理和城镇化建设，为武汉城市圈中南部城镇建设、土地资源规划利用等提供了科学依据。

（3）组织开展科普活动，服务社会公众。参与CCTV科教频道《地理中国》之《奇山异景·绝顶化城之谜》纪录片拍摄（2018年7月8日播出）。出版科普专著1部（《武当-桐柏-大别成矿带之矿产》），发表科普论文1篇（《魅力大洪山——地质奥秘探寻》）。

（4）成果发布。2016—2018年度参与编写了中国地质调查局专报2篇，出版专著2部，组织出版专辑1部，发表学术论文39篇（其中10篇国际SCI，3篇国内SCI，7篇国内EI），会议摘要4篇。

彭练红（1966—），男，教授级高级工程师。从事地质矿产调查与研究工作。先后主持了1∶25万麻城市幅、1∶25万十堰市幅和襄樊市幅区域地质调查项目，"中南地区基础地质综合研究""湘西-鄂西成矿带基础地质综合研究""武当-桐柏-大别成矿带地质矿产调查评价成果集成"和"武当-桐柏-大别成矿带武当-随枣地区地质矿产调查"等项目。

彭三国(1963—),教授级高级工程师(三级)。从事固体矿产调查评价与研究。曾主持"武当-桐柏-大别成矿带地质矿产调查评价"计划项目;出版专著10部(第1作者4部),发表论文50余篇(第1作者13篇),荣获省、部、局各类科技进步成果奖共8项。

邓新(1986—),男,助理研究员。从事区域地质调查与研究工作。主持国家自然科学青年基金项目1项、中国地质调查局地质调查项目3项,发表学术论文10余篇,参与编写专著2部。

鄂东-湘东北地区地质矿产调查进展

龙文国 柯贤忠 田洋

中国地质调查局武汉地质调查中心

摘 要：通过对鄂东-湘东北地区开展野外地质调查及室内综合研究，建立了调查区的地层、岩浆岩及构造格架。新获一批化石或化石新产地及一批同位素年龄数据，为地层时代归属、岩体形成时代的厘定、构造活动时限及期次的划分提供了新依据。于调查区新发现系列矿（化）点及矿产地，对典型矿床开展了研究，取得了许多新认识。湘东北地区文家市构造混杂岩的识别及江南造山带成矿特征与成矿规律研究方面的进展，显示出科技创新与理论方面的进步。

一、项目概况

"鄂东-湘东北地区地质矿产调查"二级项目所属一级项目为"公益性基础地质调查"，所属工程为"扬子陆块及周缘地质矿产调查"。项目实施周期为2016—2018年。

项目总体目标任务以金、铜、铅、锌、铁为重点，以构造蚀变岩型和中低温热液型金（银）矿、砂卡岩型和斑岩型及岩浆热液型铜、铅、锌、金矿等为主攻目标，重点对3个成矿远景区开展1∶5万地质矿产综合调查，编制1∶5万地质图、地质矿产图，与成矿有关的建造构造图、成矿预测图等，发现一批找矿线索和矿（化）点。针对重要经济区开展1∶5万区域地质调查，编制1∶5万地质系列图件，为区域经济发展提供基础地质资料。3年来，共完成1∶5万区域地质调查出5547 km²（含预算单列）、1∶5万矿产地质调查出661 km²。提交了12幅1∶5万地质图、3幅1∶5万矿产地质图等，编制了1∶50万系列图件。

二、成果简介

1. 基础地质调查进展

（1）通过新发现的古生物化石和获得的同位素年龄数据，根据最新的国际地层表（2017年）和中国区域地层表（2017年）重新厘定丰富了鄂东-湘东北区域性的地层格架，按不同构造演化阶段划分了调查区地层分区，划分10种含矿沉积建造。在岳阳地区新确认张家湾组和富禄组含冰层位，构建了扬子陆块南华纪扬子陆块台地（或滨岸）-斜坡-盆地相岩石地层序列与对比关系，以及扬子型物源特点，早古生代沉积环境在此基础上具继承性，从而为扬子陆块东南缘构造演化历程与时限提供地层学和沉积学证据。

（2）建立了研究区侵入岩年代格架和构造-岩浆事件序列。对中生代岩浆岩的形成时代、成因、构造背景、地球动力学机制进行了总结，探讨了其与成矿作用的关系。鄂东-湘东北地区侵入岩绝大多数为花岗岩类，另有少量中基性侵入岩和碱性岩侵入岩。花岗岩类的岩石类型包括钾长花岗岩、二长花岗岩、花岗闪长（斑）岩和花岗质碎斑熔岩，其中钾长花岗岩和二长花岗岩占主导；鄂东-湘东北地区晋宁期和加里东期岩浆岩出露较少，主要发育印支期（三叠纪）和燕山期（侏罗纪—白垩纪）岩浆活动，同位素年龄最主要的峰值位于180～140 Ma之间，显示晚侏罗世—早白垩世岩浆活动最为活跃，岩浆活动为成矿带来了大量的热源与物源。

（3）依据鄂东-湘东北地区构造演化史，将其划分为武陵期（>820Ma，冷家溪阶段）、加里东期（820～415Ma，板溪-志留纪阶段）、海西-印支期（415～210Ma，泥盆纪—中三叠世阶段）及燕山期（<210Ma，晚三叠世—古近纪阶段）、喜马拉雅期（新近纪）几个阶段，地质演化由古弧盆系向（武陵运动）被动陆缘-前陆盆地、（加里东运动）陆表海、（印支-燕山运动）叠加造山-陆内断陷（喜马拉雅运动）演化，探讨了构造运动与成矿的关系。结合中南地区及湘鄂二省大地构造分区方案，对鄂东-湘东北大地构造进行分区，以三级构造单元为单位，总结了扬子东南缘各构造单元内岩石构造组合、沉积事件、火山事件、侵入事件、变质事件、成矿事件及其对应的构造环境，完成了鄂东-湘东北地区地质构造演化时空结构表的编制。

（4）扬子东南缘新元古代构造格局及演化研究取得新认识，其大体经历了830～820Ma之前（大约起自860Ma）的俯冲挤压碰撞阶段，和其后的后碰撞（拉张）阶段（830～800Ma）（图1）；800Ma之后的后造山阶段。江南造山带中西段的不同区段可能有着差异的碰撞时间，造山带中段可能805Ma之后便进入后造山阶段，而西段可能晚至800Ma之后才进入后造山阶段。扬子和华夏陆块在晋宁期（820Ma左右）发生碰撞拼贴构成统一大陆，华南新元古代造山事件之后800～760Ma的岩浆作用属于造山后伸展背景的产物。

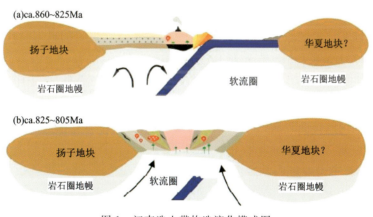

图1 江南造山带构造演化模式图

2. 找矿突破或新发现

（1）圈定化探综合异常45处、物探异常11处；新发现矿（化）点27处、提交矿产地1处；提交找矿靶区9处。

（2）总结了湘东北地区金矿（湖南"金腰带"或江南造山带"金腰带"）成矿特征和成矿规律，建立了湘东北地区金矿成矿模式。重点对湘东北地区金矿的成矿构造背景和控矿构造进行了调查研究，并取得了一些新的发现和认识。"金腰带"是在多期成矿作用下形成的一条复合型金矿带，其具独特的成矿特征：①区内多期次成矿作用（加里东期、印支期和燕山期）并存；②以（构造）热液成矿作用为主（如淘金冲金矿、万古金矿、黄金洞金矿），岩浆成矿作用为辅（如半月山金矿），多种成矿作用并存；③矿床类型有剪切带型、石英脉型和蚀变岩型，以及微细浸染型，矿床类型复杂多变。金矿成矿年龄为460～70Ma，经历加里东期、（海西-）印支期、燕山早期及燕山晚期，具多期成矿特点。据此将湘东北地区金富集及成矿作用划分为4个阶段：新元古代矿源层沉积（860～820Ma）、加里东期变质改造及热液期（460～415Ma）、（海西-）印支期变质改造-热液期（415～210Ma）、燕山期热液成矿期（180～70Ma），其中燕山期热液成矿期为主成矿期。

（3）厘定湘东北地区燕山期成岩成矿时限，进一步总结了中酸性岩浆作用及其与铜多金属成矿的关系，建立了湘东北地区铜多金属矿区域成矿模式。以桃林铅锌矿、栗山铅锌矿、井冲钴铜矿、七宝山铜矿4个典型有色金属矿床为主要研究对象，通过分析矿床地质特征，开展矿床成岩成矿时代、成矿物质来源、成矿流体地质特征综合对比，探讨了湘东北地区燕山期有色金属区域成矿作用特征。确定与铜-铅-锌-钴多金属成矿系统成矿作用有关的岩浆岩主要在153～148Ma和138～132Ma 2个时期形成，成矿系统存在晚侏罗世（153Ma左右）铜多金属成矿、早白垩世（135～128Ma）铜-钴-铅-锌多金属成矿、晚白垩世（88Ma左右）铅-锌-铜多金属成矿3次与构造-岩浆活动耦合的铜-铅-锌-钴多金属成矿事件。

（4）湘东北地区铜-铅-锌-钴多金属成矿是与燕山期岩浆侵入活动相关的岩浆热液成矿系统，可进一步划分为斑岩-矽卡岩-热液脉型铜-钴-铅-锌多金属、岩浆-热液充填型铅-锌-铜多金属2个成矿子系统。矿床成因可划分为斑岩型-矽卡岩型-热液脉型铜多金属矿、热液脉型铜-钴-铅-锌多金属矿、热液脉型铅-锌-铜多金属矿3个成因类型。并总结提出了湘东北地区燕山期铜-铅-锌-钴多金属区域成矿模式。成矿系统的物质来源主要为深部岩浆岩，但不同矿床成矿岩浆岩源区不同程度地加入了上地壳物质。七宝山铜多金属矿成矿物质来源为较典型的岩浆源，井冲铜-钴-铅-锌多金属矿有少量地壳物质加入，桃林铅-锌-铜多金属矿、栗山铅-锌-铜多金属矿加入的地壳物质相对更多；成矿流体主要为岩浆热液体系，但不同程度地混入了大气降水。井冲铜-钴-铅-锌多金属矿混入少量大气降水，栗山铅-锌-铜多金属矿混入的比例最高。

（5）首次厘定出湘东北地区印支期成矿事件，木瓜园钨矿含矿斑岩的成岩时代为(224.2 ± 2.0)Ma（MSWD$=0.65$，$n=17$；LA-ICP-MS锆石U-Pb法），成矿时代为(222.96 ± 0.96)Ma（MSWD$=1.08$，$n=5$；辉钼矿Re-Os等时线），表明成岩成矿具有对应关系，均为晚三叠世，属于印支期。木瓜园钨矿与区域上燕山期北东向钨矿带的成岩成矿作用属不同成矿期次与构造热事件的产物。

（6）建立了幕阜山地区伟晶岩演化与稀有金属富集模式，幕阜山花岗伟晶岩演化与稀有分散元素成矿研究取得新进展。通过矿物微区原位化学成分示踪，探讨了幕阜山花岗伟晶岩成因及其与稀有金属矿化的关系，建立了幕阜山地区伟晶岩演化与稀有金属富集模式，提出断峰山地区具有寻找锂铍矿潜力。

3. 科技创新与理论进步

1）湘东北地区文家市构造混杂岩的识别及构造演化研究

混杂岩是汇聚板块边缘增生杂岩内的标志性岩石构造单元之一，记录了板块汇聚边缘增生的大地构造演化史，标志着由增生向碰撞造山带转化时形成的板块缝合带。本次工作系统厘定了文家市新元古代构造混杂岩。在文家市南侵入冷家溪群的基性岩中获得LA-ICP-MS锆石U-Pb年龄为(846 ± 19)Ma（MSWD$=5.0$），代表了变基性岩的形成年龄，基性侵入岩形成时代指示部分沉积岩原岩的形成时代早于845Ma。因而冷家溪群沉积年龄介于860～825Ma之间；苍溪岩群沉积年龄介于860～830Ma之间。

该地区基底岩石原岩为新元古代不同时期、不同环境形成的碎屑岩系夹火山岩系（以沉积岩系为主，夹少量火山岩），变质程度为低角闪岩相—绿片岩相，其变形强烈，且叠加了后期多期构造变形。新元古代峰期变质变形事件的时代介于840～820Ma之间，与后期的侵入岩组成一套混杂岩，且遭受了后期构造岩浆热事件的影响。

构造混杂岩的组成单元可进一步划分为岛弧（苍溪岩群的部分火成岩）、弧前（苍溪岩群的沉积岩及部分火成岩）、弧后（冷家溪的沉积岩及火山岩）（图2）。

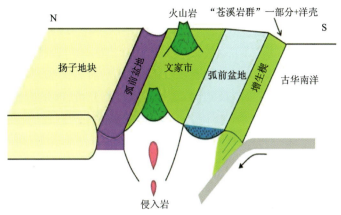

图 2　浏阳文家市地区新元古代混杂岩形成示意图

综合已有成果,江南造山带中段形成过程年龄制约:①洋壳向北西方向的扬子陆块俯冲阶段(860～830Ma),形成基底沉积地层、岛弧岩浆作用(具岛弧地球化学特征的中基性火山岩等);②弧后前陆盆地中沉积作用阶段(860～825Ma),形成造山带中的部分基底沉积岩(冷家溪群);③后碰撞阶段(830～805Ma),形成片麻状、块状花岗岩,火山岩类(包沧水铺地区相应的火山岩);④后造山伸展阶段(805Ma以后),形成非造山火成岩类及发育华南裂谷盆地。

2) 江南造山带成矿特征与成矿规律研究

重点对黄金洞金矿、万古金矿等矿区内的典型金矿床进行了一定的解剖研究,研究结果表明:

(1) 含金围岩是一套新元古代形成的沉积岩系(主要包括冷家溪群、板溪群),局部夹有火山岩;地层变质程度只达低绿片岩相,个别层位富含 Au、Sb、W、S;硫同位素在湘东北地区较贫,在湘西北地区则较富,在成矿作用过程中,部分元素被淋滤、萃取、搬运、富集,参与成矿。

(2) 在成矿过程中,不仅有深部流体参与,而且大气降水也积极参与了成矿作用;越到成矿晚期,大气降水比例越大,在个别矿床中,岩石中的古海水也对成矿有一定的贡献。

(3) 湘东北地区处于扬子陆块东南缘,区内构造-岩浆-成矿活动更可能是板块边界的地质作用和深部岩石圈活动的共同结果。晋宁期、加里东期的构造运动分别形成了相应的褶皱带和区域变质作用,印支期的陆内造山运动导致了湘东北地区地壳的加厚,主体盖层发生褶皱和韧—脆性剪切作用,形成了广布的逆冲推覆构造。区内金成矿流体主要来自变质热液和地下水的混合,成矿受韧—脆性剪切带构造控制,这些地质事实也表明了加里东期和印支期可能是区内金成矿的主要时期。燕山期湘东北地区发生了以伸展为主的构造-岩浆事件以及大规模的金属成矿作用。可见以黄金洞金矿和万古金矿为代表的湘东北地区的金矿成矿作用应为多期成矿。

三、成果意义

1. 引领、拉动地方勘查基金和社会商业性资金投入

通过二级项目实施,发现了一批具有重要找矿前景的异常或矿(化)点,在此基础上,引领并拉动地方勘查基金或社会商业性资金投入。据不完全统计,2016—2018 年利用"鄂东-湘东北地区地质矿产调查"项目成果申请各类项目 5 项,经费达 3 583.00 万元,2018 年经费 120.00 万元。通过该项目的实施,新探明了各类矿种的资源量,为提高国内资源安全保障、服务国家矿产资源规划提供了支撑。

湘鄂交界的幕阜山及相邻地区在地质调查项目引领下,金矿、稀有稀散矿找矿成果明显,湖南省地

勘基金积极跟进,2011—2017 年湖南先后部署临湘、平江县幕阜山、连云山 3 个整装勘查区。省级财政地质勘查项目 150 余个,投入勘查资金 3.7 亿元。新发现大中型矿产地 6 处,新增(332+333)金资源储量 140t、(333+334)铅锌资源量 $145×10^4$t,共(伴)生银 300t、铜 $20×10^4$t、萤石 $280×10^4$t,如益阳桃江陈家村金矿区圈定 5 个金矿体,探获金资源储量 8246kg,Au 平均品位 $3.32×10^{-6}$,已达到中型规模。2015—2016 年引入湖南黄金集团、湖南发展集团、永州矿业投资公司、郴州矿业投资公司等战略投资者的社会资金,投入勘查资金近 4 亿元。

湖北省地勘基金近些年在幕阜山地区积极跟进,部署地质勘查项目 10 余个,投入资金 2000 多万元,新发现大中型矿产地 4 处,铅锌、"三稀"、非金属等矿产找矿取得重要进展。

2. 成果发表或出版

发表论文 12 篇,已发核心 5 篇(其中 EI 1 篇),一般期刊 5 篇。发表会议论文摘要 4 篇,发表通讯报道 11 篇,出版科普专著 1 部。编写出版科普读物《中南地区成矿带科普系列丛书—江南造山带(西段)》,发表科普论文 1 篇。

龙文国(1967—),男,硕士,研究员。长期从事区域地质调查与矿产地质调查工作。近十年来主持了多项中国地质调查局地质调查二级项目及项目任务单元(子项目)的实施。主要致力于前寒武纪形成与演化特征研究和成矿规律与成矿预测研究。于国内外期刊公开发表论文共 30 余篇(其中第一作者 10 余篇),合作出版专著 2 部,获海南省自然科学进步奖二等奖与三等奖各 1 项。

湘西-滇东地区矿产地质调查

李朗田　陈旭

中国冶金地质总局

摘　要：通过1∶5万矿产地质调查，在湘西-滇东地区圈定找矿靶区25处，发现一批具有经济意义的矿点，提交新发现矿产地12处，其中大中型矿产地8处；圈定锰矿找矿远景区54处，最小预测区99处，对锰矿资源潜力进行了动态评价；建立了南华系锰矿区域成矿模式，总结了基底断裂和同沉积断裂"行""列"交会的控盆、控相、控矿特点，提出了"凹中凹"或"盆（成锰盆地）中盆（聚锰槽盆）"控制锰矿沉积中心的新认识，为扬子陆块及周缘锰矿勘查提供了新的思路和方向。

一、项目概况

2016—2018年，中国地质调查局在"扬子陆块及周缘地质矿产调查"工程中部署了"湘西-滇东地区矿产地质调查"项目，该项目由中国冶金地质总局承担。主要目标任务是以锰矿为主攻矿种，开展桂中、湘中等7个锰矿找矿远景区1∶5万矿产地质调查，新增锰矿石资源量4000×10^4t，提交找矿靶区20处，力争提交大中型矿产地2~3处；初步查明湘西-滇东地区锰矿成矿地质背景，评价资源潜力，圈定新的找矿远景区，开展重要找矿远景区锰矿资源潜力动态评价；以松桃、湘潭和黔阳成锰盆地为重点，开展南华系锰矿成矿预测和靶区优选。本项目部署14个子项目和2个专题，通过工作完成1∶5万矿产地质调查21 052 km²，圈定了与金、铅锌、锰、钒、稀土多金属矿有关的综合异常179处，与锰、金、铅锌多金属矿有关的找矿靶区25处，发现了多处有经济价值的新矿点，提交大中型矿产地8处，实现了湘西-滇东地区找矿突破。通过扬子陆块东南缘南华系锰矿专题研究，建立了南华系锰矿区域成矿模式及找矿预测模型，厘清了成锰盆地构造基本格架，总结了基底断裂和同沉积断裂的"行""列"交会的控盆、控相、控矿特点，提出了"凹中凹"或"盆中盆"控制锰矿沉积中心的新认识，为扬子陆块及周缘锰矿勘查提供了新的思路和方向。

二、成果简介

（1）新发现矿产地12处，其中大中型矿产地8处（锰矿4处、钒磷锰矿1处、稀土多金属矿3处）。在云南宣威—贵州水城一带，发现钪铌稀土多金属矿床；在桂中地区通过区基金的进一步投入发现了国内石炭系最大的锰矿；在湘西古丈地区圈出多个钒矿、磷矿富集区。

发现云南宣威冒水井及和乐-中营钪铌稀土多金属矿床，发现大中型稀土多金属矿产地3处（图1~图3），探获（333+334）资源量：稀土氧化物64.23×10^4t、氧化钪5.47×10^4t、氧化铌5.05×10^4t、铁矿石$18\,806\times10^4$t。

（2）在湘中、桂中发现4处大中型锰矿，探获（333+334）锰矿石资源量5620×10^4t。特别是在圈定忻城弄竹、塘岭找矿靶区基础上，进一步投入地勘资金在忻城洛富-塘岭探获锰矿资源量达7915×10^4t，一跃成为我国石炭系最大锰矿。

（3）湘西古丈背斜两翼圈出5个钒、磷、锰矿段，累计探获（333+334）资源量：五氧化二钒110.53×10^4t、磷矿9249×10^4t，锰矿278×10^4t。

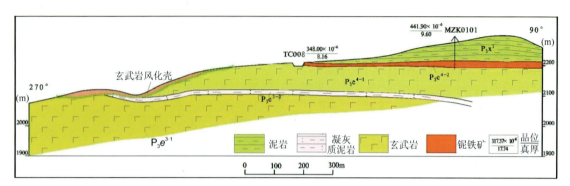

图 1 宣威地区离子型稀土矿及沉积型铌铁多金属矿含矿层位示意图

图 2 宣威地区冒水井Ⅰ号铌铁多金属矿层

图 3 宣威地区中营矿段Ⅰ号、Ⅱ号矿体露头

（2）以上一轮锰矿资源潜力评价成果为基础，开展了湘西-滇东地区锰矿成矿条件及资源潜力评价，对区内中南华世大塘坡沉积早期、中奥陶世磨刀溪沉积期、晚泥盆世五指山沉积期、早石炭世巴平沉积期、中二叠世茅口（孤峰）沉积期、早三叠世北泗沉积期、中三叠世拉丁沉积期等主要成锰期，成锰沉积盆地结构、同沉积断层、堑垒构造特征、台盆分布格局、构造-火山岩浆活动与成矿的关系进行了深入研究，查明了扬子地块东南缘锰矿大规模成矿的特殊地质背景；对区内锰矿的控矿条件、成矿作用、找矿标志以及时空分布规律进行了研究，总结了同沉积断裂构造复合控矿规律、锰矿水平（相变）分带规律。在研究区域成矿要素的基础上，建立或完善了区域锰矿成矿模式及预测模型，重新圈定锰矿找矿远景区54处，最小预测区99处，预测锰矿资源量 26×10^8 t，并提出了下一步锰矿勘查主攻区域（湘西-黔东、湘中、桂中、桂西南4个锰矿富集区）、重点层位（南华系大塘坡组、奥陶系磨刀溪组、石炭系巴平组、泥盆系五指山组）和12个重点工作区的锰矿勘查部署建议，明确了锰矿勘查工作重点及方向。

（3）开展扬子陆块东南缘南华系锰矿成矿地质背景、成矿作用、成矿规律研究及成矿预测与选区研究，厘清了成锰盆地总体构造格架，阐明了同沉积断裂控盆、控相、控矿规律，丰富了锰矿"内源外生"的成矿理论，建立了南华系锰矿区域成矿模式及预测模型（图4），总结了基底平移断裂和同沉积断裂的"行""列"交汇的控盆、控相、控矿特征，提出了"凹中凹"或"盆中盆"控制锰矿沉积中心的新认识，改变湘潭成锰盆地北东向断陷槽控矿的传统认识，并在验证中初步得到证实，为未来锰矿勘查工作提供了新思路和空间。

三、成果意义

（1）在桂中发现了石炭系最大锰矿，实现了锰矿找矿新突破；通过扬子陆块东南缘南华纪成锰盆地演化及成矿作用研究，总结了同沉积断裂控盆、控相、控矿规律，建立南华系锰矿成矿模式及预测模型，为华南锰矿勘查提供了新的思路。通过湘西-滇东地区锰矿资源潜力评价，摸清锰矿资源潜力，明确了

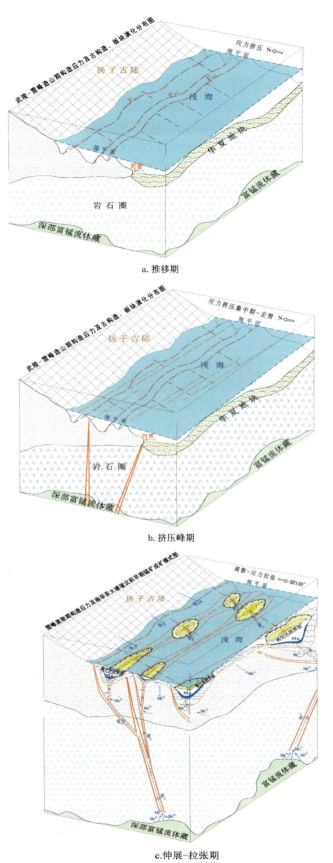

图 4 扬子陆块东南缘南华纪成锰盆地演化及成矿模式

找矿方向,为华南地区锰矿资源基地建设提供了有力的支撑。

(2)在滇东北-黔西地区发现玄武岩型稀土多金属矿床和钪铌多金属矿,实现稀土稀有矿产找矿类型、找矿方向的突破。该区上二叠统峨眉山玄武岩组火山岩-凝灰岩建造是稀土、钪、钛、铁矿的成矿母岩。峨眉山玄武岩组各段顶部古风化壳及宣威组底部铁铝碎屑岩-黏土岩形成的红土层是该区稀土、钪、钛、铌、铁多金属矿的重要层位;现代风化壳是离子型稀土矿的重要赋存层位。中国西南地区,特别是滇黔相邻区峨眉山玄武岩第二、第三、第四段地层及其喷发间断形成的古风化壳以及宣威组底部铁铝碎屑岩-黏土岩地层广泛分布,出露面积近 $3.8\times10^4 \mathrm{km}^2$,区内降雨量大、年积温高、地形较平缓,离子型稀土矿成矿条件优越,"玄武岩"型稀土多金属矿找矿潜力巨大,并伴有巨量的铁、钪、钛、铌等有用元素。因此,滇黔峨眉山玄武岩分布区是我国重要的稀土、稀有金属找矿远景区,有望发展成为我国新的稀土、稀有资源接续基地。

(3)在湘西古丈背斜圈出多处钒矿、磷矿富集区,预测五氧化二钒总体规模有望突破 $1000\times10^4 \mathrm{t}$,对进一步夯实黔东-湘西锰铅锌矿资源基地具有重要的促进作用。

李朗田,项目负责人,教授级高级工程师,现就职于中国矿产地质总局。从事固体矿产勘查及技术管理30余年,拥有丰富的野外勘查经验和较高的项目管理能力,在固体矿产勘查理论及技术方面拥有丰硕成果。

南岭成矿带中西段地质矿产调查进展

付建明　卢友月

中国地质调查局武汉地质调查中心

摘　要：完善了南岭成矿带地层序列，建立了构造-岩浆-成矿事件序列；圈定1∶5万水系沉积物综合异常428处，新发现矿（化）点105处，提交找矿靶区48处、矿产地6处；总结了区域成矿规律，划分了19个Ⅳ级和56个Ⅴ级成矿（区）带，圈定19个找矿远景区，分析了资源潜力和找矿方向；对资源开发利用、环境影响进行了初步综合评价；支撑中国地质调查局"花岗岩成岩成矿地质研究中心"建设，形成了"华南花岗岩与成矿作用研究"团队。

一、项目概况

项目属"扬子陆块及周缘地质矿产调查"工程。主要目标任务是在南岭成矿带中西段的重要找矿远景区开展1∶5万区域地质调查和1∶5万矿产地质调查，查明区域成矿地质背景，含矿建造、构造特征，发现新矿（化）点与异常，总结区域成矿规律和资源禀赋特征，评价资源潜力，优选资源集中区和重要找矿远景区，开展重要找矿远景区矿产资源潜力动态评价，力争取得找矿重大突破或新进展。完成1∶5万区域地质调查8905km^2、1∶5万矿产地质调查5160km^2；提交1∶5万区域地质图31幅，1∶5万矿产地质图、建造构造图各31幅；编制1∶75万南岭成矿带系列图件、中南地区1∶250万侵入岩地质图。

二、成果简介

1. 基础地质调查进展

(1) 根据最新调查成果资料，进一步厘定完善了南岭成矿带地层序列（图1~图4）。

(2) 获得了一批高精度成岩成矿年龄数据，特别是直接测得桂北一洞锡矿电英岩型锡铜矿石中LA-ICP-MS锡石U-Pb年龄为(829±13)Ma；广东大顶铁锡矿区发现早侏罗世花岗岩的成岩成矿事件，是华南成岩成矿"平静期"的产物；确认湖南川口大型钨矿及相关花岗岩形成于印支期，而不是燕山期；首次确认桂北元宝山地区存在加里东期锡多金属的成矿事件。另外，对部分花岗岩岩体形成时代进行了修正。在此基础上，结合构造背景，初步构建了南岭成矿带构造-岩浆-成矿事件序列（表1）。

(3) 确定了湘桂交界地区泥盆纪弗拉斯阶-法门阶(F-F)界线。泥盆纪是地史上环境演变和生物种类变化的重要时期，在此期间发生了一系列的环境变化事件：空气湿度发生变化(Joachimski et al, 2002, 2009)，海平面变化频繁(龚一鸣和李保华, 2010)，大气CO_2分压发生巨大变化(Simon et al, 2007)，生物礁从发展到其大萧条灭绝(Kiessling, 2002)，鱼类生物出现了大面积辐射(Young, 2010)；脊椎动物登陆(Young, 2006)等。在这之中最值得关注的是晚泥盆世弗拉期-法门期之交的F-F事件(廖卫华, 2004; Sepkoski et al, 1982; Racki, 2005)。界线存在的主要依据：

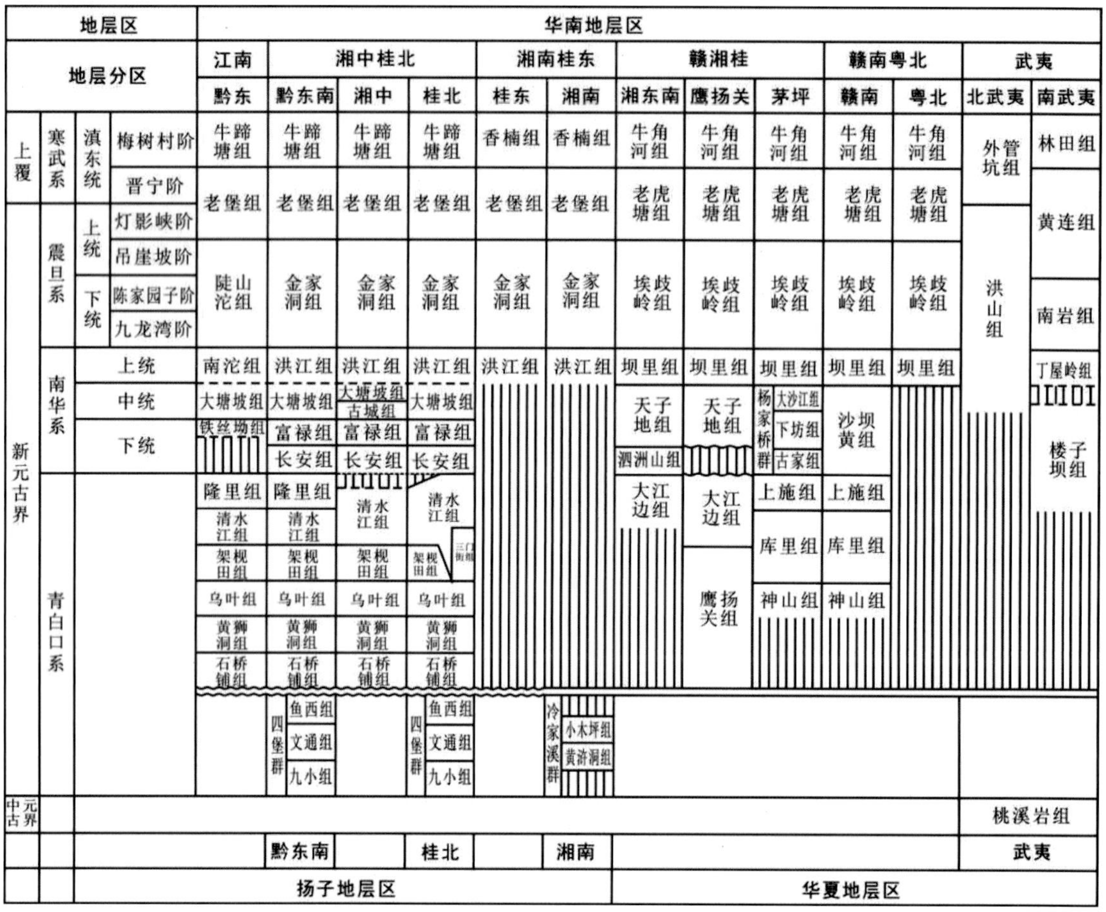

图 1　南岭成矿带前寒武系岩石地层序列对比(据王晓地等,2016修改)

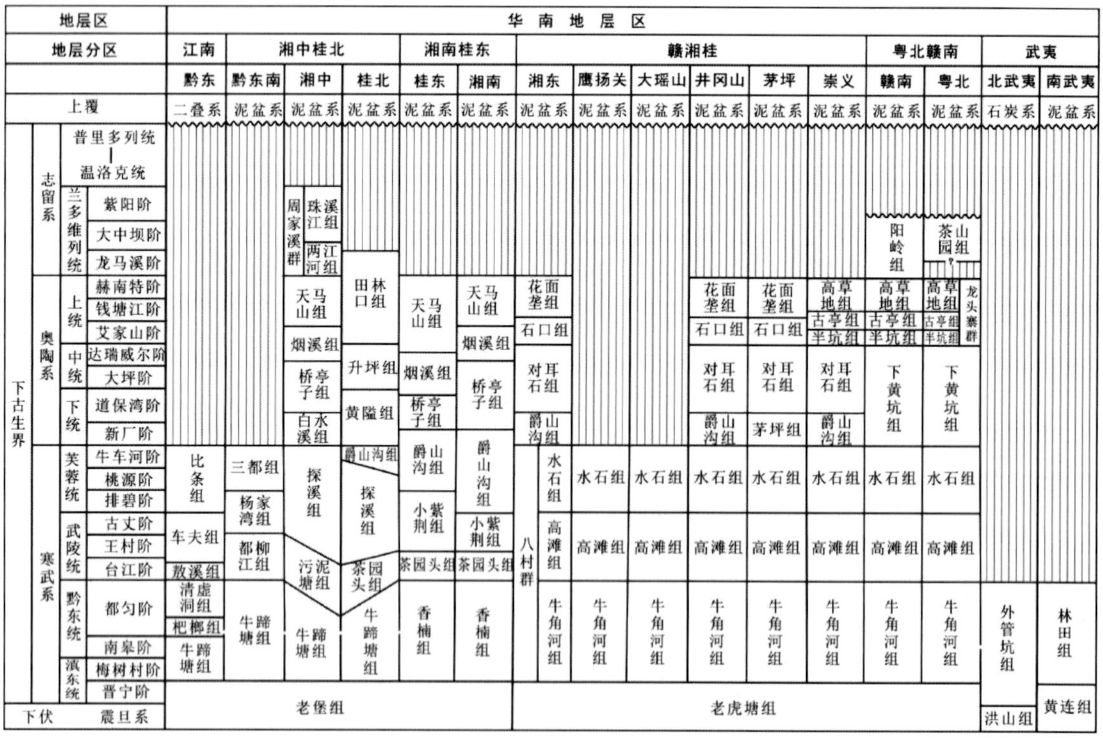

图 2　南岭成矿带早古生代岩石地层序列对比(据王晓地等,2016修改)

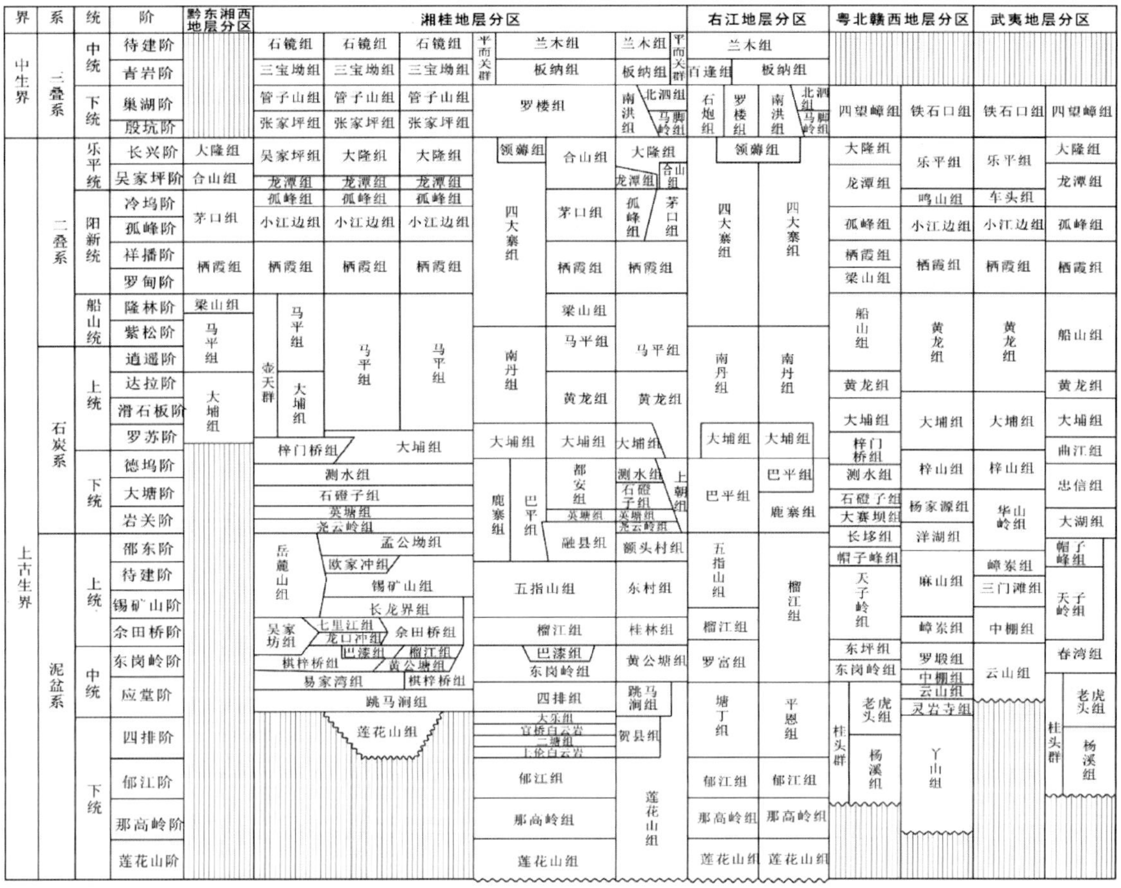

图 3　南岭成矿带泥盆纪—中三叠世地层分区及岩石地层序列对比（据王晓地等，2016修改）

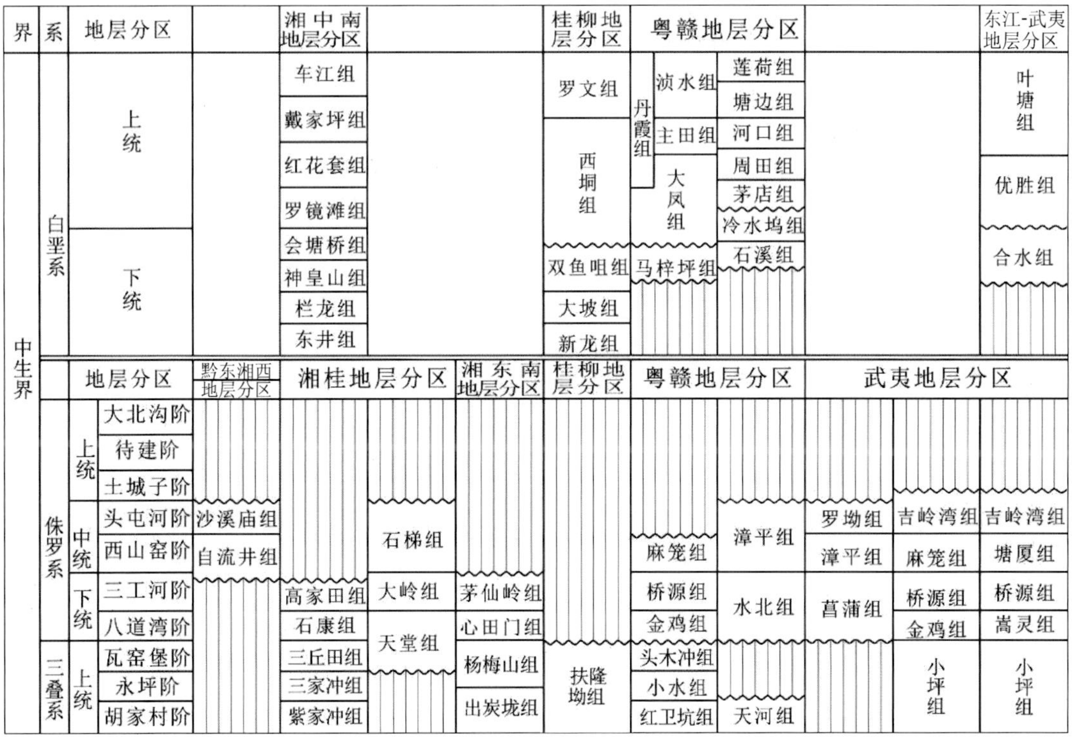

图 4　南岭成矿带晚三叠世—白垩纪地层分区及岩石地层序列对比表（据王晓地等，2016修改）

表 1 南岭地区构造-岩浆-成矿事件序列

代	纪	地质年龄/Ma	构造环境	岩浆岩组合	同位素年龄/Ma	主要矿产
新生代			大陆裂谷			
中生代	白垩纪	66	陆内伸展	A型花岗岩+碱性岩+少量基性岩	145～90	锡、钨、铍、铜、铅、锌、锑、金
中生代	侏罗纪	145	陆内伸展	A型花岗岩、C型花岗岩、H型花岗岩	175～145	锡、钨、铍、铜、铅、锌、钼、锑、金、银铷、锂、铋、铌、钽、稀土
中生代	侏罗纪	201	构造域转换后碰撞—伸展	A型花岗岩、双峰式侵入岩、双峰式火山岩	200～175	铁、锡
中生代	三叠纪		后碰撞—伸展	C型花岗岩+A型花岗岩+基性岩组合	220～206	锡、钨、铌、钽、稀土
中生代	三叠纪	251	后碰撞—伸展	C型花岗岩、H花岗岩	240～220	锡、钨、铀
晚古生代	二叠纪	298	?	基性—超基性岩组合	257～241	
晚古生代	石炭纪	358	?	少量酸性火山岩	?	铁
晚古生代	泥盆纪	419				
早古生代	志留纪	443	后碰撞—伸展	C型花岗岩+基性岩组合	440～380	钨、金、铜、铅、锌、稀土、钪、铁
早古生代	奥陶纪	485				
早古生代	寒武纪	541	俯冲碰撞	TTG组合	460～440	铁、铜、铅、锌
新元古代	震旦纪	635				
新元古代	震旦纪	780	后碰撞—伸展	基性—超基性岩组合、少量酸性火山岩	761	金、铅、锌
新元古代	南华纪	1000				
新元古代	青白口纪		俯冲碰撞（基底岩浆演化）	TTG组合+基性—超基性岩组合	大于820	锡、铜、镍、钴、金

注：花岗岩分类按付建明等（2012）。

①发现的牙形石 Palmatolepis triangularis（图 5）分子是限定泥盆纪法门阶底界的标准化石。②F-F界线附近典型层段岩性岩相特征显示砂屑灰岩和瘤状灰岩的交替出现，瘤状灰岩的上下层段所出现的砂屑亮晶灰岩指示一种强水动力沉积，是一种典型的潮汐流，往复作用明显，属于平均高潮面与平均低潮面之间的浅水潮坪潮间带沉积产物。瘤状灰岩岩性岩相特征显示在瘤状灰岩层段（第50—62层）沉积期间，调查区处于水动力较弱的深水浅海沉积环境，且海水深度应大于300m。③沉积学对F-F事件的响应，在晚泥盆世F-F之交，海平面发生了显著变化（图 6）。

图 5　牙形石 Palmatolepis triangularis 典型照片

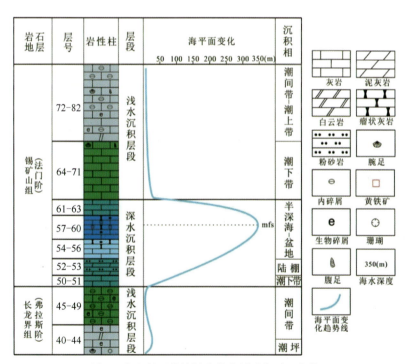

图 6　东山剖面关键层位柱状图及海平面变化

（4）根据沉积厚度的差异，花斑黏土层产出特征、形成年龄、古生物、区域地层对比等，在广东揭阳地区新建中更新世炮台组，进一步划分为钟厝洋段（图 7）和水路尾层，获得该组光释光年龄为157ka。

（5）进一步证实九嶷山含铁橄榄石和铁辉石的西山杂岩为典型的铝质A型花岗质火山-侵入杂岩，形成于板内构造环境。西山杂岩位于九嶷山复式岩体东部，呈岩盆状产出，具有如下特点：

①岩性非常复杂，类型多，主要有中—细粒斑状黑云母二（正）长花岗岩、微细粒花岗质碎斑熔岩、流纹（斑）岩、英安（斑）岩、花岗斑岩、火山碎屑岩等。

②出现特殊矿物铁橄榄石和铁辉石（图 8），呈单晶或集合体形式产出；暗色矿物单斜辉石、角闪石

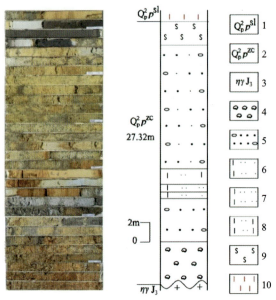

图 7　ZK001 孔钟厝洋段岩心照片及柱状图

1.水路尾层；2.钟厝洋段；3.花岗岩；4.卵石；5.含砾粗砂；6.黏土质粉细砂；
7.黏土质粉砂；8.粉砂质黏土；9.淤泥；10.花斑黏土

常见，也见过铝质矿物石榴子石。

③结构构造复杂多样，如流纹构造、气孔状构造、火山角砾构造、杏仁状构造、包橄结构（图 8）、凝灰结构（图 9）、珠边结构、碎斑结构等。

图 8　铁橄榄石（Ol）、铁辉石（Opx）及包橄结构　　　　图 9　凝灰结构

④矿物集合体类型多，个体很小，一般仅几毫米，不规则状至球状，由单种矿物或多种矿物集合而成，主要有角闪石黑云母石英集合体、磁铁矿黑云母集合体、黑云母集合体、黑云母角闪石辉石集合体、黑云母铁橄榄石集合体、铁橄榄石铁辉石黑云母集合体、铁橄榄石集合体、黑云母斜长石集合体、黑云母石英集合体、萤石石英黑云母集合体等。

⑤不同类型岩石的 LA-ICP-MS 锆石 U-Pb 年龄非常集中，近年来分析的 28 个测年数据集中在 160～150Ma 之间。

⑥该杂岩中主要岩石单元的主量元素、稀土元素和微量元素在含量上变化不大，稀土元素配分曲线和微量元素蛛网图非常相似。Sr、Nd 同位素组成接近，I_{Sr}、$\varepsilon_{Nd}(t)$、T_{DM}、T_{2DM} 相差不大（付建明等，2004），具有同时间、同空间、同物质来源的典型火山-侵入杂岩特点。

⑦西山火山-侵入杂岩富硅(69.50%～73.50%)、碱(7.90%～8.70%)、贫镁钙,Ca/Al值(平均3.06)高,准铝—过铝质,富含稀土元素和高场强元素(Y、Zr、Nb),具有较高的FeO*/MgO值(12.05)。Ca/Al值和(Zr+Nb+Ce+Y)组合值(平均$516.96×10^{-6}$)明显高于A型花岗岩的下限值$2.6×10^{-4}$和$350×10^{-6}$,在$10\,000×Ga/Al-Zr$、Nb、Ce、Y以及$Zr+Nb+Ce+Y$对FeO^*/MgO和$(Na_2O+K_2O)/CaO$图解上,落入A型花岗岩区。不同类型岩石锆石晶形好,环带发育,没有发现继承锆石核,锆石饱和温度高(平均814℃),含铁橄榄石和铁辉石,在一系列地球化学图上都投在A型花岗岩区,具有典型A型花岗质岩石特点,形成于板内构造环境(图10)。

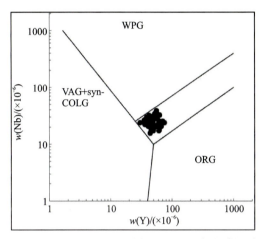 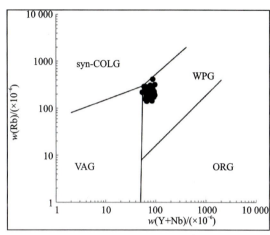

图10 西山火山-侵入杂岩的Nb-Y和Rb-Y+Nb图解

2. 找矿突破或新发现

(1) 圈定1:5万水系沉积物综合异常428处(其中甲类98处,乙类146处),R放射性综合异常32个,1:5万高磁异常群10个(63个局部异常),1:5万遥感解译圈出了78个遥感异常区,解译断裂构造140条、线性构造281条、环形构造60个。新发现矿(化)点105处,以金银、铜钼、钨锡、铅锌等矿(化)点为主(图11);提交找矿靶区48处(表2),以钨锡、金银为主;提交新发现矿产地6处(稀土矿2处、硅石矿1处、X矿1处、高岭土矿1处、钨锡多金属矿1处),其中2处稀土矿具大型规模远景,分别获得$(333+334_1)$重稀土资源量约$11×10^4 t$、轻稀土资源量约$10×10^4 t$。

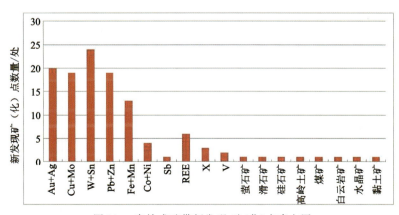

图11 南岭成矿带新发现 矿(化)点直方图

表 2 提交找矿靶区一览表

序号	靶区名称(级别)	序号	靶区名称(级别)
1	广东省连州市马占铜锡矿(A)	25	湖南省衡南县长山冲金矿(A)
2	广东省连州市观头洞铜锡矿(A)	26	湖南省耒阳市周家屋钼矿(A)
3	广东省连州市塘下铜锡矿(A)	27	湖南省衡南县狗头岭金矿(B)
4	广东省连州市黄泥坳金矿(A)	28	湖南省城步县杨荷岭金矿(A)
5	广东省连州市坑口冲钨锡矿(A)	29	湖南省城步县界福山钨铜矿(A)
6	广东省连州市耙船洞YY矿(A)	30	湖南省城步县沙坪钨矿(A)
7	广东省连州鹿鸣关铅锌矿(A)	31	湖南省临武县香花铺锡铅锌矿(A)
8	广东省乳源县茶山钨铋矿(A)	32	湖南省临武县土地寺锡铅锌矿(A)
9	广东省乳源县黄泥地铜铅锌银矿(A)	33	湖南省临武县猴子江铅锌矿(B)
10	广东省英德市转同湾铅锌矿(A)	34	湖南省临武县沙幅岭铅锌锡矿(C)
11	广东省英德市西坑坝金银矿(A)	35	湖南省通道县杨家湾锰矿(C)
12	广东省乳源县竹山银矿(B)	36	广西壮族自治区龙胜县天云山金矿(B)
13	广东省英德市陶金洞铅锌矿(B)	37	广西壮族自治区龙胜县冷界头金矿(B)
14	广西壮族自治区昭平县元山金银矿(A)	38	广西壮族自治区龙胜县保合寨钴矿(B)
15	广西壮族自治区昭平县中洲钨矿(A)	39	广西壮族自治区罗城县社堡锡多金属矿(A)
16	广西壮族自治区昭平县横冲顶金矿(B)	40	广西壮族自治区罗城县盘龙钴镍矿(A)
17	广东省南雄市寨背X矿(A)	41	广西壮族自治区罗城县界排镍钴矿(A)
18	广东省南雄市松树塘X矿(A)	42	湖南省炎陵县策源硅石矿找矿靶区(A)
19	广东省南雄市寨湾X矿(A)	43	湖南省炎陵县东岭高岭土矿(A)
20	广东省南雄市黄洞迳X矿(B)	44	湖南省炎陵县塘窝YY矿(A)
21	广东省南雄市白茫洞-章车水YY矿(B)	45	湖南省炎陵县青广坪YY矿(A)
22	广西壮族自治区全州县伍家-椅子岭金矿(A)	46	湖南省炎陵县双爪垄铅矿(B)
23	湖南省东安县井沅尖钨铜矿(B)	47	湖南省炎陵县洞里铜金钼矿(A)
24	广西壮族自治区全州县毛坪里钨矿(B)	48	湖南省炎陵县梨树洲钨矿(B)

(2)总结了南岭成矿带钨锡等重要矿种区域成矿规律,认为160～150Ma是南岭地区成岩成矿高峰期(图12),成岩与成矿是一个连续过程;建立了南岭成矿带成锡、成钨花岗岩和成铜铅锌花岗岩综合判别标志(表3)。

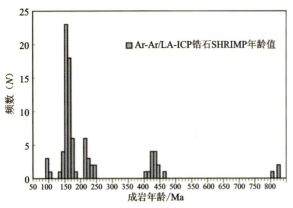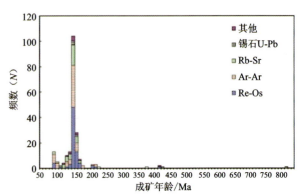

图 12 南岭成矿带成岩年龄(左)和成矿年龄(右)直方图

表3 南岭地区成锡、成钨、成铜铅锌花岗岩综合特征对比

比较项目	成锡花岗岩		成钨花岗岩	成铜铅锌花岗岩
成因类型	铝质A型	H型	C型	H型
岩体规模	岩基、小岩体	以岩基为主	岩基、小岩株	以小岩体为主
岩石共生组合	正长花岗岩和碱长花岗岩,其次为二长花岗岩,少量花岗闪长岩	花岗闪长岩和二长花岗岩为主,其次为正长花岗岩和二云母花岗岩	二长花岗岩、正长花岗岩、二云母花岗岩和(含电气石)石榴子石白云母花岗岩	二长花岗岩、花岗闪长(斑)岩
结构、构造	(微)细粒—中粒结构为主,块状构造	中粒、细粒结构均有,斑状结构,块状构造	细粒、中粒结构为主,早期斑状结构,块状构造	中细粒结构,斑状结构,块状构造
暗色矿物	黑云母含量低(2%~4%),个别有铁橄榄石和铁辉石	黑云母含量高(4%~6%或更高),基性端元常见角闪石	黑云母含量低(2%~4%)	常见角闪石(约3%)、黑云母含量较高(约10%)
浅色造岩矿物	石英斑晶广泛分布	石英斑晶较多,晚期端元白云母含量<1%	晚期端元含石英斑晶,白云母含量较高(1%~2%)	石英斑晶较少
挥发分矿物	少量黄玉,局部较多	少量黄玉	电气石较为普遍	无
副矿物	榍石-褐帘石-磷灰石-磁铁矿-锆石组合	榍石-褐帘石-磷灰石-磁铁矿-锆石组合。基性端元含量高,酸性端元低	钛铁矿-锆石-独居石和/或石榴子石-磷灰石组合,含量较低	磷灰石-褐帘石-锆石-榍石-金红石
继承锆石	未见	较少	较多	较少
包体	暗色微粒包体少见	暗色微粒包体较多、大小不一,几厘米至几米	围岩捕房体及黑云母析离体常见	暗色微粒包体常见、个体较小
主量元素	$SiO_2<74\%$为主,ACNK变化大,多为弱过铝质。$P_2O_5<0.20\%$为主,富Ca、Mg、Fe	$SiO_2<73\%$为主,准铝质—强过铝质。基性端元$P_2O_5>0.20\%$为主,富Ca、Mg、Fe	$SiO_2>73\%$为主,弱过铝—强过铝质。基性端元$P_2O_5<0.10\%$为主,贫Ca、Mg、Fe	SiO_2:58%~68%为主,准铝质—弱过铝质
微量元素	Sr、Ba、P和Ti负异常弱—强,Cr、Ni、Co略高,Zr+Nb+Y+Ce值高、Ga/Al值高,Nb/Ta和Zr/Hf值中等—高,Sm/Nd值低	Sr、Ba、P和Ti负异常明显,Cr、Ni、Co略高,Zr+Nb+Y+Ce值低—较高,Ga/Al值较高,Nb/Ta和Zr/Hf值低—中等,Sm/Nd值低	Sr、Ba、P和Ti负异常强烈,Cr、Ni、Co略低,Zr+Nb+Y+Ce值低—中等,Ga/Al值中等,Nb/Ta和Zr/Hf值极低—中等,Sm/Nd值高	Sr、Ba、P和Ti负异常相对较小,Cr、Ni、Co略高,Zr+Nb+Y+Ce值中等,Ga/Al值中—低,Nb/Ta和Zr/Hf值高,Sm/Nd值低
稀土元素	ΣREE高,Eu负异常明显,δEu值0.03~0.2为主	ΣREE中—高,Eu负异常较明显,δEu值0.1~0.3为主	ΣREE中—低,Eu负异常明显,δEu值<0.3为主	ΣREE中,Eu负异常相对较弱,δEu值0.21~0.38

续表 3

比较项目	成锡花岗岩		成钨花岗岩	成铜铅锌花岗岩
同位素	$\varepsilon_{Nd}(t)$相对较高（-8～-6），T_{2DM}(Nd)<1.6Ga	$\varepsilon_{Nd}(t)$高（-8～-6），T_{2DM}平均值1.5Ga；$\varepsilon_{Hf}(t)$相对较高（-8～-4），T_{2DM}(Hf)平均值1.46Ga	$\varepsilon_{Nd}(t)$较低（多-12～-8，T_{2DM}(Nd)平均值1.68Ga；$\varepsilon_{Hf}(t)$相对低（-12～-8），T_{2DM}(Hf)平均值1.97Ga	$\varepsilon_{Nd}(t)$高（-7.5～-5），T_{2DM}(Nd)平均值1.38Ga；$\varepsilon_{Hf}(t)$相对较低（-12～-8），T_{2DM}(Hf)平均值1.75Ga
锆饱和温度	一般>800℃,平均836℃	较高（711～819℃），平均781℃	较低（636～821℃），平均731℃	较高（711～784℃），平均753℃
幔源物质	多		少或无	较多
源区性质	下地壳为主+地幔不同程度贡献		上地壳变泥质岩为主	下地壳角闪岩为主
时代	晋宁期、印支期、燕山早、晚期为主		加里东期、印支期、燕山早期为主	燕山早期为主
分异程度	较高、LREE/HREE较低（2～15），平均5.3；Zr/Hf较低（16～32），平均25；Nb/Ta较低（3～12），平均7；Rb/Sr高,主要集中于2～130,平均34		高、LREE/HREE低0.4～15，平均4.2；Zr/Hf低0.24～32，平均16；Nb/Ta低0.9～12，平均4；Rb/Sr高,主要集中于1～137,平均36	低、LREE/HREE较低6～11，平均9；Zr/Hf较低2.3～25,平均22；Nb/Ta较低0.3～11，平均6；Rb/Sr极低,主要集中于0.2～3,平均0.8
氧逸度	低、Ce^{4+}/Ce^{3+}低—高（7～116），平均40；ΔNNO低0.2～2.4、平均1.0		低—高、Ce^{4+}/Ce^{3+}低—高（1～97），平均32；ΔNNO低—高0.6～4.8，平均3.3	高、Ce^{4+}/Ce^{3+}高（23～285），平均136；ΔNNO高2.4～3.8，平均3.1
黑云母	铁质黑云母-铁叶云母；Al_2O_3含量低—高（12.1%～18.0%），平均14.4%		铁质黑云母-铁叶云母；Al_2O_3含量较高（17.5%～20.4%），平均19.1%	镁质黑云母-铁质黑云母；Al_2O_3含量较低（13.7%～14.4%），平均14.3%
构造位置	靠近郴州-临武断裂带或分布于西侧		靠近郴州-临武断裂带或分布于东侧	靠近郴州-临武断裂带
代表性岩体	金鸡岭	骑田岭、花山-姑婆山	西华山	水口山、铜山岭、宝山
矿床实例	大坳	芙蓉、新路	西华山	水口山、铜山岭、宝山

（3）在分析研究区域成矿地质背景和成矿规律的基础上,将南岭成矿带划分为19个Ⅳ级和56个Ⅴ级成矿（区）带,圈定19个找矿远景区（图13）和96个找矿靶区,并分析了它们的资源潜力和找矿方向。对南岭成矿带资源开发利用、环境影响进行了初步综合评价,认为钨锡、铅锌等主要矿产开发对环境的影响是可控的。

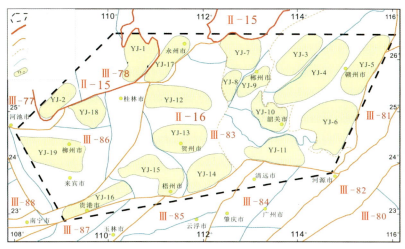

图 13 南岭成矿带找矿远景区分布图

3. 科技创新与理论进步

（1）进一步完善了燕山期锡成矿找矿模式（图14），为指导区域找矿勘查提供了理论依据。研究认为，地幔上隆、岩石圈减薄引起的玄武岩浆底侵作用是南岭成矿带燕山期花岗岩形成和爆发性成矿的诱因。在伸展环境下，岩石圈减薄、软流圈上涌，引起软流圈或软流圈与岩石圈交界部位的部分熔融，形成玄武岩浆。玄武岩浆的底侵，提供大量的热量，又引起岩石圈不同层圈，特别是地壳的熔融形成大量的不同类型花岗质岩浆。同时，含矿幔源流体上升，与壳源含矿流体混合形成壳幔混合流体，随花岗岩浆上升、分异、演化，最后在不同的有利部位形成不同类型矿床。

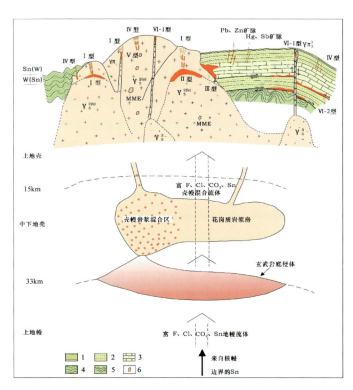

图 14 南岭中段燕山期锡矿成矿模式示意图（付建明等，2011）

1.板岩；2.砂岩；3.碳酸盐岩；4.浅变质碎屑岩；5.前震旦系基底；6.铁镁质微粒包体；Ⅰ.云英岩型；Ⅱ.变花岗岩型；Ⅲ.矽卡岩型；Ⅳ.石英脉型；Ⅴ.斑岩型；Ⅵ-1.断裂破碎带蚀变岩亚型；Ⅵ-2.层间破碎带蚀变岩亚型

(2) 提出了在南岭应加强加里东期和印支期钨锡多金属矿的寻找(图15)。调查研究认为晚三叠世是华南又一重要成矿期,花岗质岩石与相关矿产呈面状分布,是继华南"燕山期成矿、小岩体成矿、接触带控矿"传统观点之后内生金属成矿作用的新认识。在这一认识指导下,近年来在越城岭-苗儿山、崇阳坪-瓦屋塘、塔山-阳明山、锡田、川口、诸广山、五团、五峰仙、都庞岭等地区部署了一系列1∶5万区域地质调查和矿产地质调查项目,圈定了大批物化探综合异常,发现了一批钨锡多金属矿(化)点,圈定了找矿靶区。部分矿点通过拉动后续商业性勘查资金投入,矿床勘查规模达到中—大型,如湖南宗溪钨矿、广西云头界钨钼矿等。初步建立了印支期钨锡多金属矿成矿模式(图15)。

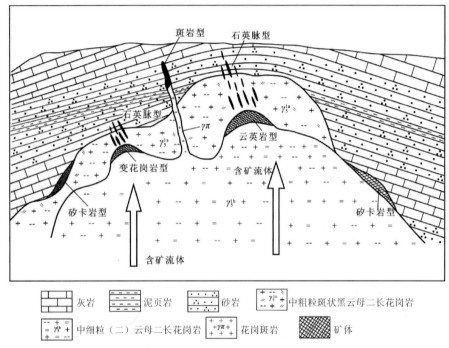

图 15　南岭地区印支期钨锡成矿模式示意图

(3) 系统总结了"1∶5万强风化区填图方法"。强烈风化区的基本特点是区内的露头以人工露头为主,无人工活动的地区风化层覆盖严重,采用传统地质填图方法填图精度不能得到满足。通过1∶5万强风化区区域地质调查试点研究,提出强风化区填图方法。将风化层作为特定填图对象,研究其结构、组成、厚度、矿物元素迁移、次生成矿(稀土、陶土和铝土矿)、分布(规律)、控制因素、形成机理等。通过地质、物探、化探、钻探综合剖面的研究,将风化层自上而下划分残积土、全风化、强风化、中风化和微风化层,并提出了划分标志。1∶5万强烈风化区区域地质调查方法作为新规范正在推广应用。

(4) 完善了金属成矿元素分析方法。多金属矿的成分复杂、多元素伴生,一般实验室采用传统的重量法、容量法、光度法等进行元素分析,分析过程中需经过繁冗的分离、掩蔽等前处理过程,繁琐费时,工作量大,效率低下。新建立的铅锌及钨多金属矿X荧光光谱仪分析方法和电感耦合等离子体光谱分析方法人工成本和试剂消耗大幅降低,分析效率得到了极大提高。根据推广应用中反馈信息,该方法分析效果良好。

三、成果意义

(1) 项目实施拉动4000余万元其他资金投入。通过这些项目的工作,新探明了资源量,为提高国内资源安全保障、服务国家矿产资源规划提供了支撑。

(2)主编专著2部,发表论文43篇(中文核心26篇,EI 6篇)。

(3)提交科普读物1本,科普论文2篇,组织科普活动2次,满足了人民群众日益增长的物质文化需要。

(4)南岭成矿带中西段集革命老区和民族地区于一体,自然环境恶劣,脱贫难度大。提交的矿产信息(如湖南炎陵县硅石矿和高岭土矿等)、地质旅游开发建议(湖南道县)等将助力国家特困地区人民脱贫致富,促进当地经济建设。

(5)培养博士后1名,3人被评为首批"中国地质调查局图幅填图科学家"。支撑中国地质调查局"花岗岩成岩成矿地质研究中心"建设,形成"华南花岗岩与成矿作用研究"团队。

(6)厘定完善了南岭成矿带地层序列,为区域地层划分与对比提供了基础支撑。

(7)构建了南岭成矿带构造-岩浆-成矿事件序列,划分19个找矿远景区、圈定96个找矿靶区,为下一步找矿工作部署指出了方向。

(8)提交的1∶5万区域地质图、1∶5万矿产地质图、相关报告及说明书,通过共享与服务,在为地方政府防灾减灾、工程施工、旅游开发、农业发展等方面提供了地质支持。同时,提交的一批矿产信息、地质旅游开发建议等,助力国家特困地区人民脱贫致富,促进当地经济建设。

(9)开展的资源潜力调查、资源开发利用、环境影响评价等工作,为国家和当地政府矿业建设总体规划部署、科学决策提供了技术支撑。

(10)"1∶5万强风化区填图方法"作为新规范正在推广应用,进一步完善的金属成矿元素分析方法提高了工作效率且更环保。

付建明(1964—),博士,二级研究员。中国地质调查局"花岗岩成岩成矿地质研究中心"主任和学术带头人。在国内外发表论文100余篇,其中第一作者26篇;第一作者出版专著4部(包括CGS2020-009出版中),科普读物1本,其中《南岭锡矿》入选国家新闻出版广播电影电视总局第四届"三个一百"原创图书出版工程。获原地质矿产部科技成果三等奖1项。

桂西地区地质矿产调查取得新进展，提出沉积型铝土矿的四阶段成矿模式

黄圭成　李堃

中国地质调查局武汉地质调查中心

摘　要：通过开展1∶5万地质矿产调查，圈定一批Au-As-Hg-Sb元素综合异常，发现16处金矿（化）点，圈定12处金矿找矿靶区，指示桂西地区金矿具有较大的找矿潜力。研究沉积型铝土矿的物质来源，提出沉积型铝土矿"陆生水成"四阶段成矿模式。采获一批古生物化石，根据三叶虫化石 *Chittidilla-Kunmingaspis* 带和 *Kaotaia-Xingrenaspis* 带重新厘定隆林地区寒武纪地层的主体形成时代为第二统—苗岭统。获得一批高精度锆石年龄数据，大明山地区寒武纪碎屑锆石的年龄谱表现出亲华夏地块属性，推断扬子与华夏地块西南段的界线可能在桂中大明山以北地区。

一、项目概况

"右江成矿区桂西地区地质矿产调查"项目由中国地质调查局武汉地质调查中心承担，工作周期为2016—2018年，属于"扬子陆块及周缘地质矿产调查"工程。项目的主要任务是以卡林型金矿、沉积型锰矿、堆积型铝土矿为主攻目标，开展地质矿产调查，初步查明桂西地区成矿地质背景，在金矿找矿方面取得了新的发现，总结区域成矿规律，为找矿工作部署提供依据。项目工作地区位于广西西部的百色、崇左、河池等市，是滇黔桂"金三角"的组成部分，是我国重要的微细浸染型（卡林型）金矿床集中区，同时也是我国锰矿和铝土矿的重要资源基地。项目部署4个1∶5万区域地质调查和4个1∶5万矿产地质调查子项目，完成区域地质调查8470km^2，矿产地质调查1950km^2。新发现一批矿（化）点，圈定一批找矿靶区，建立了区域成矿模式，在地层古生物等基础地质调查方面取得了新的进展。

二、成果简介

1. 金矿找矿取得新进展

在乐业-凌云-巴马金矿成矿远景区完成9个图幅的1∶5万水系沉积物测量，圈定69处Au-As-Hg-Sb元素综合异常。通过异常查证和矿产检查，新发现16处金矿（化）点，圈定了12处金矿找矿靶区。其中林老坪和响拉找矿靶区的成矿条件及矿化特征与金牙和明山大型金矿床相似，具有找到中大型金矿床的潜力。凤山县林老坪金矿找矿靶区位于金牙金矿东约5km，面积约9km^2，靶区内发现一条近南北走向的含矿蚀变带，延伸长约5.2km，宽10～88m。根据9条探槽和剥土工程，初步圈定14条金矿（化）体。凤山县响拉金矿找矿靶区位于明山金矿南约9km，面积约16km^2，区内发现一条北西向的含矿蚀变带，长约310m，宽20～150m。根据施工的5条探槽，初步圈定11个金矿化体和3个金矿体。

2. 研究提出沉积型铝土矿的"陆生水成"四阶段成矿模式

桂西地区的铝土矿分布于靖西—德保—平果一带和龙州—扶绥一带，包括堆积型和沉积型两种类

型,前者已勘查和开采利用,后者勘查和研究程度低。本项目对平果地区的沉积型铝土矿开展了深入调查与研究。沉积型铝土矿产于孤立碳酸盐岩台地的上二叠统合山组底部,受 P_2/P_3 不整合面控制,在区域上稳定分布。调查发现,发育完整的铝土岩系及其盖层,由 8 个小层组成(图 1)。其中铝土岩系有 3 层,从古风化面(不整合面)往上分别为铁铝质岩(A)、铝质岩(B)和碳质泥岩(C),代表着陆地表面氧化环境向海侵初期还原环境的转变。A 层和 B 层为矿体。碳质泥岩(C)为沼泽环境,代表铝土矿风化过程的全面终止。部分地段碳质泥岩内部发育煤线(D)。碳质泥岩(C)之上为铝土岩系的盖层,含生物碎屑泥灰岩(E)、含生物碎屑燧石条带灰岩(F)与沉凝灰岩(G)和硅质岩(H)交替出现。

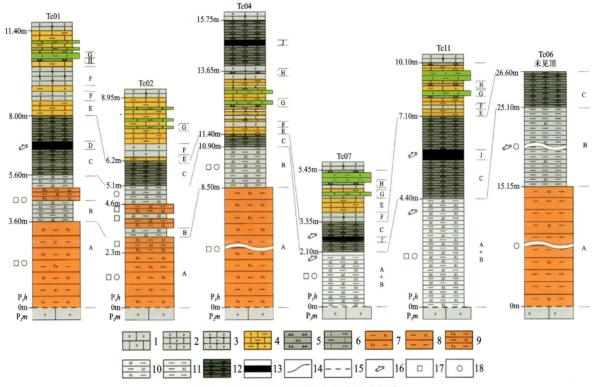

图 1 桂西地区沉积型铝土矿床基本层序

盖层:1.厚层生物碎屑灰岩;2.中薄层生物碎屑灰岩(F);3.中薄层含燧石生物碎屑灰岩(F);4.中薄层泥灰岩(F);5.薄层硅质岩(H);6.中薄层沉凝灰岩(G)。铝土岩系:7.块状铁铝质岩(A);8.块状铝质岩(A);9.层状铁铝质岩(A);10.层状铝质岩(B);11.层状铝质泥岩(B);12.薄层碳质泥岩(C);13.煤线(D)。14.整合地质界线;15.平行不整合界线;16.植物根茎化石;17.黄铁矿;18.豆(鲕)粒

在铁铝质岩、铝质岩中发现长石晶屑,多被后期生成矿物所交代但是晶型轮廓保存完好;同时发现晶型完好的石英晶屑,以及棱角分明的石英碎斑。在无陆源碎屑补给的远岸孤立碳酸盐岩台地沉积环境,铝土岩系中存在长石、石英晶屑组合,说明它的源岩可能是中性—中酸性火山岩。晶屑晶型完好、碎斑棱角分明,未见磨蚀痕迹,指示这些火山岩未经过长距离搬运。铝土岩系及其盖层中的(碎屑)锆石均具有岩浆形成因特征的环带结构,它们的锆石 $^{206}Pb/^{238}U$ 年龄集中分布于 260~259Ma 之间,与盖层沉凝灰岩中的锆石年龄一致,反映铝土岩系的源岩为吴家坪期的中酸性火山喷发岩。由此认为,沉积型铝土矿的物源为中酸性火山喷发岩,并建立了桂西地区沉积型铝土矿的"陆生水成"四阶段成矿模式(图 2),前两阶段为"陆生",第三阶段为"水成"。

此外,根据成矿特征和成矿规律研究,分别提出桂西地区微细浸染型(卡林型)金矿的盆地流体-大气降水成矿模式,以及泥盆纪沉积型锰矿的热液喷流沉积成矿模式。

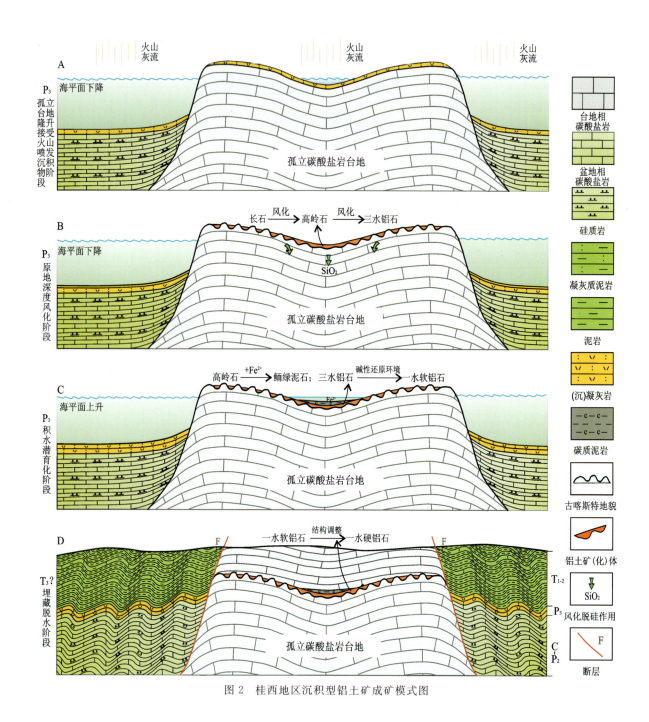

图 2　桂西地区沉积型铝土矿成矿模式图

3. 采获一批古生物化石，为确定桂西地区的地层时代提供新的依据

根据采获的古生物化石，共厘定出三叶虫、牙形刺、珊瑚、腕足、有孔虫、蜓类、双壳、菊石等 69 个生物化石（组合）带，其中新建 7 个生物化石（组合）带。根据新采获的三叶虫化石 *Chittidilla-Kunmingaspis* 带和 *Kaotaia-Xingrenaspis* 带（图 3），重新厘定隆林地区寒武纪地层的主体形成时代为第二统—苗岭统。这些古生物化石为确定桂西地区的地层时代提供新的依据，提高了该区古生物、生物地层和年代地层的研究程度。

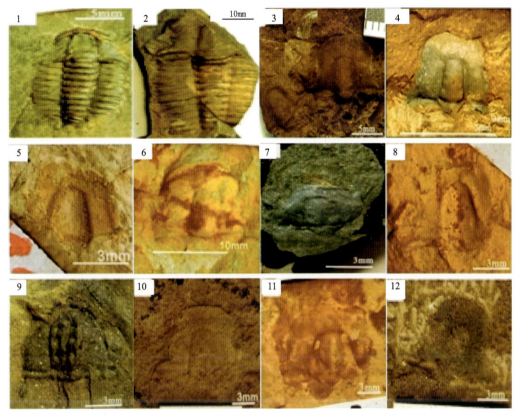

图 3 隆林地区寒武系凯里组主要三叶虫化石

1、2. *Xingrenaspis xingrenensis* Yuan et Zhou in Zhang et al,1980;3. *Kaotaia globosa* Chang et Zhou in Lu et al,1974（照片左上角见一腕足碎片）;4. *Danzhaiaspis* cf. *quadratus* Yuan et Zhou in Zhang et al,1980;5. *Douposiella* sp. ;6. *Kaotaia magna*(Lu, 1945);7. *Kunmingaspis* sp. ;8. *Kailiella angusta* Lu et Chien in Lu et al,1974;9. *Oryctocephalops* sp. ;10. *Chittidilla* sp. ;11. *Kaotaia globosa* Chang et Zhou in Lu et al. , 1974 ;12. *Probowmania* sp.

4. 获得一批基性岩浆岩的高精度年龄数据

桂西地区的岩浆岩以基性岩为主,分布较广泛,但是出露面积小。锆石 U-Pb 同位素测年（LA-ICP-MS）结果显示,基性岩浆活动以二叠纪最为强烈。其中基性侵入岩的年龄为 290～95Ma,主要集中在 290～255Ma 之间;基性火山岩的年龄主要在 260～245Ma 之间,与基性侵入岩近于同期。

根据岩石地球化学和 Sr-Nd-Hf 同位素地球化学特征,大致可将基性岩分为高 Ti 和低 Ti 两个系列。高 Ti 基性岩可能主要是由处于较深位置的石榴子石二辉橄榄岩经过低程度的部分熔融作用所形成,而低 Ti 基性岩则主要是由处于较浅位置的尖晶石二辉橄榄岩低程度部分熔融作用所形成,在岩浆上升过程中可能有少量富集岩石圈地幔物质的加入。

基于地球化学特征和年代学数据,推断桂西地区的基性岩可能是地幔柱岩浆持续活动所形成。形成较早（早中二叠世）的基性岩可能是区域上早期地幔柱活动的产物,而形成较晚（晚二叠世）的基性岩则可能是峨眉山地区较晚期地幔柱活动的远程产物。

5. 推断扬子与华夏地块西南段的界线可能在桂中大明山以北地区

扬子和华夏地块的北东段边界普遍认为在绍兴—江山—萍乡一带,但是对于西南段的界线,尤其是在广西境内的界线一直存在较大的争议。

寒武系黄洞口组分布于桂西东南的大明山、大瑶山至鹰阳关一带,主要由一套砂质碎屑岩组成。本项目对大明山霞义岭黄洞口组的碎屑锆石 U-Pb 年龄谱进行研究。锆石颗粒大小悬殊，内部发育包裹体、裂隙，颗粒磨圆度相差很大，从棱柱状到球状均有出现，反映了物源搬运距离或沉积期次有很大差别。锆石的阴极发光图像亮度强弱不等，具有震荡环带、不规则分带、核边结构等特征，说明以岩浆成因锆石为主，并普遍经历后期构造热事件扰动改造。在测得的 95 个锆石年龄数据中（LA-ICP-MS，谐和度≥90%），显示出 4 个年龄区间：600～510Ma、1100～900Ma、1980～1620Ma 和 2580～2380Ma，其中 1100～900Ma 是最突出的峰值。对比发现，大明山霞义岭地区的黄洞口组碎屑锆石 U-Pb 年龄谱系与扬子地块的年龄组成特征有明显的区别，而与华夏地块的年龄组成特征非常相似。因此认为，大明山地区寒武纪沉积岩的物源主要来自于华夏地块，推断扬子与华夏地块西南段的界线应该在桂中大明山以北的地区。

三、成果意义

新发现的金矿（化）点和圈定化探异常、找矿靶区，指示桂西地区金矿具有较大的找矿潜力。建立的沉积型铝土矿成矿模式，可供以后的铝土矿找矿勘查工作参考。获得的古生物化石、各类锆石年龄数据，为区内基础地质调查与研究提供了重要参考资料。

黄圭成（1963—），博士，三级研究员，从事地质矿产调查与研究。先后参加 15 个地质项目的工作，主持完成其中的 7 个项目："粤西罗定盆地南缘锰多金属及金银矿床类型、形成条件及找矿预测研究""新藏公路沿线矿产资源远景调查""西藏雅鲁藏布江西段铬铁矿资源远景调查""湖南桑植-湖北宜都地区矿产资源远景调查""鄂东南地区岩浆演化与成矿作用的关系""湘桂粤地区早古生代岩浆岩岩石-构造组合与时空格架""右江成矿区桂西地区地质矿产调查"。发表论文 40 多篇（第一作者 16 篇），出版专著 1 部（第三作者）。

桂东-粤西成矿带云开-抱板地区地质矿产调查

徐德明 王磊

中国地质调查局武汉地质调查中心

摘 要：通过基础地质调查、矿产地质调查及专项地质调查，重新厘定了桂东-粤西成矿带各时代岩石地层单位，完善了地层分区系统，建立了岩浆岩时空格架和构造-岩浆事件序列；在云开地块物质组成和构造演化、琼西地区金矿富集规律及成矿机制、莲花山地区锡铜多金属矿成矿规律等方面取得了新的认识；圈定了一批物化探异常，新发现矿（化）点 35 处、矿产地 3 处，提交找矿靶区 12 处，在琼北云龙凸起西缘新近纪地层中发现含油层。项目成果引领和拉动了地方勘查基金和商业性矿产勘查，为重要经济区规划与建设提供了重要基础资料及建议；出版专著 2 部、科普读物 1 部，发表论文 29 篇、科普文章 2 篇；获批国家"五大科技平台"项目 2 项。

一、项目概况

"桂东-粤西成矿带云开-抱板地区地质矿产调查"为"地质矿产资源及环境调查"专项一级项目"公益性基础地质调查"下设的二级项目之一，工作周期为 2016—2018 年，由中国地质调查局武汉地质调查中心承担。根据下达的目标任务，项目以重要经济区、整装勘查区、重要找矿远景区、重大地质问题区和典型矿集区为重点，开展了基础地质调查、矿产地质调查及专项地质调查，共完成 1∶5 万区域地质调查 8922 km²、1∶5 万矿产地质调查 940 km²；提交 1∶5 万地质图 29 幅、矿产地质图 6 幅；编制了相关成果报告和 1∶100 万系列图件。

二、成果简介

1. 基础地质调查进展

（1）重新厘定了区内各时代岩石地层单位，完善了地层分区系统，建立了各时代地层划分对比框架。在多个重要地层层位新发现大量古生物化石，不仅丰富了古生物化石宝库，也进一步确认了相关地层的沉积时代；在海南岛首次发现中—晚三叠世和侏罗纪地层，填补了海南岛侏罗纪地层缺失的空白。

郁南县干坑村奥陶纪东冲组中的双壳类化石不仅数量相当丰富，而且分异度相当高（图 1）。经初步鉴定有 16 属 22 种，分属于 8 科，此外还有若干未命名的新属。属种数量及新属数量之多为国内前所未有，在世界其他地区的中奥陶世双壳动物群中也不多见。这些化石不仅丰富了我国及世界中奥陶世双壳类动物群，也为研究双壳类的早期演化、中国南方及全球奥陶纪双壳类辐射演化提供了新线索，为华夏地块中—上奥陶统的划分对比、古地理研究提供了更多古生物方面的证据。

在岑溪市三堡镇都目水库附近的兰瓮组三段粉砂岩中采集到大量化石，包括三叶虫、腕足类（图 2）及海百合茎、双壳类等介壳类化石群，其中 *Strophomena* sp.，*Nicolella* sp.，*Christania* sp.，*Pauci-*

crura sp.，Leptaena sp.等腕足类产于奥陶纪中晚期,晚奥陶世早中期的可能性更大,故将兰瓮组时代厘定为晚奥陶世。

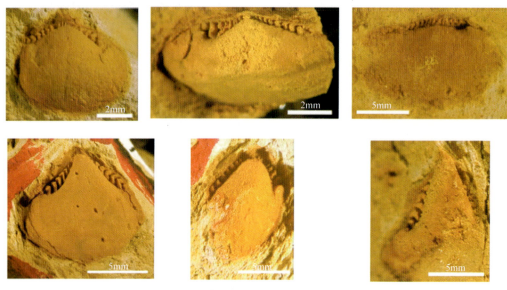

图 1　郁南县干坑村双壳类化石

图 2　广西岑溪市三堡镇奥陶纪三叶虫(a、b)、腕足类(c、d)化石

在三亚市海棠区协桂村东北部原早白垩世鹿母湾组中发现凝灰岩夹层,并获得其锆石 U-Pb 年龄为 237.5Ma(图 3),由此新建非正式岩石地层单位 T_{2-3},代表了海南岛中—晚三叠世火山-沉积作用的记录。

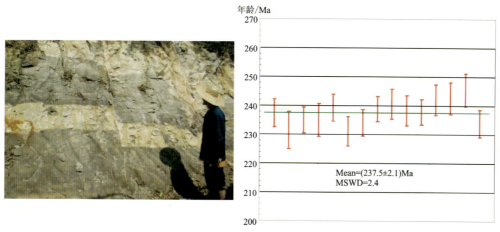

图 3　三亚市海棠区协桂村凝灰岩露头(左)及锆石 ^{206}U/^{208}Pb 加权平均年龄图(右)

在海南崖县原奥陶纪尖岭组层型剖面中识别出一套侏罗纪地层(图 4),获得其碎屑锆石 U-Pb 最小年龄为 172Ma,应属中侏罗世之后沉积。通过区域地层及其碎屑锆石年龄谱对比,认为其时代为中—晚侏罗世,并新建非正式岩石地层单位 J_{2-3},填补了海南岛侏罗系地层缺失的空白。

图 4　三亚市吉阳区尖岭组剖面中侏罗纪地层(左)与奥陶纪地层(右)岩性对比

(2) 建立了区域岩浆岩时空格架和构造-岩浆事件序列;在云开地块西缘新发现印支期中-酸性火山岩、中—晚侏罗世中-基性火山岩,云开地块东缘新发现碱长花岗岩,为揭示华南印支-燕山期构造-岩浆活动的大地构造背景提供了新证据。

在云开地块西缘容县下罗杏村发现早三叠世火山岩岩筒,由一套中-酸性火山岩组成,岩性主要为流纹岩、含角砾流纹岩、安山(玢)岩、英安(斑)岩,并获得含角砾流纹岩锆石 U-Pb 年龄为 249.9Ma (图 5)。岩石属高钾钙碱性系列,具有壳幔混源成因特征,可能形成于大陆边缘弧环境。

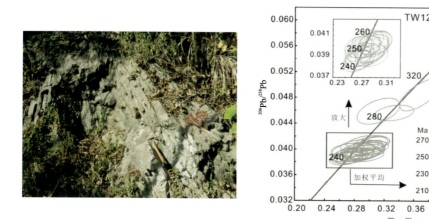

图 5　广西容县下罗杏火山岩露头(左)及锆石 U-Pb 年龄图(右)

在云开地块西缘芩溪市三堡镇沙村发现中—晚侏罗世中-基性火山岩岩墙,岩性主要为蚀变-弱蚀变安山质晶屑角砾熔岩、中-基性熔岩、石英安山斑岩、石英粗面斑岩,获得基性熔岩锆石 U-Pb 年龄为 164.5Ma(图6)。岩石属碱性岩系列,具幔源成因特征,是伸展构造环境下的产物。

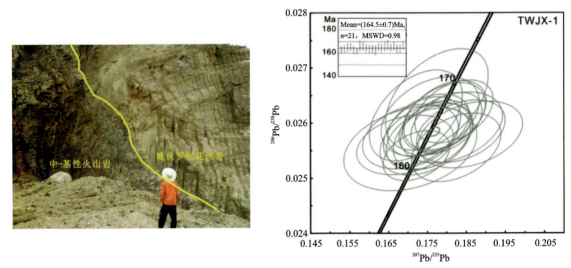

图6　广西芩溪市沙村火山岩露头(左)及锆石 U-Pb 年龄图(右)

在云开地块东缘新兴县梧洞、鹅石和恩平市新坪等地新发现晚侏罗世碱长花岗岩,岩性以独特的中粗粒碱长花岗岩、中细粒(含斑)碱长花岗岩为主,同位素年龄为 162～160Ma(图7)。这些花岗岩以高硅和钾、富碱为特征,可能与燕山早期后造山环境下的减压松弛、软流圈上涌、基性岩浆底侵有关。

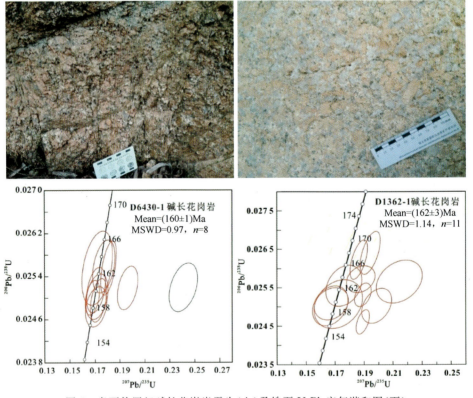

图7　粤西侏罗纪碱长花岗岩露头(上)及锆石 U-Pb 定年谐和图(下)

(3)按加里东期、印支期和燕山-喜马拉雅期3个构造演化阶段划分了大地构造单元;基本查明了调查区构造变形特征,获得云开西缘印支期和燕山期韧性变形事件精确年龄。

基本查明了调查区不同地质时期构造变形特征及组合样式,新发现广东增城正果韧性剪切带、广西容县十里韧性剪切带等重要构造形迹;采用云母$^{40}Ar/^{39}Ar$定年查明了部分断裂和韧性剪切带的活动时代,获得广西容县三堡杂岩边界断层(岑溪-博白断裂)中绢云母形成年龄为(231.91±2.23Ma)(图8),十里韧性剪切带早期白云母形成年龄为(231.56±2.25)Ma、晚期白云母形成年龄为(155.33±0.91)Ma(图9),罗定-广宁断裂带白云母形成年龄为(232.6±1.3)Ma。

图8 三堡断层S-C组构(左)及绢云母$^{40}Ar/^{39}Ar$年龄谱(右)

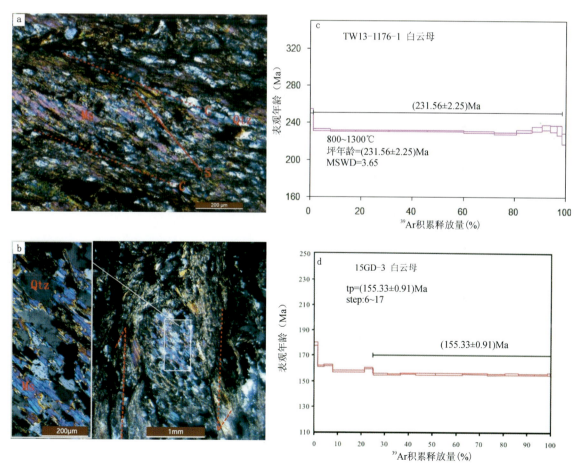

图9 十里韧性剪切带S-C组构(a)、保留早期糜棱面理的旋转碎斑(b)及
早期(c)、晚期(d)白云母$^{40}Ar/^{39}Ar$年龄谱

(4)查明了广东增城-东莞石龙、雷州半岛、琼北等重要经济区第四纪沉积物类型、结构和新构造活动特征,反演了沉积演化过程,恢复了古环境和古气候。

根据第四纪沉积物的岩性、空间关系等地质特征及形成的地质环境,划分了第四系成因类型。如将雷州半岛第四系划分为河流冲积物(pl)、海积物(m)、冲积-海积物(mc)、河口堆积物(mal)、河漫滩堆积物(af)、洪积物(al)、湖积物(l)共 7 种成因类型(表 1)。

表 1 雷州半岛第四系成因类型列表

成因组合	成因类型	填图代号	主要岩性特征
陆相沉积组合	湖相沉积物	l	淤质黏土、薄层黏土为主
	洪积物	al	砂、砾等河流沉积物
	冲积物	pl	粉砂、粉砂质黏土等,多具暴露氧化特征
	河漫滩堆积物	af	砂、黏土等河流沉积物,具爬升沙纹层理和泥裂等沉积构造
	河口堆积物	mal	淤质黏土、粉砂质黏土、细—粉砂
海陆交互组合	冲积-海积物	mc	青灰色粉砂,含海相生物
海洋沉积组合	海积物	m	具极薄层砂-泥韵律特征,潮汐作用明显

本次重点对雷琼地区第四纪以来的古环境和古气候进行了研究。如根据孢粉分析结果,将琼北第四纪的古植被演化和古环境变化自下而上划分为 8 个演化阶段(表 2)。总体来说,区内早更新世秀英组的沉积为湿热气候,晚期为炎热干燥气候;中更新世北海组主要为炎热潮湿气候、全新世琼山组总体为湿热、间有干热的气候环境。

表 2 琼北长流地区第四纪部分地层及古气候

年代地层		岩石地层	序号	综合孢粉带	古气候
第四纪	全新世	琼山组	8	Casuarina quisetifolia-Castanopsis-Pinus-Artemisia 孢粉组合带	气候偏暖干
			7	Proteaceae-Elaeocarpus-Castanopsis-Castsnes-Piper 孢粉组合带	炎热潮湿
			6	Castanopsis-Dacrydium-Proteaceae-Cyathea 孢粉组合带	炎热潮湿
	中更新世	北海组	5	Cyathea-Polypodiaceae-Quercus 孢粉组合带	炎热潮湿
	早更新世	秀英组	4	水龙骨科(Polypodiaceae)-栲(Castanopsis)-藜科(Chenopodiaceae)孢粉组合	炎热干燥 ↑ 炎热潮湿
			3	水龙骨科(Polypodiaceae)-栎(Quercus)-禾本科(Graminae)孢粉组合	炎热潮湿
			2	Cyathea(桫椤)-Pteris(凤尾蕨)-Quercus(栎)孢粉组合	炎热潮湿
			1	Cyathea(桫椤)-Microlepia(鳞盖蕨)-Pinus(松)孢粉组合	炎热潮湿

第四系结构以增城-石龙地区为例。该区第四系厚度一般为十几米,最厚约 34m,靠近东江水道相对较厚,北部增城、福田镇及南部茶山镇、横沥镇一带第四系厚度明显变薄,沉积中心位于东莞盆地中部

东江干流处(图10)。区内软土主要见于全新统桂州组横栏段中,呈单层-多层结构,以灰黑色淤泥、淤泥质土为主,夹薄层黏土或粉细砂、淤泥质砂。主要沿东江及其支流分布,整体呈东西向展布(图10)。

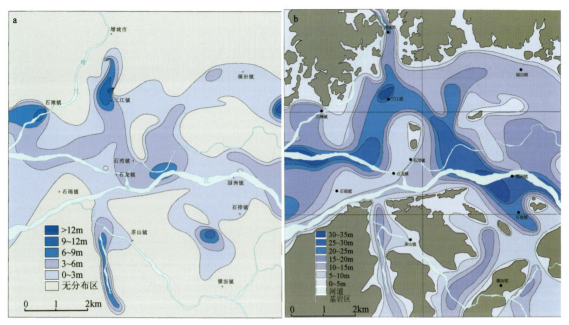

图10 东莞盆地第四系厚度等值线图(a)及软土累计厚度等值线图(b)

2. 资源环境调查进展

(1) 圈定了一批物化探异常和找矿靶区,新发现大量矿(化)点,为后续矿产勘查提供了丰富的找矿信息;在广东双华-平安镇、三饶-钱东圩地区实现了锡铜多金属找矿新突破。

在广东双华-平安镇、三饶-钱东圩及天露山地区圈定化探综合异常68处;在湖南新宁(越城岭东北部)、千里山-瑶岗仙地区圈定剩余重力局部异常68处;新发现矿(化)点35处;提交找矿靶区12处。

广东双华-平安镇、三饶-钱东圩地区位于莲花山断裂带,本次新发现丰顺县大寨铅锌多金属矿、陆河县矿隆坝锡多金属矿和五华县高山寨钨钼矿3处矿产地及一批矿(化)点,实现了锡铜多金属找矿新突破。结合近年来金坑锡铜多金属矿(其锡、铜、铅锌、银均已达中型规模)、新寨崀铜多金属矿、陶锡湖锡多金属矿等矿床的发现和初步评价以及成矿预测成果(锡 57.07×10^4 t、铜 301.64×10^4 t、铅 180.79×10^4 t、锌 305.23×10^4 t、二氧化钨 19.48×10^4 t、钼 4.13×10^4 t),表明莲花山地区资源潜力巨大,有望成为华南新的有色资源基地。

(2) 在琼北云龙凸起西缘新近纪地层中发现含油层,有望为琼北乃至整个北部湾油气勘探开辟新的空间。

在海口市长流镇南部钻孔SK04孔深699~804m处发现多层油页岩,在钻孔SK05孔深593.6~597m处识别出一层含油砂岩(图11)。两个钻孔含油层位之下均见有下洋组特征岩性蓝灰色黏土,故将该套含油地层归为新近纪中新世下洋组-角尾组,与目前福山油田主要含油层位(古近纪流沙港组-涠洲组)不同。

(3) 建立了桂东-粤西成矿带地层-岩石-构造-成矿时空格架;编制了1:100万桂东-粤西成矿带铜金多金属矿成矿规律图和重要矿产成矿预测图,划分了7个找矿远景区,圈定了63个综合预测区,开展了资源环境综合评价。

图 11 长流南部 SK04(a)和 SK05(b)钻孔柱状图

3. 理论方法和技术进步

(1) 对云开地区原前寒武纪基底进行了解体,基本厘清了基底的物质组成、时代和构造属性,构建了云开地块新元古代早期以来多期复合造山的构造演化模式。

将原基底岩石解体为 3 部分:中—新元古代变质表壳岩、加里东期花岗岩和火山岩、新元古代和早古生代基性岩类。提出云开地块是新元古代早期以来的多期复合造山带,其基底主体由新元古代沉积-火山物质组成,可能含有中元古代或更古老的基底岩块,建立了云开地块 6 个阶段的构造演化模式(图 12)。

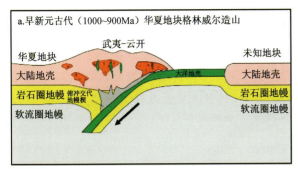
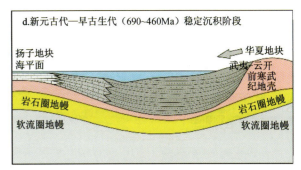
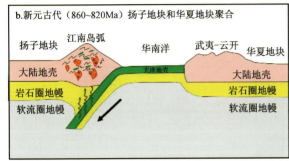
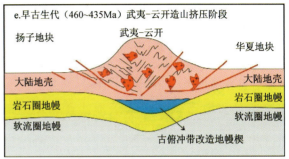
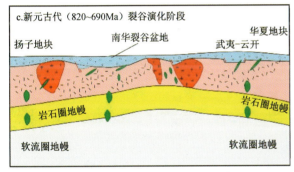
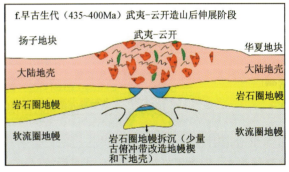

图 12　云开及邻区新元古代—早古生代构造演化模式图

（2）基本查明琼西地区金矿富集规律和成矿机制，提出琼西地区金矿是受韧性剪切带控制的多源热液型矿床，其形成可能与印支地块和华南板块碰撞造山后的伸展剪切有关。

琼西地区戈枕剪切带是一条经过多期活动的剪切断裂带，其在控制金矿床类型上表现为北东段主要形成蚀变碎裂岩型和石英脉型金矿（如土外山），中段以蚀变糜棱岩型金矿为主（如二甲），南段则主要为石英脉型金矿（如不磨）；金矿成矿时代有由南往北逐渐年轻的趋势；金的成矿物质可能主要来自地层而非深部岩浆，成矿流体主要来自变质水和大气降水，并混有部分岩浆水；成矿流体属于典型 H_2O- CO_2- $NaCl$ 流体体系，主成矿阶段发生的成矿流体沸腾与相分离为金沉淀的主要机制；提出琼西地区金矿是受韧性剪切带控制的多源热液型矿床，其形成可能与印支板块和华南板块的碰撞造山后的伸展剪切有关（图 13）。

（3）建立了莲花山地区典型锡铜多金属矿床成矿模式及"三位一体"找矿模型，并在指导找矿中取得实效。

调查研究表明，广东莲花山地区锡多金属矿成矿地质体为燕山期细粒花岗岩或花岗斑岩，成矿构造为脆—韧性剪切作用形成的层间破碎带；获得金坑矿区细粒花岗岩的形成年龄为141Ma，与锡石和毒砂共生的辉钼矿 Re-Os 等时线年龄为141Ma；建立了金坑锡铜多金属矿等典型矿床的成矿模式（图 14）及莲花山地区锡铜多金属矿"三位一体"找矿模型，在此基础上在区内新发现和初步评价了大寨铅锌多金属矿、矿隆坝锡多金属矿和高山寨钨矿 3 处矿产地以及 10 余处矿（化）点。

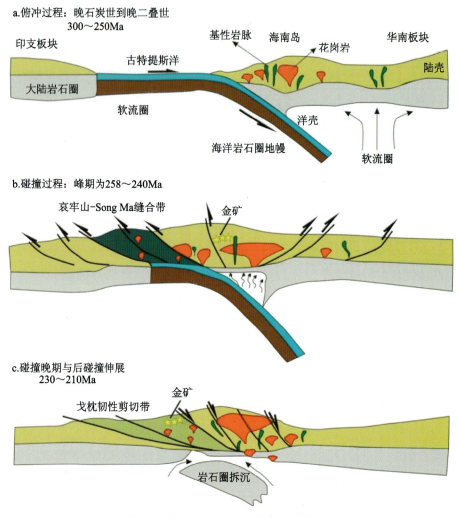

图 13　琼西地区金矿成矿构造背景模式图

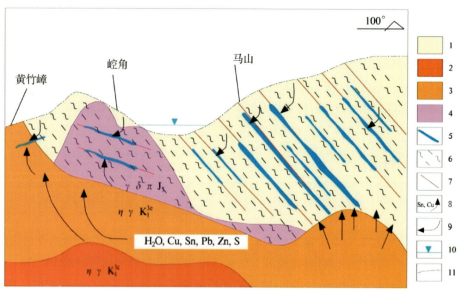

图 14　金坑铜锡多金属成矿模式图

1.上侏罗统热水洞组；2.中粗粒黑云母花岗岩；3.细粒花岗岩；4.花岗闪长斑岩；5.铜锡铅锌矿体；
6.糜棱岩化-片理化带；7.断层；8.岩浆热液；9.大气水；10.金坑河；11.剥蚀界面

(4)采用槽型钻与陡坎调查相结合的工作方法,详细查明浅覆盖区浅表层松散沉积物特征。

在雷州半岛第四系路线地质调查中,充分利用天然和人工陡坎剖面的基础上,采用了槽型钻进行取心观察和记录(图15),并采集相关样品,对表层沉积物成分、结构构造、沉积相以及土质类型、土壤质量等进行分析研究,为第四系研究及土地规划提供依据。

图15 槽型取样钻野外作业(左)及所取岩心(右)

三、成果意义

(1)地质调查成果引领和拉动地方勘查基金和商业性矿产勘查,为矿山企业提供技术咨询服务。

本项目(包括延续项目)圈定的一批有利找矿靶区及时转入了矿产勘查,引领和拉动地方勘查基金和商业性矿产勘查投入4386万元,并取得了显著的找矿成果,如湖南"平江县万古矿区金盆岭金矿—230m以下金矿普查"探获(333+334)金资源量25.64t。

项目组受广东省大宝山矿业有限公司邀请,开展了大宝山矿区矿床成因及矿区外围深部找矿方向研究,提交了《大宝山矿区外围(深部)地质找矿项目成岩成矿年龄研究》报告。

本次调查重新厘定了江东地区第四系沉积物的岩性组合、基本层序、时代归属及空间展布特征,并首次对江东地区分布面积最广的全新世琼山组(Qh_2q)中的灰黑色有机质黏土层进行了可燃气体检测,测得可燃气体含量最高值达$2700\mu mol/mol$,为海口江东新区规划与建设提供了重要的基础地质资料(图16)。根据本项目的建议,随后开展的海口江东地区地质调查已将可燃气体新增为重要的调查内容之一。

(2)重要经济区调查成果为广州市增城-东莞-博罗经济带的城市规划和工程建设、广州第二机场选址、海口江东新区规划与建设等提供了重要基础资料及建议。

(3)发表论文29篇(其中SCI论文6篇,EI论文4篇),出版专著2部。组织开展科普活动和科普宣传,出版科普读物1部,发表科普论文2篇。

(4)获批国家自然科学基金项目1项、国家重点实验室开放基金项目1项。

(5)建成了"云开造山带地质调查研究"团队,3人被评为"中国地质调查局首批图幅填图科学家";3人增选为硕士研究生导师、1人晋升为副研究员、2人晋升为高级工程师;培养博士后2人、博士研究生1人、硕士研究生4人。

本次地质调查成果显著提高了桂东-粤西成矿带的基础地质工作程度和水平,为重要经济区规划与建设等提供了基础地质资料支撑及建议;提供了丰富的地质找矿信息,有力地拉动了地方勘查基金和商业性矿产勘查投入,支撑了找矿突破战略行动;加强了地质矿产调查成果的综合集成和理论提升,促进了地质科技创新;建立了地质调查成果数据库,有利于实现地质资料信息基于"地质云"的共享服务。

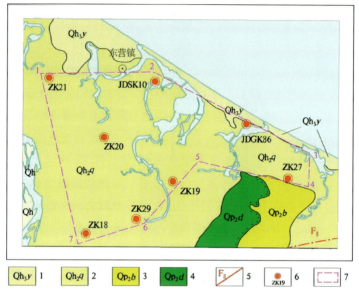

图 16　海口江东地区可燃气体地质简图

1.烟墩组;2.琼山组;3.北海组;4.多文组;5.物探推测断裂;6.钻孔位置及编号;7.矿区范围

徐德明(1964—),男,硕士,研究员,中国地质大学(武汉)兼职硕士研究生导师。长期从事区域地质调查、矿产资源调查评价及岩石学研究工作。现任中国地质学会岩石专业委员会委员,武汉地质调查中心基础地质室主任,《华南地质与矿产》编委。在国内外期刊发表论文60余篇(其中第一作者15篇),合作出版专著4部,合作发明专利2项,获湖北省科技进步三等奖1项、湖北省宜昌市"五小"科技成果二等奖1项。

珠三角阳江-珠海海岸带填图试点取得显著成果

卜建军 吴俊 贾小辉

中国地质调查局武汉地质调查中心

摘 要：海岸带是陆地与海洋的交接地带，是人口密集、经济发达、环境脆弱区，也是地球系统科学、关键带研究和实践的最理想地区。阳江-珠海海岸沿线是海岸带地质调查空白区，在已经完成的 1∶5 万地质图上将海岸带沉积的沙、砾、泥简单标示为"海相沉积物"，对海蚀遗迹几乎没有任何标示。以与海岸带有关的科学问题和经济需求为导向，海岸带填图填什么、怎么填、在图面上怎么表达，是急需解决的问题。项目通过调研、方法试验和 1∶5 万区域地质填图实践，查明了海岸带类型，划分了四级地貌单元，构建了第四纪地层结构及空间格架，建立了 1∶5 万海岸带填图方法体系，分析了晚第四纪以来的海平面变化和海岸线变迁过程，及古气候、古环境变化规律。项目建立的填图方法体系可为类似地区开展区域地质调查提供技术参考，编制的成果图件可服务于地方生态文明建设、经济发展、地方规划和工程建设。

一、项目概况

阳江-珠海海岸带位于珠江三角洲西南部，南临南海。自然资源部中国地质调查局武汉地质调查中心在该区开展了"珠三角阳江-珠海地区海岸带 1∶5 万填图试点"二级项目，归属于"特殊地区地质填图"工程。工作周期为 2016—2018 年。二级项目以服务"海上丝绸之路"经济带为导向，开展 1∶5 万区域地质调查和海岸带专项地质调查，探索总结海岸带地质填图技术方法。重点调查了海岸沉积物的类型、物质组成、港湾物质堆积及其演化趋势、海岸线的变迁、海水进退历史，为国家战略和地方经济建设提供基础地质信息支撑。

二、成果简介

1. 在海岸带和南方强风化区建立了填图方法体系

针对珠三角地区的海岸带特征，以 1∶5 万区域地质调查为基础，明确了海岸带调查内容，通过遥感、钻探和物探等方法试验，采用不同技术方法组合进行填图，创新了 1∶5 万图面表达方式，建立了 1∶5 万海岸带填图方法体系；完成了特殊地质地貌区填图方法指南丛书——《中国东南部热带亚热带强风化区 1∶5 万填图方法指南》的编写。

特别是在海岸带海域部分，通过多次方法试验，总结了有效的海上单道地震采集参数：电火花激发能量选择 3000J 及以上，震源的沉放深度 1.0m，拖缆长度在浅水区 30m，深水区 40m，船速控制在 4～5 节，在浪高小于 1.0m，风级在 4～5 级及以下时可以有效消除采集噪声，获得高信噪比的原始数据。总结了一套海上单道地震的数据处理流程：对原始数据采用频谱分析、一维滤波、真值恢复、速度标定、平滑滤波等处理后所获得的海上单道地震深度剖面具有较高的信噪比和分辨率，目标层同相轴清晰可辨，且连续性好,完全满足解释对地震剖面的要求和海岸带地质调查的需要。采用特殊的地球物理处理方法,提取了多种相关的地震属性(瞬时振幅、甜点、瞬时相位、瞬时相位余弦、视极性、包络二阶导数、相对声阻抗、波形差分、相似相干体、瞬时频率、加权频率和主频等),这些属性能够更好地反映调查区域的层位、界面、物性等信息,有利于构造解释和地层物性解释,提高解释精度。攻克了海洋钻探设备方面的技术细节,不断完善操作方法,能够使钻探顺利实施。获得了基于单道地震的地层结构划分和海洋钻探资料,完成了海陆第四系和基岩强风化层的联孔对比(图1),编制了海底基岩地质图。标志着海岸带海域部分调查技术取得了突破,推进了海陆统筹。

2. 分析了我国南海末次冰期以来的古气候、古环境以及海平面变化

查明了海岸带类型、地貌和第四纪地层结构及空间展布特征,建立了以岩石地层单位为主的海岸带晚第四纪多重地层划分对比序列。

处理ZK06孔样品97件,共鉴定统计孢粉化石3194粒,经鉴定共获得51科54属,划分出了8个孢粉组合,结合^{14}C年龄、磁化率、氧同位素识别出:4个气候时期,5种植被类型,5个气候变化阶段。反映了珠三角台山地区在晚第四纪时期气候经历了"干冷—暖湿—较暖湿—暖湿—更暖湿"的变化过程。

通过分析有孔虫的组合特征,以及丰度、分异度和绝对分异度的变化特点,结合^{14}C年龄、磁化率、氧同位素变化特征(图2),认为我国南海海平面变化的规律是:11.5~7.2ka,海平面逐渐上升;7.2~2.7ka为高海平面时期,在3.1ka古气候发生了大的转变,至2.5ka海平面开始下降,直到目前的海平面高度。从全新世开始至8.5ka,海平面上升速度快,并逐渐放缓,最高可达5.3m/ka,在8.5ka以后,上升速度减小到1.0m/ka左右。南海海平面的这一变化规律与我国东海的规律基本一致,说明全新世以来海平面变化主要受气候因素控制。这一观点也否定了Lambeck(2014)的观点,他认为:6.7ka以来海平面接近现今,之后速率非常慢,全新世没有高海面(高于现今)。此外,通过系统的野外调查,发现了一系列高于现在海平面20多米的海蚀崖和海蚀穴,以及高于当今最大高潮线2m多的海滩岩,也佐证了我们的上述观点。

3. 厘定、完善了调查区岩石地层序列,取得了一些新认识

在调查区对寒武系、奥陶系和泥盆系开展了多重地层划分研究。围绕区内重大科学问题"郁南运动":粤西-桂东地区寒武纪和奥陶纪地层间的平行不整合所代表的上升运动,沉积学方面的证据主要是在广东德庆和郁南一带,寒武系与奥陶系之间有明显沉积间断,奥陶系底部以砾岩为主的罗洪组不整合于下伏地层之上。项目组详细调查了工作区寒武系和奥陶系界线层的古生物、沉积特征,认为该界线层为连续沉积,沉积环境为浅海—半深海,从而对前人的"郁南运动"提出了质疑。经对郁南县命名剖面罗洪组底部砾岩的调研,认为此砾岩为深海浊流相水道堆积的产物。另外,从区域上来看,晚寒武世台山地区为浅海陆棚相,属于粤北-粤中-粤西浅海陆棚,粤东北海水较深,为斜坡盆地环境。在早奥陶世粤东、粤东北等地抬升,形成粤东北浅海陆棚和粤东陆岛,而台山地区下陷,属于开平深海盆地。由此来看,晚寒武世—早奥陶世之间,在整体抬升的背景下,局部下陷。因此,对该运动有了新认识:郁南运动是发生于寒武纪与奥陶纪之交的一次构造事件,是在以整体抬升运动为主的背景下,在郁南-台山地区地壳下陷,沉积物快速堆积的过程,表现为由浅海环境向深海环境转变,浅海未固结的沉积物滑下大陆斜坡,形成大量的分选不等的泥砾沉积。

4. 查明了构造变形序列以及改造、叠加过程

查明了区内褶皱、断裂等构造形迹的特征,划分了4期构造变形序列,分析了不同期次的构造改造、叠加的过程。调查区北东向构造对早期东西向与南北向构造的构造叠加是东西向特提斯构造域向北

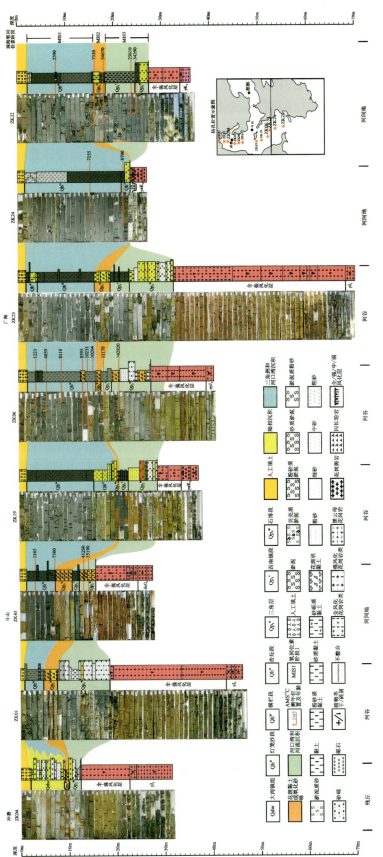

图1 广东台山海岸带海陆第四系和强风化层南北向联孔对比图

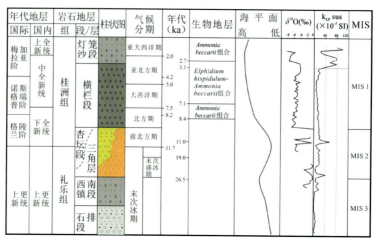

图 2 广东台山第四系多重地层划分和海平面变化图

东—北北东向太平洋构造域转换的地质记录,为研究这一重要构造转换时期在华南大陆内部的具体构造表现提供了新的窗口。

5. 建立了调查区构造-岩浆演化序列

通过系统的高精度同位素测年工作,建立了调查区构造-岩浆演化序列;详细探讨了早古生代的混合岩、混合花岗岩和镁铁质岩等的形成过程和内在成因联系,结合区域地层、碎屑锆石等资料,追溯了加里东运动在区内的响应形式、过程和强度。

6. 新发现矿化点 4 处

新发现辉钼矿化点 2 处、铜矿化点 1 处和稀土矿等矿化点 1 处,分析了调查区矿产的成矿地质条件和找矿前景。还需要指出的是,本项目在斗山镇大湾村井钻孔中发现了灰岩,地表为花岗岩,在灰岩和花岗岩的接触带附近发现黄铁矿矿化,为寻找接触交代型矿产提供了线索;在赤溪镇罗卜坑村北东 1.3km 处,发育一套隐爆角砾岩,出露面积约 $0.60km^2$,可能为潜在的容矿构造。

三、成果意义

(1) 项目组编制的《中国东南部热带亚热带强风化区 1∶5 万填图方法指南》和《海岸带 1∶5 万填图方法研究总结报告》首次形成了比较系统的海岸带和南方强风化区的填图方法与技术体系,可为类似地区开展区域地质调查提供技术参考。

(2) 项目组分析了我国南海末次冰期以来的古气候、古环境以及海平面变化,为了解地质历史,预测未来提供了基础资料,为当今生态文明建设和促进人类与地球和谐发展提供战略决策依据。

(3) 项目组编制的 1∶5 万区域地质图、土地资源利用图、第四系三维结构图等专题图件,可服务于地方生态文明建设、地方规划和工程建设。本项目也进行了海岸带特色旅游资源调查,促进地方旅游经济的转型或升级。

(4) 通过项目的实施,培养了一批人才,组建了一支"特殊地质地貌区"填图项目团队。

(5) 特殊地质地貌区填图,是一个继承和创新的过程,由已知到未知、由局部到区域、由点到面的推断和认知过程。团队成员不但需要扎实的地层、岩石、构造和古生物等基础地质知识,还需要综合地质、物探、化探、遥感和钻探等知识。通过项目的实施,团队成员提升了创新意识、大数据思维模式和协作精神。

卜建军(1972—),教授级高级工程师。主要从事区域地质调查、覆盖区地质调查方法研究和古生物研究工作。主持区域地质调查二级项目1项,自然基金面上项目1项,区域地质调查工作项目1项,区域地质调查专题2项。以第一作者或通讯作者在核心期刊上发表学术论文10余篇,合作编写专著1部。获中国地质调查成果奖一等奖2项,自然资源部国土资源科学技术奖二等奖1项。自2014年组建了"特殊地区地质填图"团队,先后负责南方强风化区试点项目和海岸带覆盖区填图试点项目,打造出了一个基础地质基础理论扎实,通晓数字填图技术,能够合理应用遥感、钻探、物探等技术方法的特殊地区地质填图专业技术团队。主持编写《中国南方强风化层覆盖区1:5万地质填图方法指南》,建立了海岸带填图方法体系。

吴俊(1983—),高级工程师,子项目负责人,主要从事海岸带、第四纪地质和古生物方面的调查研究工作。主持地质调查项目2项,作为骨干参与国家自然基金项目2项,以第一作者或通讯作者发表论文6篇,合作编写专著1部。

贾小辉(1981—),副研究员,子项目负责人,主要从事区域地质调查和岩石学方面的研究工作。主持国家自然科学基金(青年)项目1项,负责1:5万区域地质调查项目2项。以第一作者发表专业论文12篇。

华南"三稀"矿产调查为战略性新兴产业发展提供资源保障

王成辉

中国地质科学院矿产资源研究所

摘　要：在华南地区多个重点矿集区开展稀有、稀散、稀土矿产地质调查，基本查明主要矿集区"三稀"矿产的成矿特征和控矿要素，取得了一批重要找矿新发现，并在重点地区实现了稀土、稀有矿产的找矿突破，提高了战略性新兴产业矿产资源保障能力，为国家下一步战略性新兴产业矿产资源工作部署提供了依据。

一、项目概况

"华南重点矿集区稀有稀散和稀土矿产调查"二级项目，归属于"大宗急缺矿产和战略性新兴产业矿产调查"工程，由自然资源部中国地质调查局所属的中国地质科学院矿产资源研究所承担，项目工作周期为 2016—2018 年。项目的主要目标任务是基本查明我国华南地区主要成矿带"三稀"矿产资源潜力，在一批重要"三稀"矿产矿集区实现优质矿产的突破。深入开展典型矿床研究，查明"三稀"资源成矿条件，完善华南地区"三稀"资源成矿理论研究，总结成矿规律，评价资源潜力；初步总结一套适应华南地区离子吸附型稀土矿资源的找矿技术方法。促进合理开采离子吸附型稀土矿产；通过"三稀"矿产的调查评价，支撑矿政管理，为政府、社会提供相关技术服务；通过项目的实施，带动稀有、稀散、稀土地质调查行业的发展；为江西宁都等老区的精准扶贫提供支持。3 年来，项目通过开展 1∶5 万矿产地质测量、槽探、钻探、取样钻及典型矿床研究等工作，大致查明了幕阜山-武功山、九岭、南武夷等多个重点矿集区的成矿条件和资源特征，新发现矿产地 4 处，圈定靶区 10 处，实现了幕阜山南缘白沙窝铍铌钽、江西赣南碛肚山重稀土矿、广西灵山重稀土矿等找矿突破，有效提高了战略性新兴产业矿产资源保障能力。

二、成果简介

1. 实现稀有稀土金属找矿突破，提供战略性新兴产业矿产资源保障能力

通过开展 1∶5 万矿产地质测量、槽探、钻探、取样钻及典型矿床研究等工作，取得了一批新的发现和进展。主要成果有：①在湖南连云山地区实现铍铷锂铌钽的找矿突破（图 1）。连云山位于幕阜山稀有金属矿集区以南，通过 3 年的调查评价和钻孔验证，估算连云山白沙窝地区 BeO 资源量为 1.616×10^4 t，达到大型规模；Rb_2O 资源量为 2.91×10^4 t，达到大型规模；Li_2O 资源量为 1.13×10^4 t，达到中型规模；$(Ta,Nb)_2O_5$ 资源量为 0.35×10^4 t，达到中型规模，实现了找矿突破。②广西灵山花岗岩风化壳离子吸附型重稀土矿取得找矿突破，该稀土矿赋存于中三叠纪黑云母二长花岗岩风化壳中，全风化层厚度可达 20 m 以上，重稀土矿体品位较高（$0.070\% \sim 0.141\%$），中重稀土的比重 $40\% \sim 70\%$。初步估算重稀土氧化物可达 90 000 余吨，接近大型规模。③赣南安远县高云山乡碛肚山岩体内发现重稀土矿产地 1 处，矿体分布于下石版—上石版一带，赋存于碛肚山岩体黑云母花岗岩风化壳中，矿体平均厚度

7.80m,初步估算重稀土氧化物 17 929t,平均品位 0.062%。④江西九岭地区岩体型锂矿资源调查取得突破。项目组通过野外调查结合室内综合研究,尤其是镜下鉴定、电子探针和化学分析,新发现了磷锂铝石(图2)、锂云母、绿柱石、富钽锡石、铌钽铁矿-钽铌铁矿系列稀有金属矿物,初步证明了可利用工业矿物的存在。初步估算九岭地区的狮子岭、尖山岭-云峰坛、黄岗上-圳口里、余家里等地岩体的 Li_2O 远景资源量可达 $38×10^4 t$。

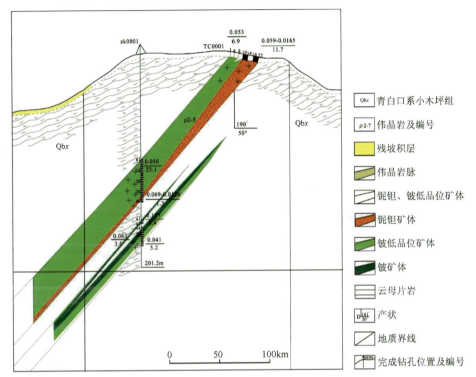

图 1　湖南连云山白沙窝稀有金属矿化区 0 线剖面图

图 2　江西九岭狮子岭地区黄玉-锂云母碱长花岗岩中的磷锂铝石

2. 科技创新取得重要进展

（1）离子吸附型稀土矿产科学研究和调查评价新进展。查明了赣南离子吸附型稀土矿床成矿母岩中中、重稀土元素的赋存状态，了解了花岗岩风化过程中中、重稀土元素迁移及富集的规律，为赣南重稀土工作部署提供了有利依据。提出了离子吸附型稀土矿"8多2高1深"的新认识，即多类型、多岩性、多时代、多层位、多模式、多标志、多因继承、多相复合、高纬度、高海拔、深勘探，为该类型稀土矿找矿指明了方向。

（2）区域成矿规律研究助力找矿突破。在幕阜山稀有金属矿集区总结了复式花岗岩体分布规律与岩浆演化动力学背景特征、稀有金属典型矿床成矿模式、稀有金属区域成矿规律，划分了幕阜山地区伟晶岩区域分带特征，圈定的远景区得到了相关地勘单位的找矿验证。

（3）初步总结一套适应华南地区离子吸附型稀土矿资源的找矿技术方法。以赣东北为重点研究区，基于遥感解译工作，结合化探异常分析，综合成矿母岩、地质构造、地形地貌及化探信息，利用信息量的方法，进行了成矿预测工作，所圈定的成矿远景区得到野外验证证实，说明了该方法的可行性。

（4）离子吸附型稀土矿储量动态估算方法(RiRee)及其拓展运用。基于离子吸附型稀土矿床的特点，借鉴土壤化探样品处理的克里格法，建立了离子吸附型稀土矿资源储量估算的三维模型及其相应评价方法，简称RiRee，该项技术也取得相关专利。

（5）以物理方法选矿（物）技术开展对含赣西北磷锂铝石岩体型锂矿资源的综合选矿，取得初步成效。对赣西北地区含有磷锂铝石等高锂矿物蚀变花岗岩进行了综合选矿，基于该类型锂矿主要矿物组分存在物性差别的特点，本次工作采用重选-强磁选-射频电选的选矿方法进行实验研究，实验结果表明该种方法可有效富集磷锂铝石、锂云母等矿物，并综合回收铌钽矿、云母、长石、石英、独居石等有用矿物。

三、成果意义

（1）带动了全国"三稀"矿产调查评价工作。通过本项目的实施，带动了湖南、浙江、广西等地稀有、稀散和稀土矿产的调查评价工作。通过与湖南省核工业地质局311大队展开深入合作，将科研成果第一时间服务于生产，切实贯彻了"科研服务于生产，地调服务于社会"的百年地质调查精神。

（2）为工程压覆离子吸附型稀土矿回收提供技术支撑。2017年以来，项目组为福建省建设用地抢救性回收离子吸附型稀土矿调查评价及综合回收利用提供技术支撑，有效地促进了工程压覆稀土的高效利用。

（3）"三稀"矿产调查工作助力赣南老区扶贫。赣南地区有着得天独厚的资源优势，但囿于自然环境、区位限制，这里目前还是国家特级贫困地区，是脱贫攻坚的重点对象。本次工作对赣南地区稀有、稀土矿产进行了系统调查，摸清了"家底"，并取得多项进展，调查成果对于推动区内"三稀"矿产勘查、促进当地经济社会发展具有重要意义。

（4）项目组于2017年编制了稀土科普手册，向社会大众宣传介绍稀土矿产的特征、用途等知识；2018年编制了稀有、稀散矿产科普手册。同时，项目组进行了广泛的"三稀"矿产科普活动的学术交流，取得了较好的科普宣传效果。

（5）人才成长和团队建设取得进展。通过项目的实施开展，培养和储备了大量从事稀有、稀散、稀土矿产调查的专业人员。3年来共计培养硕士、博士和博士后10余人，并初步建立了全国层面"三稀"资源调查研究团队，今后可以为矿政管理和相关部门提供技术服务。

（6）华南是我国"三稀"资源的重要赋存地，通过本项目的实施，大幅提高了华南"三稀"矿产重点矿集区的工作程度和研究水平。本项目所取得的重要找矿新发现和重要突破，有效提高了我国战略性新兴产业矿产资源保障能力，为国家下一步战略性新兴产业矿产资源工作部署提供了依据。本项目在以科技创新为引领、以关键问题为导向、以"五问"衡量地质工作成果等方面进行了积极探索。在项目开展过程中培养了众多人才，形成了一支独具特色的"三稀"矿产调查评价队伍。

王成辉（1982—），男，副研究员。中国地质调查局"华南重点矿集区稀有稀散和稀土矿产调查"二级项目负责人。现工作单位为中国地质科学院矿产资源研究所。从事矿产地质调查工作。

E-mail：wangchenghui131@sina.com